战略性新兴领域"十四五"高等教育系列教材

智能仿生学

主　编　张俊秋
副主编　韩志武
参　编　牛士超　赵佳乐　侯　涛　宋洪烈
陈道兵　王可军　穆正知　李　博
王　泽　孙　涛　王大凯

机械工业出版社

智能仿生学是一门将生物经过亿万年进化所逐渐形成的低功耗、高效率生物智能体系转换为工程技术领域所需要的人工智能系统的前沿交叉学科。智能仿生研究为科学技术创新提供了新思路、新理论和新方法。本书以智能仿生相关理论与技术为核心，从核心技术、性能表现、高效能与绿色可持续性等多个维度，系统阐述了智能仿生相较于传统工程技术的非凡创新力与显著优越性。本书共8章，从生物智能和人工智能入手，重点介绍了智能仿生结构与材料、智能仿生传感、智能仿生原理及其在导航、算法中的应用，同时涵盖了相关领域内的基础知识及国内外最新的研究进展，相信本书会引起读者对于智能仿生学的广泛兴趣。

本书内容丰富、结构清晰、术语规范，可以作为普通高等院校仿生学、生物学、人工智能、计算机科学与技术，以及工程技术等专业的本科生和研究生教材，也可供相关领域科学技术人员参考。

图书在版编目（CIP）数据

智能仿生学 / 张俊秋主编. -- 北京 : 机械工业出版社, 2024. 12. -- (战略性新兴领域“十四五”高等教育系列教材). -- ISBN 978-7-111-77592-8

Ⅰ. Q811-39

中国国家版本馆 CIP 数据核字第 2024D37N12 号

机械工业出版社（北京市百万庄大街 22 号　邮政编码 100037）

策划编辑：赵亚敏　　责任编辑：赵亚敏　高凤春

责任校对：樊钟英　李　杉　　封面设计：张　静

责任印制：张　博

北京建宏印刷有限公司印刷

2024 年 12 月第 1 版第 1 次印刷

184mm×260mm · 13.75 印张 · 335 千字

标准书号：ISBN 978-7-111-77592-8

定价：58.00 元

电话服务　　网络服务

客服电话：010-88361066　　机　工　官　网：www.cmpbook.com

010-88379833　　机　工　官　博：weibo.com/cmp1952

010-68326294　　金　书　网：www.golden-book.com

封底无防伪标均为盗版　　机工教育服务网：www.cmpedu.com

前　言

智能是一种具有自主能力（包含感知、判断、决策等）的，有自我意识的，甚至可以进行自我思考的综合体现。智能作为推动科技创新、提升国家竞争力的关键驱动力，也是引领未来社会发展的核心动力。在全球科技竞争日益激烈的背景下，美国、日本、德国等发达国家及大型创新企业不断加大对智能技术的投入、研发与转化。国家科学研究机构和研究型大学则承担着培养高素质人才、开展前沿研究的责任，人工智能技术的应用不仅可以提升国家的综合实力和国际地位，还能为社会带来更多的经济效益和社会福祉。因此，智能在国家战略发展中的地位和意义日益突显，成为推动各领域发展的重要引擎。

近年来，基于计算机算法（深度学习、机器学习等）的人工智能（AI）通过模仿人类认知与行为成为科技创新领域的一大热点和推动力。人工智能是生物智能的分支与子集，生物智能作为生物自然长期进化的最优化集合与结晶，以生物智能这一重要的科学概念和工程应用作为仿生对象并开展仿生研究，能促进各领域的科学发展和技术创新。然而，传统仿生学从对生物体结构和功能的观察分析中获得启发，通过直接模仿和复制，设计制造出与生物体类似的产品或系统，在一定程度上解决了早期科学创新、工程应用等问题，却与真正的生物智能还有较大差距，无法实现类似生物感知、分析、推理、决策及控制功能，难以满足当前工程问题多样化、复杂化、多维化、综合化、交叉化等需求。因此，智能仿生学的概念应运而生。

工业革命的发展历程不过短短的200多年，技术发明和工程创造也迎来了蓬勃发展，为了进一步加快人类文明的发展进程，人类必须学会在最短的时间内找到解决复杂工程问题的最佳方案。而师法自然是快速获取创新方法、解决棘手工程问题的有效途径之一。生物智能可以加快揭示生物生命形态的深层次奥秘，是技术发明和工程创造的天然蓝本。以生物智能仿生为主要研究目标的智能仿生学将传统仿生学和生物智能仿生有机结合，实现单一仿生结构的多功能智能化，将亿万年进化优化的生物智能体系转化为工程技术领域所需的人工智能技术，为科学技术创新提供了新思路、新理论和新方法。智能仿生在各类智能机器人、智能控制、产品设计等领域同样起到指导和技术路线作用：在材料科学中，通过模仿生物体的结构和功能，设计新型材料；在医学生物工程中，通过模仿生物智能系统，设计和开发新型的医疗器械、组织工程材料和生物传感器。智能仿生学作为人工智能技术发展的理论基础，已经成为人工智能与万物互联的必备条件，而智能仿生也必将促进人工智能技术的发展。

国务院印发的《中国教育现代化2035》在“提升一流人才培养与创新能力”中指出，加强创新人才特别是拔尖创新人才的培养，加大应用型、复合型、技术技能型人才培养比重，建设一批国际一流的国家科技创新基地，加强应用基础研究，全面提升高等学校原始创新能力。具体地，复合型、应用型一流人才培养及高等学校创新体系建设与交叉学科联系紧密、相辅相成，交叉学科和相关教材的建设发展直接决定了创新型人才的培养水平。然而，内容单一、学科壁垒较高的传统教材已难以满足当前创新性、交叉性、智能化的教材建设和人才培养需求，仿生学作为典型的交叉学科，涉及材料学、生物学、化学、力学、机械工程等多个学科，具有创新性并不断向着智能化发展，因此，开展智能仿生学科和相关教材建设至关重要。《教育部办公厅关于组织开展战略性新兴领域"十四五"高等教育教材体系建设工作的通知》指出，要编制专业核心教材知识图谱。以材料科学为主体框架的知识图谱可以将仿生学教材中碎片化、分散式的教育资源与相关实体关联，并构建一张巨大的语义网络，具体知识点的逻辑结构关系包括整部、属种、递进、依赖、共生、互斥等，相关主体借助知识图谱将这种逻辑关系进行可视化呈现，可以帮助学生快速、有效地选择和判断学习内容，厘清学习思路。因此，开展"四新"人才培养的教材思维前瞻性、技术前沿性、应用智能化、内容交叉融合化建设迫在眉睫。

目前，全面介绍交叉学科和仿生学方向的教材较少，主要是关于仿生机械、仿生学概论、仿生材料等内容，读者读完后会对仿生学及主要的分支领域有一个总体的认识，并具有一定的仿生学知识储备，但对生物智能、智能仿生等内容依然缺乏深刻、全面的认识。针对这一问题，鉴于仿生学交叉学科的独特属性，很多专家学者进行了认真思考，经过不断地探索实践，编撰了一些针对性更强、内容较为丰富的仿生学教材。如北京理工大学的罗霄、罗庆生、张春林、赵自强教授，北京航空航天大学的段海滨教授，中山大学的蔡自兴教授等先后编写并出版了仿生学相关的教材，并在交叉学科仿生学专业的人才培养过程中发挥了一定作用。

编者经过多年本科生智能仿生学课程的教学实践，以及对智能仿生学的具体内容与方法的探索，再结合其他高等院校仿生学类课程的教学实践和要求，逐渐总结出一系列可操作性强、学科交叉性高、创新性足的智能仿生学理论方法，使智能仿生学理论与方法日益完善与成熟。因此，编者决定编写全新的智能仿生学教材——《智能仿生学》。

本书第 1 章为绪论部分，阐述智能仿生学的定义、发展历史、基本原理和基本原则，这是读者前期必须储备的知识；第 2 章和第 3 章主要介绍生物智能与人工智能的概念、联系与区别，强调生物智能的主导作用；第 4 章和第 5 章为智能仿生结构和智能仿生材料部分，是本书的核心内容，详细介绍了智能仿生材料和结构的表征、映射和设计方法；第 6~8 章是受生物智能启发的智能仿生学应用最广的三个方向，即智能仿生传感、智能仿生导航和智能仿生算法。本书章节设置合理，逻辑性强，能够比较完整地阐述智能仿生学的相关内容。

本书由张俊秋、韩志武进行策划、内容编排和最终统稿。全书共分为 8 章，其中，第 1 章、第 2 章、第 5 章、第 6 章由张俊秋编写；第 3 章、第 4 章、第 7 章、第 8 章由韩志武编写；牛士超参与了第 5 章的编写；赵佳乐和宋洪烈参与了第 3 章和第 4 章的编写；陈道兵和王可军参与了第 6 章的编写；穆正知和李博参与了第 7 章的编写；侯涛、王泽、孙涛和王大凯参与了第 8 章的编写。

前　言

本书的筹备和编写得到了吉林大学任露泉院士的指导和帮助，谨在此表示衷心的感谢。

北京航空航天大学蒋永刚教授、苏州大学朱忠奎教授、中山大学张清瑞副教授、海南大学张燕副教授对本书内容、架构、细节方面提出了宝贵的意见，刘林鹏博士、张昌超博士、孟宪存博士，研究生武家超、谷向博、徐文琪在本书编写过程中做了大量图片处理、文献查阅和文字校对等工作。在成书之际特向他们表示诚挚的谢意。此外，本书的编写参阅了国内外许多相关文献资料，在此向所有原作者表示衷心的感谢。

由于智能仿生学的内容与方法还在不断发展和完善过程中，且编者水平有限，因此本书难免存在疏漏之处，敬请读者批评指正。

编　者

目　录

前言
第 1 章　绪论 …… 1
1.1　智能仿生学的定义、发展历史及研究意义 …… 1
1.1.1　智能仿生学的定义 …… 1
1.1.2　智能仿生学的发展历史 …… 2
1.1.3　智能仿生学的研究意义 …… 3
1.2　智能仿生学的基本原理 …… 4
1.2.1　智能适应原理 …… 4
1.2.2　智能优化原理 …… 5
1.2.3　智能集群原理 …… 6
1.2.4　智能决策原理 …… 7
1.3　智能仿生学的基本原则 …… 7
1.3.1　主动仿生原则 …… 8
1.3.2　绿色仿生原则 …… 9
1.3.3　可持续仿生原则 …… 11
1.3.4　最佳化仿生原则 …… 12
1.4　智能仿生交互技术 …… 14
1.4.1　虚拟现实技术 …… 14
1.4.2　增强现实技术 …… 21
1.4.3　混合现实技术 …… 22
1.4.4　贝叶斯网络 …… 26
思考题 …… 29
参考文献 …… 29
第 2 章　生物智能 …… 34
2.1　动物的智能行为 …… 34
2.1.1　动物的智能伪装行为 …… 34
2.1.2　动物的智能肢体再生行为 …… 37
2.1.3　动物的智能感知行为 …… 38
2.2　微生物智能 …… 45
2.2.1　极端环境微生物 …… 45
2.2.2　非极端环境微生物 …… 47
2.3　植物智能 …… 48
2.3.1　植物适应性智能行为 …… 49
2.3.2　典型植物智能行为实例 …… 49
2.4　生境智能 …… 53
2.4.1　生境稳定智能 …… 53
2.4.2　自然生态元素智能 …… 54
2.4.3　自然生态现象智能 …… 55
2.4.4　自然生态系统智能 …… 56
思考题 …… 56
参考文献 …… 56
第 3 章　人工智能 …… 59
3.1　人类智能与人工智能 …… 59
3.2　人工智能的定义与发展 …… 62
3.2.1　人工智能的定义 …… 62
3.2.2　人工智能的发展 …… 63
3.3　人工智能的主要技术及应用 …… 69
3.3.1　深度学习 …… 69
3.3.2　机器学习 …… 73
3.3.3　计算机视觉 …… 76
3.3.4　自然语言处理 …… 78
3.4　人工智能与智能仿生 …… 80
思考题 …… 83
参考文献 …… 83
第 4 章　智能仿生结构 …… 85
4.1　智能仿生结构概述 …… 85
4.1.1　智能仿生结构的定义 …… 85
4.1.2　智能仿生结构的设计思想 …… 86
4.2　智能仿生吸附结构 …… 86
4.3　智能仿生响应结构 …… 90
4.4　智能仿生变色结构 …… 93
4.4.1　变色龙变色原理 …… 93
4.4.2　变色龙启发的智能仿生变色结构 …… 96
4.5　智能仿生温控结构 …… 98
思考题 …… 99
参考文献 …… 99
第 5 章　智能仿生材料 …… 102
5.1　智能仿生驱动材料 …… 102
5.1.1　智能仿生电驱动材料 …… 103
5.1.2　智能仿生热驱动材料 …… 105

5.1.3 智能仿生光驱动材料 …… 107
5.1.4 智能仿生磁驱动材料 …… 109
5.2 智能仿生变色材料 …… 111
5.3 智能仿生变刚度材料 …… 112
5.4 智能仿生变弹性模量材料 …… 114
5.5 智能仿生形状记忆材料 …… 115
5.6 智能仿生人工肌肉材料 …… 117
5.7 智能仿生自修复材料 …… 119
5.8 智能仿生剪切增稠材料 …… 121
思考题 …… 121
参考文献 …… 121
第6章 智能仿生传感 …… 128
6.1 智能仿生变阻传感器 …… 128
6.1.1 仿生变阻式传感器原理 …… 128
6.1.2 仿生裂纹结构提高变阻传感器性能 …… 130
6.2 智能仿生变容传感器 …… 134
6.2.1 仿生变容传感器原理 …… 135
6.2.2 仿荷叶微结构提高变容传感器性能 …… 135
6.3 智能仿生磁性传感器 …… 139
6.3.1 仿生磁性传感器原理 …… 139
6.3.2 仿纤毛结构提高磁性传感器性能 …… 140
6.4 智能仿生光导传感器 …… 148
6.4.1 仿生光导传感器原理 …… 148
6.4.2 仿皮肤结构提高光导传感器性能 …… 148
思考题 …… 150
参考文献 …… 151
第7章 智能仿生导航 …… 152
7.1 智能仿生导航概述 …… 152
7.1.1 导航 …… 152
7.1.2 智能仿生导航的含义 …… 153
7.2 仿生偏振光导航 …… 154
7.2.1 偏振光导航内涵 …… 154
7.2.2 偏振光导航基本原理 …… 154
7.2.3 昆虫偏振光导航机理 …… 155
7.2.4 仿生偏振光导航传感器 …… 159
7.3 仿生磁场导航 …… 160
7.3.1 仿生磁场导航概述 …… 160
7.3.2 蝴蝶磁导航机理 …… 161
7.3.3 鸽子磁导航机理 …… 162
7.3.4 海龟磁导航机理 …… 167
7.3.5 仿生磁导航传感器 …… 171
7.4 仿生月光偏振导航 …… 172
7.4.1 月光偏振特性 …… 173
7.4.2 蜣螂月光偏振光导航机理 …… 174
7.4.3 仿生月光偏振罗盘 …… 178
7.5 仿生蚂蚁双重导航系统 …… 182
7.5.1 蚂蚁双重导航系统 …… 182
7.5.2 仿蚂蚁导航传感器 …… 184
思考题 …… 184
参考文献 …… 185
第8章 智能仿生算法 …… 192
8.1 智能仿生算法概述 …… 192
8.2 基于进化形式的仿生算法 …… 193
8.2.1 遗传算法 …… 193
8.2.2 进化策略 …… 194
8.2.3 进化规划 …… 194
8.3 基于生态学的仿生算法 …… 195
8.3.1 入侵杂草优化算法 …… 196
8.3.2 生物地理特征优化算法 …… 196
8.4 基于群体行为的仿生算法 …… 197
8.4.1 粒子群算法 …… 197
8.4.2 蚁群算法 …… 198
8.4.3 人工鱼群算法 …… 199
8.4.4 其他算法 …… 201
8.5 智能仿生算法的工程应用 …… 202
8.5.1 司法、医疗安全应用 …… 202
8.5.2 人脸情绪识别应用 …… 204
8.5.3 图像超分辨率重建应用 …… 206
8.5.4 唇语解读应用 …… 207
8.5.5 路径规划应用 …… 208
思考题 …… 208
参考文献 …… 209

第1章 绪论

智能仿生学是一门新兴的交叉学科，旨在通过模拟自然界中生物系统的机制和功能，开发出具有智能行为的人工系统。这一领域的研究不仅涉及生物学、神经科学、材料科学、计算机科学和工程学等多个学科，还需要综合运用多种技术手段，如仿真建模、传感技术、信息处理和人工智能等。仿生学的概念最早可以追溯到20世纪50年代，当时科学家们开始意识到，许多生物体在适应环境和生存竞争中所展示出的高效能和智能行为，远远超出了当时人类所能制造的任何机器。例如，鸟类的飞行、鱼类的游动和人类的步行等复杂运动，都展示了高度的协调性和效率。通过研究这些生物的运动原理和神经控制机制，科学家们希望能够设计出具有类似性能的人工系统。随着计算机技术和信息处理能力的迅猛发展，智能仿生学的研究在近几十年取得了显著的进展。现代仿生学不仅关注生物体的形态和结构，还深入探讨其感知、学习和适应等智能行为。例如，仿生机器人可以模仿动物的运动方式，通过感知环境并做出相应的反应，从而完成复杂的任务。在医学领域，仿生技术被广泛应用于开发假肢、仿生眼和仿生耳等医疗器械，极大地改善了残障人士的生活质量。智能仿生学的研究方法主要包括以下几个方面：首先，通过对生物系统的观察和试验，了解其运动机制和控制原理；其次，利用数学模型和计算机仿真，对生物系统的行为进行模拟和分析；最后，将这些原理应用于工程设计，开发出具有生物特性和智能行为的人工系统。

总之，智能仿生学不仅为人类提供了一种理解自然界复杂现象的新方法，也为人工智能和机器人技术的发展开辟了新的途径。通过借鉴和模拟生物系统的智能行为，科学家们有望开发出更加智能、高效和灵活的人工系统，从而在工业、医疗、服务和军事等领域广泛应用。

1.1 智能仿生学的定义、发展历史及研究意义

1.1.1 智能仿生学的定义

从生物进化的角度来说，智能的形成过程会经过以下6个阶段：

第 1 阶段：生物有机体对于外界环境做出趋利避害的反应，这是所有生命现象都具有的基本特征。

第 2 阶段：多细胞动物的起源及神经细胞类型的出现，在此基础上出现神经节和脑的构造。

第 3 阶段：一个物种的个体在群集行为的基础上，出现协作行为，并进一步形成分工协作。

第 4 阶段：一个物种的世代重叠现象，使得年幼个体有机会直接学习年长个体的生存经验，形成知识的获得性遗传模式。

第 5 阶段：符号系统和符号载体的出现，强化了知识的获得性遗传。

第 6 阶段：随着物种生存能力的冗余和所形成的物质冗余，形成符号系统和信息介质的不断优化，持续提高知识获得性遗传的效率。虽然人脑是目前自然界中最为复杂的智能系统，但是上述不同阶段的生物有机体都有可能成为人工智能仿生学的参考对象。

总的来说，智能应该是一种具有自主能力（包含感知、判断、决策等）的，有自我意识的，甚至可以进行自我思考的综合体现。仿生学是通过观察研究生物的一些特性，模仿并在工程上实现，并有效应用生物功能的一门学科。其研究内容包括力学仿生、分子仿生、信息与控制仿生、能量仿生等。通过研究生物系统的结构、性状、机理、行为等，仿生学为工程技术提供了新的设计思想和工作原理。因此对于智能仿生学，应当是受生物物竞天择、与自然完美融合，以及生境的自我调节等启发开展的仿生研究，并通过对生物感知、分析、推理、决策及控制功能的仿生模拟，使得产品具备如生物般可以自主完成信息感知、信息处理、行为决策的能力，甚至赋予其自我思考与进化等能力。

1.1.2 智能仿生学的发展历史

生物智能是自然长期进化的结果，智能性是生物与非生物的显著差别之一，反馈控制是自然赋予生物体最重要的功能。即使最简单的植物和动物，也能够感知外部环境的变化，进行信息加工并做出反应，如植物的叶趋向光，根趋向水，空间生长趋于应力最小。随着计算机和工程技术的不断发展，仿生学这一门既古老又年轻学科的内涵不断丰富，将会越来越趋向创新性、天然性、综合化、多样化、复杂化等方向发展。因此，智能仿生学的概念应运而生，而充分理解生物体动态反馈机理并进行工程模拟，实现智能设计、智能制造和智能产品研发是未来技术系统发展的主要趋势。智能仿生学经过漫长的发展并与人类历史相互交错，在 500 万年的进化过程中，人类不断地模仿自然，提升生产能力，仿生的领域和技术随着时代的前进而发展，许多影响人类文明进程的重大发明都源于仿生学，如模仿蜘蛛织网捕鱼，模仿游鱼制造舟楫等。

在古代，人们就开始观察和研究动物和植物的结构和行为，并试图从中获得启示，例如，古希腊哲学家亚里士多德对动物行为和结构的研究。进入 18 世纪至 19 世纪，工程师和科学家开始尝试使用生物学原理来设计和改进机械系统。著名的机械仿生学例子包括达·芬奇设计的飞行器和瓦特设计的蒸汽机。到了现代，1960 年美国人斯蒂尔根据拉丁文构成 Bionics 一词，同年召开了全美第一届仿生学讨论会，标志着现代仿生学的开始，它是一门综合性边缘学科，它是生命科学与工程技术科学相互渗透，彼此结合而产生的。仿生学

(Bionics) 即复制自然和从自然获得想法，其研究内容随着现代科学技术的发展而不断得到丰富和发展，在电子仿生、机械仿生、建筑仿生、信息仿生等方面都取得了很大的成果。这一时期，仿生学往往被称为“机械电子学”。Biomimetics 首次由美国空军科研处在 1991 年提出，目的是寻求生物学为材料设计和处理提供帮助。后来，J. F. V. Vincent 教授给出了一个更好的定义：从自然提取优秀的设计。近几十年来，人们从生物体的结构和性能对应关系中得到了很多启示，已成功地把木、骨、贝壳和韧带等的力学性能及其结构应用到聚合物和复合材料。从 Bionics 到 Biomimetics，是对仿生学的进一步深化，它包括材料科学与工程、分子生物学、生物化学、物理学等其他学科，其研究内容相当丰富：从生物材料形态和结构的仿生发展到材料制备的仿生，从生物材料的自愈合和功能适应性到材料的恢复和延寿及智能材料的研究。Biomimicry 于 1997 年由 Janine Benyus 首次提出，是指研究自然模型并进行模仿，或者从自然设计和过程中获得灵感以解决人类的问题。它的理念是：创新灵感源于自然，如太阳能电池设计是从树叶得到灵感的。到 20 世纪末和 21 世纪，随着对生物运动系统的深入研究，以及计算机仿真技术的快速发展，研究者们设计和开发了一大批智能仿生算法及能模仿生物行为的机器人。近年来，生物传感器和生物材料的研究成果开始应用于医疗、环境监测等领域，为智能仿生学提供了新的发展方向。总之，智能仿生学前景广阔，一个各学科高度融合与交叉的时代即将到来。

1.1.3　智能仿生学的研究意义

智能仿生学的意义在于它把生物智能仿生作为主要研究目标，在传统仿生学的基础上，将生物智能仿生有机结合在内，实现单一仿生结构的多功能智能化，将生物经过亿万年进化、优化逐渐形成的低功耗高效生物智能体系转换为工程技术领域所需要的人工智能技术，为科学技术创新提供新思路、新理论和新方法。

1. 突破传统仿生学仿生目标的桎梏

自生命诞生于地球至今已有几十亿年，在残酷的自然选择、优胜劣汰下，生物早已演化出具有完美适应各自独特生存环境的独特功能结构，形成具有极佳的生境适应性和高度协调性的系统。在进化的漫长道路上，生物根据各自的生存环境不断优化自身的宏观与微观结构，针对各自生境形成具有特异性的形态和功能；优化了生物的运动方式与行为；优化了能与物质传输、转化、代谢、储存及利用体系；优化了信息产生、传递、处理和调控能力；优化了脑与神经系统的结构与功能；优化了遗传、发育、再生、复制、调控、组装的过程与机制；优化了修复、代偿、抗逆、抗毒、免疫机制；优化了生物对环境的适应能力，以及与其他生物间相互依存、协同进化的能力等。

传统仿生学缺少对生物智能的研究，但智能是生物与无生命特征物体的本质区别。在智能仿生学中，研究人员力求突破桎梏，突破传统仿生学在模仿对象等方面的局限，将生物智能的仿生映照列为重点研究目标。了解生物中的智能，可以加快揭示生物生命形态的深层次奥秘，是技术发明和工程创造的天然蓝本与参照。

2. 促进生物智能向人工智能产品转化应用

在实际应用方面，智能仿生学的研究意义是突破传统仿生学思路的桎梏，实现将生物独特功能结构中的生物智能在人工智能产品中的仿生再现，促进生物进化优化成果的转化与应用。

目前，基于对生物独特结构中生物智能的研究而进行的仿生智能应用举不胜举，如智能仿生装备、智能仿生运动系统、智能仿生材料、智能仿生机器人、智能仿生假肢等。智能仿生学促进了机电系统与生物性能的融合，如传统结构与仿生材料的融合及仿生驱动的运用。随着对生物机理认识的深入及智能控制技术的发展，智能仿生学产品正向结构与生物特性一体化的类生命系统方向发展，使其不仅具有生物功能特征，还具备生物的自我感知、自我控制等特点。

1.2 智能仿生学的基本原理

智能仿生学是在仿生科学与工程的理论探索和应用研究的长期实践中发展出的新的重要阶段，该阶段研究要以仿生学为理论基础，但同时又要突破传统仿生学仿生目标的桎梏，使其不仅具有生物功能特征，还具备生物的自我感知、自我控制、自我决策等性能特点。其原理主要包括智能适应原理、智能优化原理、智能集群原理、智能决策原理。它们是人们逐渐认识、不断总结、系统分析和深度凝练出来的，是智能仿生活动普遍适应的规律与原理。

1.2.1 智能适应原理

智能适应是指在不断变化的环境与情景下，智能仿生样件与环境、情景之间表现出来的智能自适应性功能，即智能仿生样件能够根据其所处环境在其生命期预计可能遇到的各种环境的作用下仍然能实现其所有预定功能而不被破坏的能力，是智能仿生样件的重要质量指标之一。

随着我国现代化科学技术的不断进步与发展，人们的观念有了质的提高，人们对产品不再只是重视其功能的实现，更关注产品对环境、情景适应能力的完善。特别的，重大基础设施工程是一类面广量大、与社会公众关系最为密切的工程造物过程。由于其规模宏大，环境与技术复杂等原因，从工程概念形成到施工完成一般都要数年或数十年，它们从工程开始运营到工程生命期结束，往往更长达数十年甚至数百年。因此，在重大基础设施工程的建设过程中，需要对其动态适应性进行分析，这是重大基础设施工程顺利完成的重要保证。

经过数亿万年进化，在残酷的自然选择、优胜劣汰下，生物早已通过不断调节自身组织系统或者器官的适应性和功能性，表现出各式各样复杂的运动方式，以适应瞬息万变的生存环境。1859 年，查尔斯·达尔文在《物种起源》一书中系统阐述了生物与环境的深层关系，不仅是生物生存的依托，更是决定生物能否生存的关键因素，生物生存与否在于是否具有对环境的适应性；环境对有利变异的选择和进一步积累促成生物的适应性；适应是相对的，因为环境总是动态发展的；由于相对于环境有利的可能性变异很多，所以适应是多向的，因此生物物种是丰富多样的。例如，攀缘植物的茎可以螺旋弯曲缠绕支撑物而向上延伸生长，维纳斯捕蝇草可以在 1s 内闭合叶片以捕获靠近的猎物，以及花朵的张开与闭合、松果的鳞片移动、麦芒的弯曲行为等，在仿生领域为设计具有独特性能的人工材料提供了宝贵的启示。外部环境发生改变而引发生命体将物理或者化学信号转换为肢体运动的自然现象引起了研究者们的巨大兴趣。以仿生设计为理念模拟动植物行为过程，从而开发出一系列具有多适应性、多功能性的人造驱动器件的思路切实可行。

智能仿生学的研究意义不仅仅是对生物仿生机理的模仿，更重要的是将生物的生境适应性和高度协调性的独特功能在重大基础设施工程上的仿生再现，促进工程对于环境、情景的动态适应能力。显然，智能仿生研究更应进行动态适应性分析，智能适应原理是智能仿生目标顺利实现的重要保证。智能适应原理就是回答生命系统中的结构、功能特性等因素如何动态调整使其完美融入智能仿生系统中去的。

智能仿生学的智能适应分析主要包括：

1）相似元或其组合中的设计参量筛选合理。设计智能仿生样件中各参量的权重、其间的关系及其变化规律的研究等科学可行。

2）仿生需求目标与设计参量间关系的探寻。无论采用何种方式，也无论其关系多么复杂，对智能仿生样件的研究方向始终是明晰的。

3）在智能仿生样件研究的过程中，必须全面了解可能的风险源，充分认识各种风险影响大小及其可控程度，做到风险可控，尽量使风险系数降到最小。

4）调控措施必须有力、有效。

然而，在实际的分析、设计与制备过程中，还存在许多不确定因素，影响最终智能仿生目标的实现程度。因此，在其生命期内，要对影响智能仿生样件全过程的不确定性因素进行分析，预知不确定性因素可能出现的各种状态和发生的可能性，测算它们的变化对智能仿生样件全过程产生的各种成果和最终智能仿生目标实现的影响，从而动态适应环境、情景等，使其在遇到各种环境的作用下仍然能实现其所有预定功能和具备不被破坏的能力，保证智能仿生目标实现的可靠性。显然，动态适应性原理是确保生命系统向智能仿生系统成功转化的不可缺少的重要环节，是智能仿生基本原理重要的组成部分。

1.2.2 智能优化原理

智能是指产品具备如生物般可以自主完成信息感知、信息处理、行为决策甚至赋予其自我优化等能力。其中，智能优化是科学、技术、工程乃至管理等众多领域解决问题的一个重要理念，也是智能仿生研究不可或缺的一个基本要求。基于最优化理念和大量仿生实践的自主优化原理，虽然主要针对智能仿生目标，集中体现于智能仿生研究的成果中，但也要从仿生研究起点出发，贯穿于仿生研究的全过程。

智能优化原理的核心内涵是，智能仿生研究的成果不仅要全面满足智能仿生需求的各项目标要求，而且要在智能仿生需求的基础上，不断自主地优化决策，使其：优于传统的同类，即纵向上，在已逝时间离现在的最近点，智能仿生成果的核心或关键指标应处于最好水平；优于非仿生的同类，即横向上，在包含时间最近点的二维空域内，智能仿生成果的核心或关键指标应处于最佳水平。简言之，与同类相比，智能仿生成果既要比传统的好，又要比非仿生的好。这就要求智能仿生活动从构思立项开始，到模本选取与研究，共性分析，最后到智能仿生设计与制造，全过程都要遵循自主优化原理。要真正做到最优化，在智能仿生过程中还必须坚持主动、绿色和可持续的仿生原则，使智能仿生成果符合科学技术和产品的发展趋势。

智能优化原理要求智能仿生全程优化，这就必然使智能仿生充满活力，更具生命力，更具吸引力，甚至可能创造出仿生度大于1的奇迹，这也是智能仿生学永续创新，不断进步的本质。

智能优化原理要求仿生全程优化，这不仅要求理念、方案、模本等优化，还要求模拟手段、制备技术、测试方法、评价方式等优化。正是由于对智能仿生设计各个环节与层面，以及对大量传统同类研究实践的比较优化，才使得当前的智能仿生研究成果与之前各种同类的传统制品相比较，不仅具有更高的创新性，而且在核心技术、关键性能指标、效能、绿色、可持续等方面都处于相对最好的水平，有着明显的优越性。例如，对仿生自洁功能表面的制备，最初设计出的材料表面可以实现超疏水，而随着研究的深入，之后出现的产品可以实现超疏水、疏油、防冻粘等，而现今制备的仿生产品不仅能实现双疏，还能亲疏转换，如亲水疏油或亲油疏水等。因此，无论是在制备手段上，还是功能上都得到了极大提升。

在时间最近点的仿生制品不仅要优于传统同类制品，还要优于非仿生制品，这既是仿生智能优化原理的准则，也是智能仿生学的基本准则。智能仿生过程是个全程创新与优化的过程，从最初的仿生理念到最后的仿生制备与评价，每个环节都要遵循自主优化原理，真真正正地做到最优化。因此，在进行智能仿生设计前应该充分分析目前非仿生制品的关键技术、功能优势、存在问题与急需攻克的难点；在进行智能仿生设计时，针对同类非仿生制品存在的关键问题，采用自主优化原理，运用仿生策略，有目标地超越同类现有关键技术，从而设计出比时间最近点的非仿生制品更优、更好的仿生制品。

1.2.3 智能集群原理

自然界中的生物群体通过个体自主决策和简单信息交互，经过演化，使整个群体宏观上“涌现”出自组织性、协作性、稳定性，以及对环境的适应性，这种特征被称为智能集群。智能集群源于对以蚂蚁、蜜蜂等为代表的社会性昆虫的研究，自1992年意大利学者Marco Dorigo首次提出蚁群算法（Ant Colony Optimization，ACO）开始，智能集群作为一个新理论被正式采纳，1995年Kennedy等学者提出粒子群优化算法（Particle Swarm Optimization，PSO），此后，掀起了智能集群研究的高潮。2020年1月，中国科学院大数据挖掘与知识管理重点实验室发布的《2019年人工智能发展白皮书》将“智能集群技术”列为八大人工智能关键技术之一。

智能集群原理源于模拟社会性动物的各种群体行为，它的核心在于利用群体中的个体进行信息交互和协同来完成寻找最优解的目的。它的优势在于参数较少、收敛速度快，特别是在多维、复杂场景时，相比于其他优化算法更简单、效率更高。智能集群原理最早被用在细胞机器人系统的描述中。它的控制是分布式的，不存在中心控制。

其基本原则是：

1）邻近原则（Proximity Principle）：群体能够进行简单的空间和时间计算。

2）品质原则（Quality Principle）：群体能够响应环境中的品质因子。

3）多样性反应原则（Principle of Diverse Response）：群体的行动范围不应该太窄。

4）稳定性原则（Stability Principle）：群体不应在每次环境变化时都改变自身的行为。

5）适应性原则（Adaptability Principle）：在所需代价不太高的情况下，群体能够在适当的时候改变自身的行为。

1.2.4　智能决策原理

智能决策主要是基于对不确定环境的探索，因此需要获取环境信息和自身的状态，从而进行自主决策，使由环境反馈的收益最大化。这一反馈形成的系统闭环，是在仿生研究的基础上，对生物感知、分析、推理、决策等进一步学习凝练出来的。针对“决策到底是什么”，相关试验表明解决问题的过程是一个搜索的过程。通过搜索“外部的信息”和“内部的经验”来获得“答案”。而决策者之所以通常都是“有限理性”而非“完全理性”，则是因为他们在决策之前没有全部备选方案和全部信息，而必须进行方案搜索和信息收集。管理决策的四个阶段通常分为收集信息/数据（情报活动），制订可能的行动方案（设计活动），选择行动方案（抉择活动），以及评价跟踪（审查活动）。决策按其性质可分为：

1）结构化决策：是指对某一决策过程的环境及规则，能用确定的模型或语言描述，以适当的算法产生决策方案，并能从多种方案中选择最优解的决策。

2）非结构化决策：是指决策过程复杂，不可能用确定的模型和语言来描述其决策过程，更无所谓最优解的决策。

3）半结构化决策：是介于以上二者之间的决策，这类决策可以建立适当的算法产生决策方案，得到较优的解。

被称为多头绒泡菌的黏菌（属于原生生物中的阿米巴，是一种单细胞生物、喜暗怕光，最有趣的是其在平板培养基上的细胞生长路线对于平面交通网络等的设计具有参考价值。如果将其食物源按照地图上一个国家的城市的位置进行摆放的话，那么黏菌生长路线形成的网络与现实中比较完备的公路、铁路等网络具有很高的相似性。也就是说，虽然从生物学的角度看，黏菌不属于多细胞动物，没有神经细胞分化、没有脑，但是其细胞生长对于食物源化学信号的感知和决策已经可以为智能决策的研究提供参考。

自然界都是共通的，生物的智慧决策行为无处不在，通过不断地深入研究，能够将生物的智能决策赋予计算机等机器，从而打破现有的技术壁垒，突破传统专家系统决策的桎梏。

综上所述，掌握智能适应原理、智能优化原理、智能集群原理和智能决策原理，是智能仿生研究工作顺利开展的重要基础，是研发智能仿生制品的必由之路。这些环节有机链接可以保证仿生全过程不断展现各种创新，促进仿生成果不断推陈出新。并且在仿生研究的基础上，赋予产品如生物般可以自主完成信息感知、信息处理、行为决策甚至赋予其自我思考与进化等能力。

1.3　智能仿生学的基本原则

大自然亿万年来一直高效、低耗、绿色、可持续地运行。仿生学实质上就是学习大自然，模拟大自然。因此，大自然有效运行的机制、规律与法则应成为智能仿生学必须遵循的原则，否则，仿生就失去了学习、模拟的根本。为了更好地满足人类的需求并通过智能仿生提出最佳的解决方案，仿生的主动性和优化性应成为智能仿生学必须遵循的原则。否则，仿生技术的学习和模拟效果将难以得到保障。

仿生学的基本原则是主动仿生、绿色仿生、可持续仿生与最佳化仿生，它们是仿生研究工作开展的依据与准则，正是这些原则有效驱动仿生学成为众多新技术的支撑，创造出更多的奇迹。

主动仿生原则是主动将需求导向仿生，自觉培养仿生意识，积极进行仿生实践，它是将需求目标与仿生模本有效链接的关键；绿色仿生原则是要求效仿大自然以最低能耗和最高能效持续维持生态系统运转的方式，开创一条节约资源、环境友好的设计与制造全程绿色之路；可持续仿生原则是仿生学向大自然学习可持续发展模式，实现仿生科学永续发展的重要保证；最佳化仿生原则是有效推动仿生全程时空域内种种设计及其实现的优质化，是主动仿生、绿色仿生与可持续仿生高效实现的重要支撑。这四个原则相辅相成、密不可分，是仿生研究全程必须遵循的基本原则，也是仿生学发展必须坚持的基本理念，而绿色和可持续仿生原则则是仿生学的核心理念。本节着重论述智能仿生学基本原则的内涵与内容，目的在于增强仿生理念，加强仿生实践，促进仿生全程向绿色、生态、可持续、最佳化的方向更好地发展。

1.3.1 主动仿生原则

主动仿生原则的内涵是指：

1）主动发现仿生模本。善于发现“三生”模本产生的各种现象及其功能特性并主动投入更多的关注，主动培养仿生意识，从而激发出更多仿生创新的灵感。

2）目标需求与仿生模本有机链接。将科技、工程、经济、社会等领域内的各种需求主动地引向仿生学，使这些需求变成仿生需求，变成开发仿生制品的强大驱动力，优先采用仿生策略解决现有技术面临的难题。

3）积极主动参与仿生实践。带着好奇、兴趣和勇于探索、敢于坚持的精神，创造仿生度大于1的奇迹。

因此，要高度重视培养仿生意识的自觉性，高度重视走仿生创新路径的主动性和基于科学推动进行仿生的积极性，这样才能更好地主动仿生。

高度重视培养仿生意识的自觉性是产生仿生理念和开展仿生设计的先导和源头。培养仿生意识的自觉性，可以激发研究者对生物、生活、生境模本功能特性时刻保持高度关注、主动认知和积极探索，进而去深入研究、揭示机理、模拟创造与工程转化等。人们所进行的各种仿生活动，有许多最初都是出于仿生理念自觉性的引导，主动发现模本的功能特性，然后自觉地思考其中的原理并将其与工程问题相联系，最终设计出能够有效解决工程技术难题的仿生制品。

主动仿生还要求要高度重视走仿生创新路径的主动性。创新是引领科学技术发展的第一动力，也是推动整个人类社会向前发展的重要力量。仿生学是促进科学技术创新的重要途径，高度重视走仿生创新路径的主动性，对促进科学技术的原始创新尤为重要。在各领域前沿的重大突破和重大创新成果中，有许多都是仿生学的创新应用，与仿生学息息相关。仿生学不是新科学，但却是人类在自然与科技创新道路上不懈追求的科学，从载人航天、外太空探测，到互联网、人工智能、纳米技术、基因合成、生物动力、人造器官、智能制造、可再生能源开发等，无论是基础研究领域，还是前沿技术领域，都能找到仿生创新技术的推动与引领作用。例如，澳大利亚斯威本科技大学的研究者发现黄星绿小灰蝶翅膀由互相连接的纳米级螺旋弹簧阵列构成，赋予其充满活力的绿色，展现了独特的光学特性。通过模仿蝴蝶翅膀的微观结构，研究者采用三维激光纳米技术开发出了一种小于人类头发丝宽度的纳米级光子晶体设备，这种微型设备包含了超过 75 万个微小的聚合物纳米棒，能同时适用于线性和圆形偏振光，使光通信更迅捷、更安全，如图 1-1 所示。这一仿生创新技术有望开发集成光子电路的电子元件，在光通信、影像学、计算机信息处理和传感技术中发挥重要作用。同时，该技术为开发转向纳米光子器件及超高速光网络带宽的光学芯片提供了新的可能。可见，仿生技术对提升原始创新、关键技术创新和系统集成创新的作用日益突出，在科技创新中发挥了重要的引领作用。

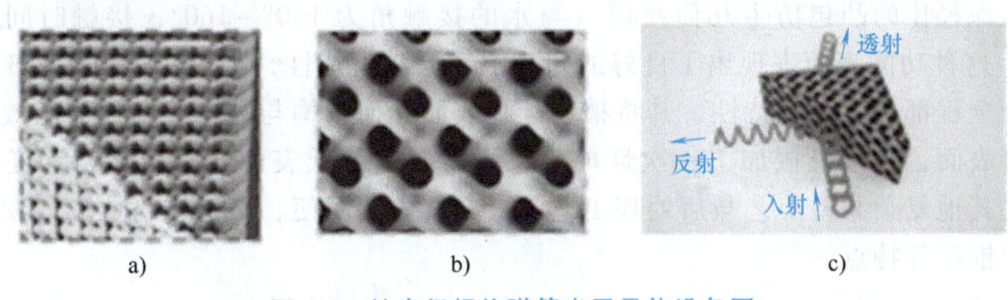

图 1-1 纳米级螺旋弹簧光子晶体设备图

a）光子晶体设备螺旋结构 b）表面放大 c）对光的反射与投射示意图

1.3.2 绿色仿生原则

绿色仿生原则是指将生态环境意识融入仿生设计中，在有效解决问题的同时，设法减轻或消除由此可能造成的环境负面影响。绿色仿生原则的内涵是指：

1）低能耗、高功效，即仿生制品在整个设计、制备与应用过程中节省资源与能源，降低无谓的能量损耗，做到以最低的物质与能量消耗获得最大的功能时效。

2）环境友好，尽可能减少或不留任何废弃物，尽可能采用可再生资源，尽可能实现可循环往复利用，从而降低对环境的负面影响，做到全程绿色、生态、可持续发展。

绿色是仿生的前提条件，因为经过亿万年进化的自然界，每一个成员对于能源的利用效率远远高于同样功能的人造设备，它们运作不需要化石燃料、核能、电能等，可以用更少的能源创造出更多的价值：一个流程的废弃物总是另一个流程的养分、原料或能源，没有浪费，没有污染，万物本身就是大自然生态链中可被利用的一环。所以，从模仿对象上来说，仿生设计原本就具有绿色设计的特性。

绿色仿生原则要求仿生设计不能只是模拟模本的功能特性，还要考虑仿生设计各个环节的绿色性，重视模拟模本与环境的友好作用方式，在达到功能需求的同时，全面节约与高效利用资源，尽可能减少废弃物，尽可能实现资源的可再生与循环再利用等，真正做到具有高功率、低能耗、低污染、可持续的绿色设计。因此，仿生设计应该面向大自然，一切资源取之于大自然，同时，仿生成果又要能有效融入自然生态链之中，回归于大自然，没有破坏、没有伤害，成为自然生态系统中的有机组成部分，从而持续不断地循环。这是仿生设计的前提条件，也是仿生设计的宗旨。

绿色不仅是仿生设计的前提条件，而且仿生设计全程都应该是绿色的，在仿生方案确定、模本优选与机理揭示、生物模型与仿生模型建立、技术路线分析、材料优选与匹配、制造工艺技术选择或开发、功能特性与效能评价等一系列过程中，要充分考虑各个环节对环境、生态的影响，对各个设计阶段采取针对性措施和方案，力争将对环境的负面影响降到最低。因此，绿色仿生设计全程都要体现对环境和生态的保护，遵循绿色、生态、可持续、最佳化的设计宗旨，充分实现资源和能源的优化配置与合理使用。

近年来，基于植物叶片、昆虫翅膀等自清洁原理，不采用任何化学修饰、涂层、镀膜等方法，直接在高能金属表面构筑多尺度的仿生几何纹理，制备出了全程绿色的仿生超疏水、低黏附功能表面。例如，吉林大学基于荷叶表面微观乳突形态（与水的接触角为157°，接触时间为12.7ms），采用金马DK7732型线切割机，在光滑铝合金表面加工出具有不同间距、分布、深径比的凸包仿生几何纹理（与水的接触角为150°~160°，接触时间为12.8~15.38ms），这种功能表面表现出了良好的超疏水、低黏附特性，如图1-2和图1-3所示。这种仿生设计全程都具有绿色特性，其将植物叶片表面几何结构与数学分布规律高效转化到工程部件材料表面，直接机械加工一次性成型，不需要额外低表面能材料涂敷和任何化学修饰，不需要其他复杂制备工艺与后处理工艺等，具有方法简便、节能节材、环境友好、行之有效、易于推广等特点。

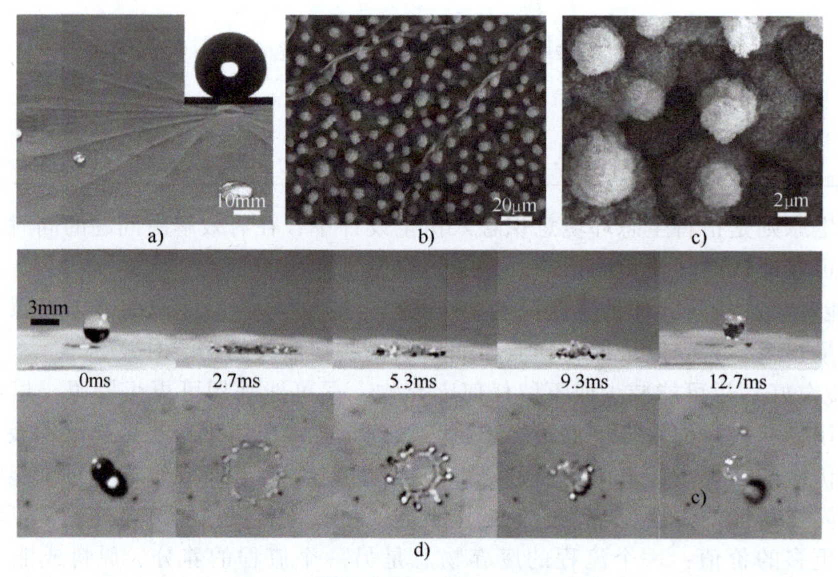

图1-2 荷叶表面形态及超疏水特性

a）荷叶 b）表面乳突形态 c）乳突形态放大 d）荷叶与水接触时间

绿色仿生原则的核心强调仿生产品从设计、制备到使用、维护、回收等整个生命周期都要充分考虑到该产品对生态和环境的影响，因为产品整个生命周期的每个环节都有带给环境负面影响的可能。

例如，上述提及的不采用任何化学修饰、涂层、镀膜等方法，直接在金属表面构筑仿生几何纹理，制备出的仿生超疏水、低黏附功能表面。这种仿生产品不仅理念、设计与制备方法全程绿色，而且在产品后续的应用、维护、回收中也都是绿色的。在使用过程中，其所具有的自洁功能可以节约大量的水资源与人力，减少了化学洗涤剂的使用；在维护过程中，由于产品采用的是直接机械加工一次性成型，没有采用任何化学修饰，不存在表面膜脱落、稳定性差、性能不持久、可控性弱等化学修饰产品的特点，具有稳定性好，不易失效，可长时间使用且维护方便等优点；在回收过程中，由于只采用了单一制备材料，材料本身无污染，易于回收，易于循环加工再利用等。

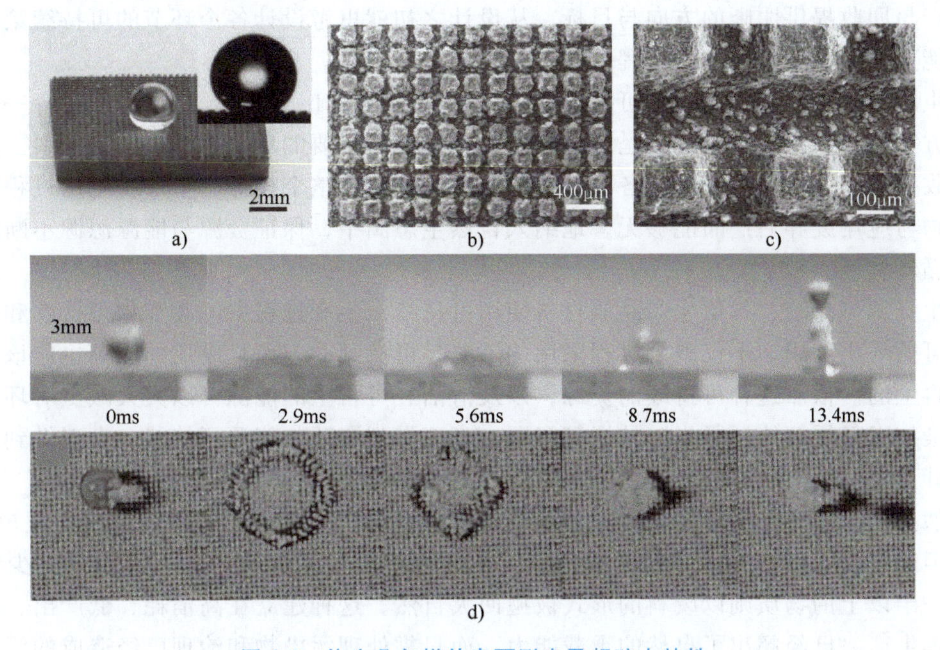

图 1-3　仿生凸包样件表面形态及超疏水特性

a）仿生样件　b）表面凸包结构　c）凸包结构放大　d）仿生样件与水接触时间

1.3.3　可持续仿生原则

可持续仿生是在绿色仿生的基础上，在尽量降低人工制品对环境与生态造成的负面影响下，使人类的设计活动成为对自然、经济和社会健康、可持续发展有积极意义的因素。可持续仿生要求从仿生理念的产生、仿生路径的选取，到仿生资源的选择，再到仿生成果的应用与回收等每一个环节都要考虑可持续性，推动仿生学进一步面向大自然，一切资源取之于大自然，同时又回归于大自然，在循环往复中实现可持续发展的模式。

生态与设计、消费与环保决非水火难容的对抗性关系，可持续仿生正是疏导这种关系的推手。可持续仿生的原则是向大自然学习，把每个环节的设计都纳入自然生态系统中，让所有的产品与废弃物皆为养分，皆可回归自然，进入不断地循环与生产中。如果说绿色仿生是一种从“摇篮到再生”的过程，那么可持续仿生就是从“摇篮到摇篮”的过程。

可持续仿生要求设计的起点是如何使人、产品、社会、环境更好地统一。首先应以自然生态为前提，只有人类赖以生存的自然资源与能源持续不断地循环，才能保证人类自身的生存；同时，设计的终点应更有利于人类的发展，也只有保护了自然环境，让自然资源与能源高效、持续、洁净地运转，人类健康发展才能成为可能，人类才能有明天、有未来。

可持续仿生包括仿生理念可持续、仿生路径可持续，以及仿生资源可持续。注重仿生理念可持续性，是一种从源头贯彻可持续模式的策略，从设计源头就思考各个环节实现可持续发展的措施与方法，从而真正实现产品取之于自然、回归于自然的“从摇篮到摇篮”可持续发展模式。仿生理念是设计与生产的前端，只有仿生理念可持续，才能为后续的可持续设计、生产与回收提供明晰的方向与目标，从设计之初就思考设计各个环节的可持续策略与方案，才能真正从源头推进产品全程向着可持续的方向发展。

仿生路径可持续是仿生思维可持续的具体展现，是设计、生产、应用与回收等一系列过程技术方案可持续的实施手段，是可持续仿生设计最为重要的环节。合理选择材料、加工方法和回收手段等，有效控制仿生各个环节的可持续性，让整个设计、生产与应用过程中产生的废弃物与应用废弃后产品能够无害地纳入自然生态圈中，保证资源与能源源源不断地流动与往复循环利用。

仿生资源可持续是指仿生产品原材料使用可持续、生产过程中的废弃物可持续和产品应用回收可循环再利用，不仅整个过程采用的资源是可持续的，而且应用的能源也应该是洁净的、可再生的。依靠这种可持续的资源，以及清洁、可再生的能源可以大大减少对环境、生态的污染，以及缓解能源紧张、枯竭等问题，真正做到资源与能源可持续，真正做到回归自然的设计。

自然界的物质生产经过几十亿年的发展是可持续的，而人类工业化的进程不过短短 200 多年，但几乎已达到不可持续发展的地步。社会生产从自然界取得的物质中只有少量被利用，而一半以上的物质则以废料的形式被抛回大自然，这种建立在高消耗、低产出、高污染的大规模生产，已经超出了自然的承载能力。而只靠处理污染物和治理已经造成的污染，是需要付出十分昂贵的代价而收效甚微的事。可持续仿生是解决现有资源与环境问题的重要手段，是自然与人类可持续发展的重要途径，高度重视仿生资源的可持续性，保证产品在整个生命周期结束后，所有的资源都能无害地重新回到自然环境中，成为生态养分或转化为其他工业生产的有用原料。

1.3.4 最佳化仿生原则

仿生设计与制造是多学科交叉的研究，是生物界与非生物界的跨界研究，涉及许多需求目标、设计参量与干扰因素等，有些参量与因素甚至是不可控制的。因此，对仿生研究各个环节，以及全程所涉及的目标、参量与因素等进行局域和全域科学统筹处理与优化，实现仿生最佳化设计，是仿生学的一个重要原则。

最佳化仿生原则就是按照特定的仿生功能目标，在一定的约束条件下，以科学、技术和实践经验的综合成果为基础，对仿生设计过程中的性能指标、设计参量、干扰因素及其相互之间的关系等进行比较、分析、论证、计算、选择、调整、优化等，使之达到最理想的效果。最佳化仿生原则的要点是：

1）最佳化的目的是达到特定仿生目标的要求，因此，全程、精确地确定目标是最佳化的出发点，如果有多项目标，应分清主次，确定优先顺序。

2）弄清约束条件是最佳化的前提，仿生目标的实现受仿生系统本身及外在各种因素制约，只有将仿生目标与制约因素合理协调，优化出的结果才有可能是现实可行的与最佳化的。

3）最佳化应以科学技术和实践经验的综合成果为基础和依据，不是凭个人一般经验进行的粗略决策。

4）最佳化的基本方法是在定量分析与定性分析相结合的基础上，对仿生设计理念与方案、仿生设计与制备技术、仿生应用与维护等一系列过程进行设计、评价、比较和优化，做出最佳选择与决策。

在仿生设计过程中，往往一个设计承载了多个仿生目标，甚至每个环节都有单独的子目标要求，这些都是仿生设计的基础，只有有效实现这些目标，最终才能更好地达到最佳化仿生设计的要求。因此，确定仿生目标是最佳化原则的出发点。

按照优化的目标数可分为单目标和多目标，但无论是单目标最佳化还是多目标最佳化，都要以仿生研究的核心任务圆满实现为最终目标。通常，单目标最佳化是指对一个或具有相同属性的一类目标进行优化与决策，整个优化过程都要围绕这个目标的实现度与最佳化过程为前提进行。在多目标最佳化过程中，首先应该分清目标的主次，确定优先顺序，对这一系列目标进行综合协调，然后进行依次优化或并行优化。多目标最佳化是对一系列目标进行综合优化与决策的过程，由于要兼顾多个目标的共同优化，致使限制条件与制约因素较多，且设计参量错综复杂，这些都为多目标最佳化决策带来了难度。因此，有时在最理想的最佳解不易求得，或者需要付出相当大的代价才能获得时，就需要进行多目标统筹处理，优先优化主要目标，保证主要目标的实现度。此时，在能满足仿生总体能效目标的条件下，可以不过分强调各个环节目标的最佳解。

最佳化原则还可以分为局域最佳化和全域最佳化。局域最佳化是指对仿生设计与制备过程中的某些局域内环节的目标进行最佳化决策，全域最佳化是指对整个仿生系统的目标进行全局最佳化。局域最佳化是基础，全域最佳化是目的，通常情况下，局域最佳化要服从全域最佳化。两者之间在目标上有一致性，都是为最终获得最佳化的仿生目标服务的；两者有时会在优化的性能指标、设计参量与干扰因素间有部分叠加性，有时也会出现矛盾，此时，就需要从全局出发，以实现全局最佳化为优化根本。

全域最佳化是对仿生全程优化的时空域和纵横向的统筹过程，不仅是对局域最佳化的决策处理，更是对仿生全程优化设计的掌控。在仿生设计过程中，全域最佳化涉及的优化目标较多，需要考虑的因素也较多，有时涉及许多未知的、模糊的、灰色的因素和一些不可控制的参量，在这些因素与参量不确定的条件下，有时需要采用相关的辅助分析与计算等。例如，用模糊数学理论将模糊条件定量化之后，再采用常规方法进行全程最优化设计、最优化管理、最优化控制，最终获得最佳化的能效目标。

此外，最佳化仿生设计过程中涉及对众多目标、因素、参量、制约条件等的综合协调与决策，因此，无论是进行单目标最佳化和多目标最佳化，还是进行局域最佳化和全域最佳化，最终都需要进行综合最佳化分析，其根本是为高效实现需求目标服务的，是推动需求目标达到最优化的保证。

可见，科学技术是一把双刃剑，既能造福人类（前提是要把科学技术用在人与自然的和谐发展上），也可以毁灭人类，如果继续无休止地向大自然索取，那么科学技术越发达，毁灭的速度越快。因此，必须向大自然这位杰出的“设计师”学习，从仿生学入手，遵循主动仿生、绿色仿生、可持续仿生、最佳化仿生原则，把每一项设计融入自然法则之中，带来人类与自然共同发展的双赢。

1.4 智能仿生交互技术

近年来，以增强现实（Augmented Reality, AR）技术、虚拟现实（Virtual Reality, VR）技术、数字孪生（Digital Twin）技术等为代表的智能交互技术逐渐走进大众视野，其中对于数据的采集、处理、再现是智能交互技术的核心。但是现有的技术极大地限制了智能交互技术的发展。随着智能仿生学的发展，大量研究人员将目光聚焦于此，试图通过对生物智能的深入探索，以研发新型高性能智能仿生传感器、编写高效智能仿生算法等手段，突破现有智能交互系统的技术瓶颈，构成新型的智能仿生交互技术。

1.4.1 虚拟现实技术

1. 虚拟现实的定义、特点及技术原理

虚拟现实是以计算机技术为核心，结合相关科学技术，生成与一定范围真实环境在视觉、听觉、触觉等方面高度相似的数字化环境，用户借助必要的装备与数字化环境中的对象进行交互作用，相互影响，可以产生相应真实环境的感受和体验。换言之，是利用计算机模拟产生一个三维空间的虚拟世界，为使用者提供关于视觉、听觉、触觉等感官的模拟，让使用者如同身临其境一般，可以及时、没有限制地观察三维空间内的各种事物。广义的虚拟现实还包括增强现实、混合现实和增强虚拟。增强现实是将计算机生成的数字化对象叠加在视频图像或现实环境之上，向用户呈现出一种虚实结合的新环境；混合现实和增强现实类似，只是前者中的计算机生成对象与现实环境对象可区分，而后者难以区分。现在一般使用狭义的虚拟现实概念，即完全由计算机生成的虚拟对象和环境。

通过在虚拟场景的构建实例中总结出虚拟现实技术的三大基本特征：构想性、交互性和沉浸感。展开来说，构想性（Imagination）特别突出强调了虚拟现实具有广阔的可以展开想象的空间，可以拓宽人类的认知范围，不仅可以再现真实存在的环境，还可以随意构造客观并不存在的物体，甚至是不可能发生的环境和物体。交互性（Interactivity）是指用户对模拟环境内物体的可操作程度和从环境得到反馈的自然程度（包括实时性）。例如，用户可以用手去直接抓取虚拟环境中虚拟的物体，这时手会有抓着东西的感觉，并可以感觉物体的质量，视野中被抓着的物体也能立刻随着手的移动而发生移动。沉浸感（Immersion）又称临场感，指用户感到作为主角存在于模拟环境中的真实程度。理想的模拟环境应该使用户难以分辨真假，使用户全身心地投入到计算机创建的三维虚拟环境中，该环境中的一切看上去是真的，听上去是真的，动起来是真的，甚至闻起来、尝起来等一切感觉都是真的，如同在现实世界中的感觉一样。由于沉浸感、交互性和构想性三个特性的英文单词的第一个字母均为I，所以这三个特性又通常被统称为3I特性。

虚拟现实技术的原理如图1-4所示，人在物理交互空间通过传感器集成等设备与由计算机硬件和VR引擎产生的虚拟环境交互。立体显示原理如图1-5所示，多感知交互模型如图1-6所示。来自多个传感器的原始数据经过传感器处理成为融合信息，经过行为解释器产生行为数据，输入虚拟环境并与用户进行交互，来自虚拟环境的配置和应用状态再反馈给传感器。

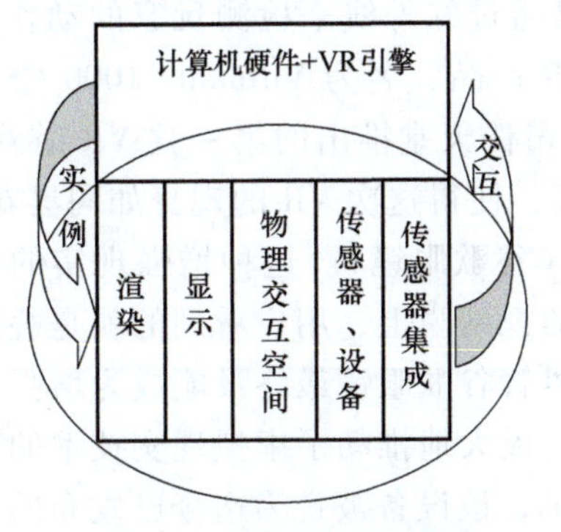

图 1-4 虚拟现实技术原理

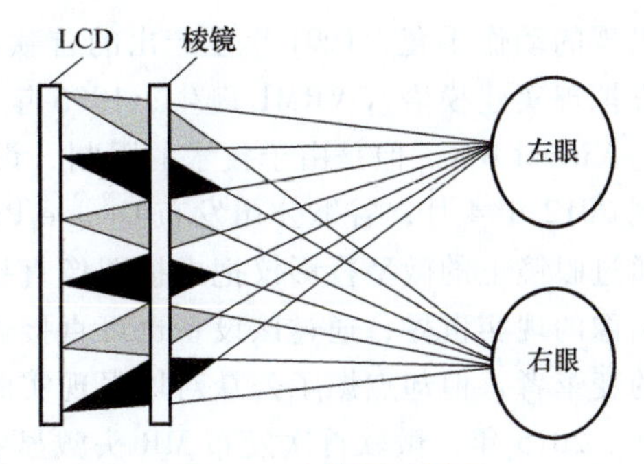

图 1-5 立体显示原理

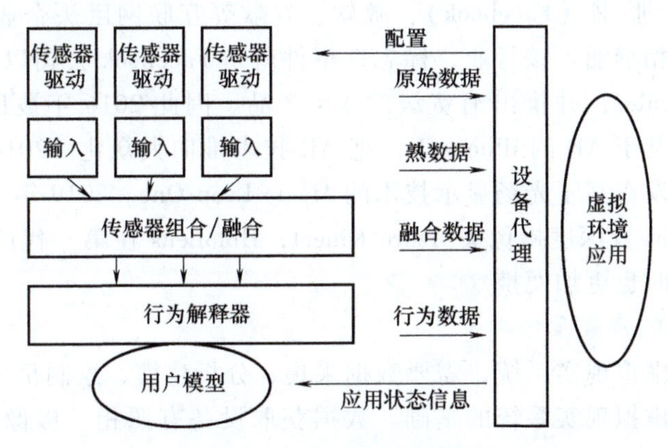

图 1-6 多感知交互模型

虚拟现实是一项具有颠覆性的技术。它致力于突破二维显示，实现三维呈现；突破固定屏幕，实现佩戴式自由观看；突破键盘鼠标的传统输入方式，实现人的身体与虚拟环境手、眼、行相协调的自然交互；突破时空局限，体验者可以沉浸在历史或未来、宏观或微观的逼真虚拟环境中。

虚拟现实技术正在对人类社会产生重大影响。许多科技机构和专家认为，虚拟现实是继个人计算机、智能手机之后的新一代计算平台，是互联网未来的新入口，将成为人类认识世界、体验世界和改造世界的新手段。

2. 虚拟现实的历史与发展近况

虚拟现实的描述最早可追溯到20世纪30年代，1935年美国作家Stanley Weinbaum首次在他的小说中提出虚拟现实功能眼镜。20世纪50年代开始，几项关键发明的相继出现开始了虚拟现实发展的“萌芽期”，1956年科学家发明出第一台VR设备，1957年摄影师Morton Heiling发明了一种模拟器，并给它命名为Sensorama，它可以通过气味发生器和振动椅等特定的组件来调动用户的所有感官，从而提供完整的多感官体验。Lvan Sutherland在1968年研发出视觉沉浸的头盔式立体显示器和头部位置跟踪系统，同时在1969年开发了第一套头戴显示器，这也是第一个使用计算机生成的界面，使用户能够与VR进行更实时的交互。1989年“虚拟现实之父”Jaron Lanler正式提出虚拟现实的概念，这也标志着虚拟现实的发展进入了“形成期”，并且进行了初次的产业尝试。20世纪90年代，市场推出了各种消费级产品、建模语言，包括：1989 年的 U-Force，它可以通过红外线来检测玩家的动作；1990 年出现的动作手套；1991 年生产出的首款消费级的 VR 产品，名为 Virtuality 1000 CS；1994 年虚拟现实建模语言 VRML 诞生；1995 年日本游戏公司任天堂推出的第一款 VR 游戏设备，名为 Virtual Boy。但是由于技术的限制，设备成本太高，使得这次 VR 的现身如同昙花一现，直到 2012 年 4 月，谷歌公司发布 Google Project Glass（谷歌眼镜）。这种增强现实的头戴设备通过眼镜上的微型投影仪把虚拟图像直接投射到人的视网膜上，用户看到的就是叠加过虚拟图像的现实世界，通过该设备也可直接进行通信。尽管谷歌眼镜最终没能成为增强现实技术的变革者，但却点燃了公众对增强现实的广泛兴趣，极大地推动了虚拟现实技术的普及和发展。2015 年，微软首次发布 MR 头戴显示器 HoloLens，该设备被誉为迄今已发布的体验最好的 MR 设备，还被美国军方采购，用于美军的实战和训练。2016 年，虚拟现实迎来了产业发展的“生长期”，脸书（Facebook）、微软、谷歌等互联网巨头企业开始进军虚拟现实产业布局，大量公司相继涌入该行业，标志性事件就是 Facebook 公司以 20 亿美金收购了虚拟现实眼镜制造商 Oculus，并推出消费级的 VR 产品。因此 2016 年被称为 VR 元年。2017 年，苹果公司发布了基于 AR 的 iPhone X，把 AR 技术推向大众化。2018 年，Magic Leap 也完成融资，并于同年发布基于光场显示技术的 Magic Leap One。2019 年 2 月，微软公司同时发布了第二代 HoloLens 及深度摄像头 Azure Kinect，HoloLens 在第一代的基础上做出许多改良，在提高性能的同时也更加便携。

3. 虚拟现实系统的构成及分类

设计并构建一个虚拟现实系统，需要数据采集、分析建模、绘制呈现、传感交互等方面的技术。数据是构建虚拟现实系统的基础。数据获取设备有照相、摄像、3D 激光扫描等通用型和 CT、核磁等领域专用型两大类。数据获取的质量直接决定虚拟现实技术在各行业领域的应用效果。建模是现实世界中的对象在计算机中的数据表示，即利用数学、物理知识、各种数字化技术，将现实世界中的对象及其相互关系、相互作用及动态变化规律等，映射为数字空间中的数据表达。通过输出设备，虚拟环境中的各种对象模型以视觉、听觉、触觉等形式综合呈现，让用户有身临其境之感。虚拟现实的自然交互则指人在虚拟环境中的操作，以及虚拟环境对人的多感知反馈。

从计算机系统的角度，一个典型的虚拟现实系统主要由计算机、输入输出设备、VR 软件和数据库等部分组成。其中常用的交互设备有用于手势输入的数据手套、用于语音交互的三维声音系统和用于立体视觉输出的头盔显示等。

从虚拟现实涉及的关键技术角度，主要包括：①动态环境建模技术，它包括实际环境三维数据获取方法、非接触式视觉建模技术等；②实时、限时三维动画技术，即实时三维图形生成技术；③立体显示和传感技术，包括头盔式三维立体显示器、数据手套、力觉和触觉传感器技术的研究；④快速、高精度的三维跟踪技术；⑤系统集成技术，包括数据转换技术、语音识别与合成技术等。

按照虚拟现实系统的沉浸感和实时交互程度的差异，国外研究者将虚拟现实系统分为非沉浸式 VR 系统（Non-immersive VR System）、半沉浸式 VR 系统（Semi-immersive VR System）和沉浸式 VR 系统（Immersive VR System）。非沉浸式 VR 系统通常由计算机屏幕呈现虚拟环境，又叫桌面 VR（Desktop-VR），用户通过平面显示设备观看虚拟环境，并通过键盘鼠标等外设进行交互，虽然可以看到立体图像，但整体感觉是“置身事外”；半沉浸式 VR

系统是桌面 VR 的加强版，虽然提供一些头部追踪等技术来提高用户的沉浸感，但仍使用二维显示器来显示图像；沉浸式 VR 系统通常需要头盔显示器和位置追踪等设备，让用户产生较强的浸入感和更自然的交互。

根据虚拟现实所倾向的特征不同，目前的虚拟现实系统可分为四种：桌面式、增强式、沉浸式和网络分布式虚拟现实系统。桌面式虚拟现实系统利用 PC 或中、低档工作站作为虚拟环境产生器，计算机屏幕或单投影墙是参与者观察虚拟环境的窗口，由于受到周围真实环境的干扰，它的沉浸感较差，但是成本相对较低，仍然比较普及。沉浸式虚拟现实系统主要利用各种高档工作站、高性能图形加速卡和交互设备，通过声音、力与触觉等方式，并有效地屏蔽周围现实环境（如利用头盔显示器、三面或六面投影墙），使得参与者完全沉浸在虚拟世界中。增强式虚拟现实系统允许参与者看见现实环境中的物体，同时又把虚拟环境的图形叠加在真实的物体上。穿透型头戴式显示器可将计算机产生的图形和参与者实际的即时环境重叠在一起。该系统主要依赖于虚拟现实位置跟踪技术，以达到精确的重叠。网络分布式虚拟现实系统由上述几种类型组成，用于更复杂任务的研究。它的基础是分布交互模拟。

体验者要获得沉浸式的 VR 体验，需要有相应的显示和追踪设备，主要是头戴式显示设备、位置追踪及运动控制设备。目前主流的沉浸式 VR 设备可以分为主机 VR、手机 VR 及 VR 一体机。三种 VR 设备的定义、原理、特点和代表性产品见表 1-1。

表 1-1 三种 VR 设备对比分析

VR 类型	设备定义	实现原理及功能特点	代表性产品	价格范围
主机 VR	依靠外接计算机主机等设备运行的 VR 显示设备	采用陀螺仪等多种感应设备，可追踪用户运动，提高沉浸感，是具有感应能力和交互功能的加强版显示器，其数据运算、图像传输等通过 PC 完成，技术含量高，沉浸感和交互性最强，但便携性较差	HTC Vive、Oculus Rift、Sony PS VR	5000～15000 元
手机 VR	以智能手机为内容运行系统的显示设备	主要由两片镜片组成的手机壳子，将手机作为计算和显示的载体。构造简单，价格低廉。其附加设备一般为控制手机而配置的蓝牙手柄、触摸板等。该 VR 设备技术含量较低，体验感和交互性较差	暴风魔镜、三星 Gear VR、谷歌 Daydream View	30～700 元
VR 一体机	将内容运行平台与显示头盔集成在一起的独立设备	是将高端手机的配置直接放在了头盔中，相当于自带了处理系统和显示屏，最大的优点是携带方便，无须插入手机，也不用外接计算机或者游戏主机，具备方位感应的陀螺仪等传感器，可以实现独立运算及输入输出功能	大朋 VR M2、博思尼 X1、Pico Neo VR	700～4000 元

4. VR、AR、MR 的区别

在虚拟现实（VR）中，用户只能体验到虚拟世界，无法看到真实环境，可以用成语“无中生有”来进行描述和形容。

在增强现实（AR）中，用户既能够看到真实世界，又能看到虚拟的事物，可以用成语“锦上添花”来形容和描述。

在混合现实（MR）中，既可以通过虚拟来增强现实，也可以用现实来承载虚拟，直接将现实世界和虚拟世界相融合，从而产生新的可视化环境，物理对象和数字对象同时存在，用户很难分辨真实世界与虚拟世界的边界，可以用成语“实幻交织”来描述。

5. 虚拟现实常用的交互方式及常用的使用场景

VR头戴式显示器，也可以称为VR头盔，是近年来最热门的一款VR产品，市面上主流的产品有HPC-V、Oculus CV1等。VR头戴式显示器，将人对外界的视觉、听觉封闭起来，引导用户产生一种身处虚拟环境的感觉，配套的定位设备将用户在现实环境中的身体动作同步到虚拟世界当中，使得用户可以在虚拟现实环境中进行走动、环视和漫游。另外，配套的专业定位手柄还可以帮助用户在虚拟现实中进行物体的碰触、抓取、拖拽等动作。目前，VR头盔广泛地被应用于VR游戏、虚拟仿真实验实训、模拟技能的训练、远程医疗协同、虚拟手术训练、房地产的仿真体验、旅游景区的全景漫游等不同领域中。

光学姿态传感交互系统，是基于一整套精密且复杂的光学摄像头，结合计算机视觉、立体识别原理，由多个摄像模块组合而成，从不同角度对目标进行图像的采集，然后依据图像的识别和深度检测算法来提取相应的特征点，实现人肢体动作的捕捉。此系统的普及，可以大大提升虚拟现实的交互性，让虚拟现实的交互可以从手握手柄、手指按键的交互形态转变为只用自然的肢体动作直接完成对虚拟世界的交互。

对比来看，VR头盔，将眼睛、耳朵、手指都传送到了虚拟现实中光学姿态传感交互系统，将身体、四肢都传送到了虚拟现实中，并与物体进行了交互。目前，市场上主流的产品有Kinect、Leap Motion等。光学姿态传感交互系统，主要应用于运动游戏、交互广告、展览展示、肢体动作的虚拟训练等不同方面。

6. 我国虚拟现实技术的研究现状

在当下快速发展的互联网时代，虚拟现实（VR）正被越来越多地应用到社会各行各业中，国家也相继出台了相关政策，积极鼓励、推动虚拟现实理论和应用的研究。2017年《地平线项目区域报告》提出“将‘虚拟现实’列为十二项教育技术的重要发展之一”。2018年工信部提出“加快我国虚拟现实（VR）产业发展，推动虚拟现实应用创新”的意见。2019年教育部表明了要“推动虚拟现实在教育教学中的深入应用”，而且也明确表明“将2019年新增设的虚拟现实技术本科专业纳入普通高等学校”。

丘馥祯等学者为了解各机构发文情况，列举了2015—2019年这5年内文献产量高于5篇的机构，共有23个（图1-7）。经计算，这23个发文机构的文献量总和（233）占虚拟现实研究文献总数（665）的35.04%。结果表明，样本文献基本上来源于本科院校，其中北京理工大学、华中科技大学、哈尔滨工程大学、中国石油大学（华东）、吉林大学占据发文量前5名，这也说明了这5所机构对虚拟现实的研究较为深入。另外，从研究机构的类别来看，成人院校、职业院校、中小学和企业等机构在核心期刊上的载文量较少，虚拟现实研究成果的数量和质量有待提升。

北京航空航天大学计算机系是国内最早进行VR研究、最有权威的单位之一，虚拟现实技术与系统国家重点实验室依托北京航空航天大学计算机科学与技术、控制科学与工程、机械工程和生物医学工程四个一级学科，于2007年批准建设。2010年12月，实验室通过科技部的验收，正式成为国内第一个专门从事虚拟现实技术与系统研究的国家重点实验室，并在以下方面取得进展：①着重研究了虚拟环境中物体物理特性的表示与处理；②在虚拟现实中的视觉接口方面开发出部分硬件，并提出有关算法及实现方法；③实现了分布式虚拟环境网络设计，可以提供实时三维动态数据库、虚拟现实演示环境、用于飞行员训练的虚拟现实系统、虚拟现实应用系统的开发平台等。

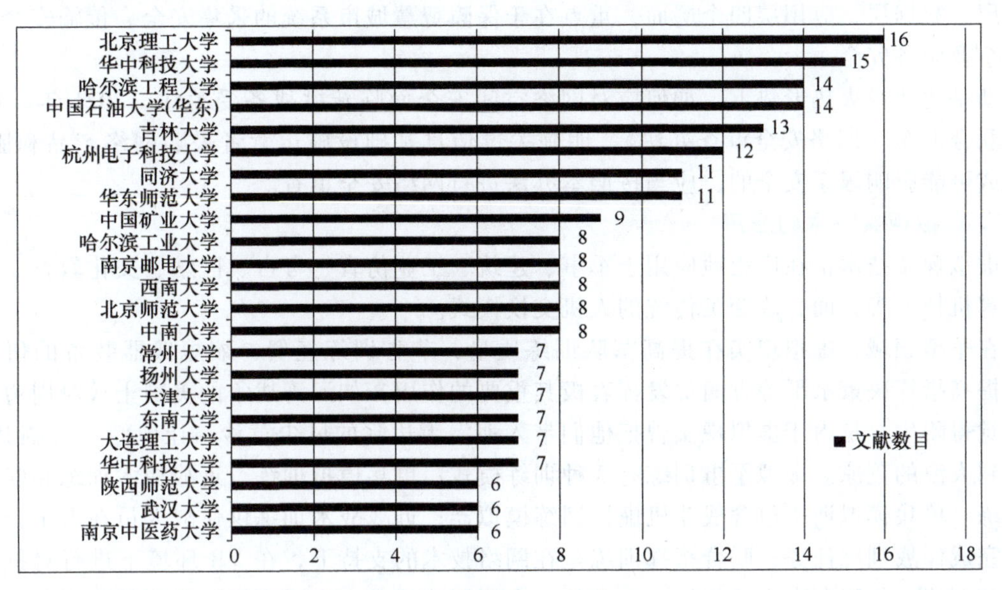

图 1-7 高产发文机构分析

在 2020 年 11 月 28 日—29 日举办的“湾区创见 · 2020 网络安全大会”上，中国工程院院士、鹏城实验室方向责任院士方滨兴称：“新基建的核心是‘移物云大智’，即移动网络、物联网、云计算、大数据、人工智能，其最后展现的成果是智慧城市。”

中国信息通信研究院（简称信通院）测算数据显示，我国数字经济目前占 GDP 的比重约为 35%，总量超过 30 万亿元。虽然依靠数字经济的新基建建设火热，但各类数据中心承载国家、社会和个人的海量大数据，将面临严峻的数据安全问题。

“‘移物云大智’的伴生安全问题就是我们在新基建下面临的安全问题。技术以日新月异的速度在发展，促进经济发展的同时，也由于技术本身不成熟或应用不当等原因，带来一些新的安全问题。”方滨兴称，“新基建是构建在以移动网络、物联网、云计算、大数据、人工智能等技术基础之上的信息通信集成系统，其通过信息获取、信息传输、信息处理来构建城市大脑，形成智慧城市的技术设施。其中，新基建带来新技术，相应地伴生出新的安全问题，其核心是如何保证‘移物云大智’的安全。移动互联网安全包括通信、功能、设施、终端安全，最典型的就是 5G，基站、光纤、通信设备等不能被损坏，需要大量的灾备、应急通信等应对。”

此外，5G 呈现出边缘计算、NFA、网络虚拟化等技术特点，使得其功能强大，但能力高度集中，一旦管理人员出现问题，就会导致网络出现崩塌效应。方滨兴表示，“物联网安全方面包括数据、传输、感知、控制安全；云平台安全方面，要打造可信、安全、可靠、可控的云平台，如云服务商有条件获取租户与用户信息，需要有手段约束管理者不侵害他人利益；大数据安全方面，要做到数据正确、系统安全、稳定可靠、隐私保护，大数据处理通过关联具有隐私挖掘的能力，不正确地使用将会侵犯用户的隐私；人工智能安全方面则包括芯片安全、代码安全、算法安全、应用安全。”

最终，落到智慧城市安全视角，方滨兴认为，新基建重点在智慧城市中体现出来，所以新基建和智慧城市要画等号，智慧城市的城市大脑的安全形态主要表现在新基建的硬件层、代码层、数据层、应用层四个层面，重点在于保障智慧城市系统的采集安全、传输安全、计算安全及服务安全。

新基建建设火热形势下，如何应对网络空间安全面临新挑战备受关注。2021 年，13 个部门联合发布《网络安全审查办法》，明确关键信息基础设施运营者采购网络产品和服务，影响或可能影响国家安全的，应当按照本办法进行网络安全审查。

7. 虚拟现实技术的应用

虚拟现实技术正在广泛地应用于军事、建筑、工业仿真、考古、医学、文化教育、农业和计算机技术等方面，改变了传统的人机交换模式。

在军事领域，虚拟现实在提高军队训练质量，节省训练经费，缩短武器装备的研制周期，提高指挥决策水平等方面都发挥着极其重要的作用。如海湾战争的美国士兵对周边的环境不觉得陌生，是由于虚拟现实曾把他们带入那漫无边际的风尘黄沙，让他们“身临其境”感受到大漠的荒凉。虚拟军事训练有 3 种训练模式：单兵模拟训练、近战战术训练和联合指挥训练。单兵模拟训练包含战斗机虚拟训练模拟器；近战战术训练供作战人员在人工合成环境中完成作战训练任务；联合指挥训练是在网络技术的支持下，在 VR 环境下进行对抗作战演习和训练，如同在真实的战场上。此外，虚拟制造技术也广泛应用于武器的研制上。

在工业仿真中，利用虚拟样机技术可对模型进行各种动态性能分析，并改进样机设计方案，用数字化形式代替传统的实物样机试验，可减少产品开发费用和成本，提高产品质量及性能。该项技术一出现就受到了工业发达国家有关科研机构和企业的重视，著名的实例就是波音 777 飞机利用虚拟现实成功设计出来。清华大学、北京航空航天大学、华中科技大学和浙江大学等在虚拟样机上有比较成熟的研究成果。

虚拟现实技术在建筑上可以实施视觉模拟，如实现建筑物、室内设计、城市景观、施工过程、物理环境、防灾和历史性建筑模拟等。“Walk Through”是一种沉浸式的交互，参观者恍如置身建筑里。荷兰 Eindoven 大学 Calibre 研究院的产品、美国洛杉矶和费城的虚拟建筑三维模拟系统被认为是全球最成功的虚拟建筑模拟系统之一。

虚拟现实正在改变着考古的模式。国内虚拟现实考古的研究成果如殷墟博物馆、敦煌数字博物馆、龟山汉墓和虚拟颐和园等，重点在场景浏览和漫游上。土耳其著名的 Çatalhöyük 采用的是三维重构技术。挖掘技术限制、空气污染和旅游业的发达等原因导致遗址和文物受到伤害，理想的虚拟考古是利用田间信息技术、虚拟现实技术和数据库技术等获取遗址的内外部环境，甚至细节，从而建设一个数字化遗址和博物馆。

在医学界，虚拟现实技术主要用于虚拟解剖、虚拟实验室和虚拟手术等。在虚拟解剖方面，德国在 20 世纪 90 年代初用人体切片重构为数字人，逼真地重现了人体解剖现场，而无须担心成本、伦理等问题。汉堡 Eppendof 大学医学院还构造了一套人体虚拟现实系统，训练者带上数字头盔就可以进行模拟解剖。在虚拟医学实验室，学生们可以恍如真实地了解实验的原理和步骤，对一些有毒害的实验进行虚拟检验等。传统的手术训练一般是采用现场观察和操作及动物实验等方法进行的，但这些方法不能重复进行，或者会给操作对象带来一定程度的伤害，而利用虚拟现实技术，训练者可以“沉浸入”手术情景进行外科手术训练。虚拟内窥镜手术是虚拟现实技术在医学上最广泛和成熟的应用。虚拟现实手术室除了虚拟手术刀、数据手套等，甚至有细致和逼真的人工器官如喉、子宫、肝脏、血管、头颅等，还可以做血管介入治疗、颅内静脉畸形的模拟手术。虚拟现实技术也可用于治疗，国内外许多研究学者开展了将 VR 软件用于听力和视力受损者训练、牙齿检测治疗等研究和应用。

在农业领域，除了利用虚拟制造技术来研制农业机械外，还利用软件模拟生物的真实环境和生长过程或通过传感器采集生物信息重构生命过程，如重现农作物生产过程中的病虫害和治理，计算出污染程度等，以杜绝农作物的污染源头，对食品安全而言，意义深远。

VR 技术改变了传统教育模式，由督促教学的被动学习模式转变为学习者通过自身与信息环境的相互作用获取知识、技能的主动学习模式。虚拟实验室可以让学生亲身经历如太空旅行、化合物分子结构显示等比传统教学更加具有说服力的校园学习。虚拟实训基地可用于驾驶等传统职业技能训练技术和虚拟消防训练，国外的虚拟消防训练已经深入儿童群体。

在灾难模拟与重现方面，虚拟现实技术正发挥着惊人的作用，如矿山事故模拟与分析、火灾重现、飞机遇难模拟、交通事故再现和犯罪现场重现等。这些 VR 技术产生的重现与分析，对减少和避免灾难的发生意义重大。

丰富的感觉能力和三维显示使得 VR 技术成为理想的视频游戏工具。3D 游戏一般基于情节驱动，而国内学者已研发出利用机械信息和生物芯片获取人体信息驱动游戏角色的健身器械。

VR 技术是基于计算机技术发展起来的，同时又为计算机技术提供了新的灵感，虚拟机和虚拟化的概念是值得关注的战略技术和趋势。物理机领域拥有的特性已经快速向虚拟化领域迁移，如基于虚拟环境的虚拟交换机、虚拟网络加速设备和基于虚拟机的容错能力等。

1.4.2 增强现实技术

1. AR 技术的定义

AR 技术是指通过计算机生成图像，把现实世界中无法进行描述或者体验的实体信息转化为虚拟信号插入虚拟现实中，使人们可以感受得到它。作为一种极为关键的技术，其在虚拟现实和实体现实当中起着衔接的作用，包括虚实结合、实时交互和 3D 注册三个特性。换言之，AR 技术需要带有软件应用程序的计算机设备才能将虚拟图像融入现实，并以此增强人类的视觉、听觉、触觉和嗅觉，现如今许多 AR 程序已能在移动设备中使用，体现了 AR 技术的便携性。

AR 技术是一种实时地计算摄影机影像的位置及角度并加上相应图像、视频、3D 模型的技术，这种技术的目标是在屏幕上把虚拟世界套在现实世界并进行互动。这种技术于 1990 年提出。随着随身电子产品 CPU 运算能力的提升，预期增强现实的用途将会越来越广。AR 算法主要基于神经网络，能够实现完整的评价改善循环。评价模块可以评估执行模块的实际效能，对代价函数进行优化与修正。执行模块可以产生实际的动作来对所改进的策略进行执行，同时也能有效地对被控对象的情况进行反应，将其进行运行之后，可以通过不同的反馈，来对实际评价与运行的情况进行确定。同时，利用相关的神经网络、强化学习等算法，来实现函数的近似与优化，这样就能对系统的内部参数进行实时的更新，主要是采用贝尔曼的优化方式来进行更新。

2. AR 技术的应用

AR 技术主要有三个特点：集成真实世界和虚拟环境中的信息、实时交互性，以及在三维尺度空间中增添定位虚拟物体。它和 VR 技术在许多领域都有广泛的应用：

（1）军事领域　现代军队都在广泛地运用多媒体技术进行作战，若将 AR 技术运用于部队作战训练，则能够更好地对作战环境进行识别，从而获取实时且精准的地理数据。除此之外，AR 技术还可以用于军事演练。

（2）古迹修复和遗产保护领域　对于一些破损的名胜古迹和遗产，人为修复往往无法实现真正的还原。然而 AR 技术可以通过头盔显示器 HMD 为人们提供古迹的文字解说，并重构其残缺部位，从而对破损程度进行精准的估计和判断。

（3）网络视频通信领域　目前，视频通信在很大程度上只能实现普通意义上的视频通话，而 VR 技术则能在此基础上加入人脸跟踪技术，这样就可以在视频通话时出现一些虚拟的物品，这能够极大地满足未来人们对于视频通信的趣味性要求。

3. AR 技术所面临的挑战

（1）光学性能　目前，AR 技术还需要在显示媒质的光学性能上不断进行改进和完善；现阶段，大多数显示媒质的视野范围横向为 25°，纵向为 40°，这远远达不到人眼的视野范围。因此，需要在光学器件的规格上进行进一步的提升和完善。

（2）多媒体制作　由于多媒体制作工程相对较为复杂和分散，因此，目前 AR 技术在多媒体制作方面的应用还有很大的欠缺。现阶段的 AR 技术在电视节目中，最多是用于场景的构造，尤其是在大型晚会转播、录制中配合舞美、灯光及节目编排，为节目构造一个舞台时空。这种技术带来的是节目创作上的无穷活力，是仅可以依靠实景和动作就能不断反复对节目进行打磨的手段，打破了传统节目呈现的时空限制。

（3）用户交互　当前，AR 技术设备逐渐在手势、语言、动作追踪方面有所研究，以增强 3D 领域的信息互动。然而，由于外部环境的多样性和复杂性，AR 设备经常会受到外界干扰，因此，需要提高用户在真实环境中的合成触觉输入技术。

1.4.3　混合现实技术

1. MR 技术的定义

MR 技术的研发历史，最早可以追溯到 20 世纪 70~80 年代初，它融合了 VR 与 AR 技术的优点，可以更有效地把 AR 功能体现出来。多伦多大学的 Steve Mann 最初提出了混合现实技术，即 MR 技术，旨在让用户能够感知周围环境中的现实世界。1994 年，Paul Milgram 和 Fumio Kishino 共同撰写的论文中提出了混合现实的概念，并通过引入虚拟连续体坐标的方式，阐述了混合现实与 VR、AR 之间的关系，如图 1-8 所示。虚拟连续体坐标中，左侧代表裸眼观察到的真实物理世界，随着向右移动坐标轴，对现实世界的虚拟化程度逐渐增强，在 AR 阶段中虚拟信息被叠加到现实环境中，而现实环境仍是主体；而到达坐标的最右侧时，用户进入完全虚拟化的环境，即 VR。MR 指的是从真实世界到完全虚拟化环境的过渡过程，其中现实和虚拟元素相互融合，呈现出一种全新的视觉体验。

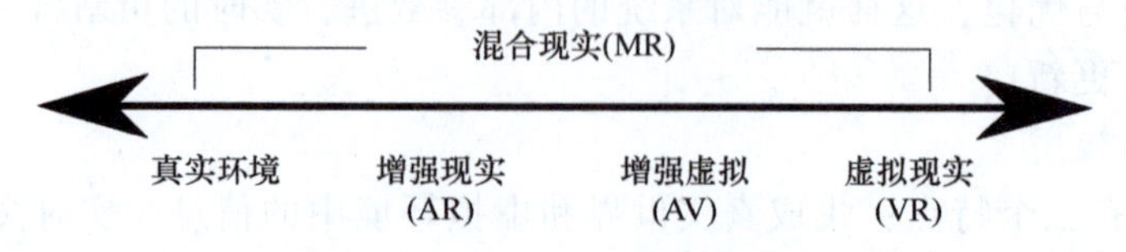

图 1-8　现实与虚拟的坐标对比

MR 技术已经完成了对虚拟现实领域的深入开发，通过把大量真实场景的信息数据导入虚拟环境中，从而构建一种用户与虚拟世界、现实世界之间相互反馈的信息回路，提高了用户体验的真实性。作为计算机领域下的新一波浪潮，它提供了与居住空间数据和好友之间的本能交互，将用户从受制于屏幕束缚的体验中解放出来。移动 AR 是目前社交媒体上最主流的混合现实解决方案，如用户在抖音、Instagram 上使用的 AR 滤镜就是混合现实体验。借助高保真全息 3D 模型、人体全息影像及周围的现实世界，混合现实门户 Windows Mixed Reality 将用户体验提升到了更高的水平。

混合现实的应用程序包括环境理解、人类理解、空间音效、真实世界与虚拟世界中的位置和定位、支持多用户协同操作的 3D 资产。近些年来，人机关系持续通过输入方式的变化得到发展，以至于诞生了“人机交互”（Human Computer Interaction，HCI）新学科。人类输入现在既可以包括传统的鼠标、键盘、触摸，也包括了新兴的语音、笔迹和 Kinect 骨骼跟踪。基于先进的输入方法，传感器和处理能力的进步创造出了计算机对环境的新感知，环境输入可以捕获用户的身体在物理世界中的位置、表面、边界、环境照明、音效、对象识别和物理位置。由云服务提供支持的计算机处理、先进的输入技术和环境感知是创建真正混合现实体验的三个基本要素，这些要素的组合为 MR 技术的发展奠定了基础。

MR 技术融合了物理世界和数字世界，MR 比 AR 更为先进。在 MR 的可视环境之中，不仅存在人机交互，还实现了虚拟信息与真实环境的实时互动。MR 技术的虚实融合不是简单地将虚拟信息叠加到真实世界之上，而是在对真实世界理解的基础上，融合虚拟信息在真实世界中，并且还可以将真实物体添加到虚拟环境中实现虚实融合。米尔格拉姆认为，MR 技术可以实现物理现实和数字现实的无缝融合，使用户很难区分真实物体和虚拟物体。VR、AR、MR 三者的区别如图 1-9 所示。

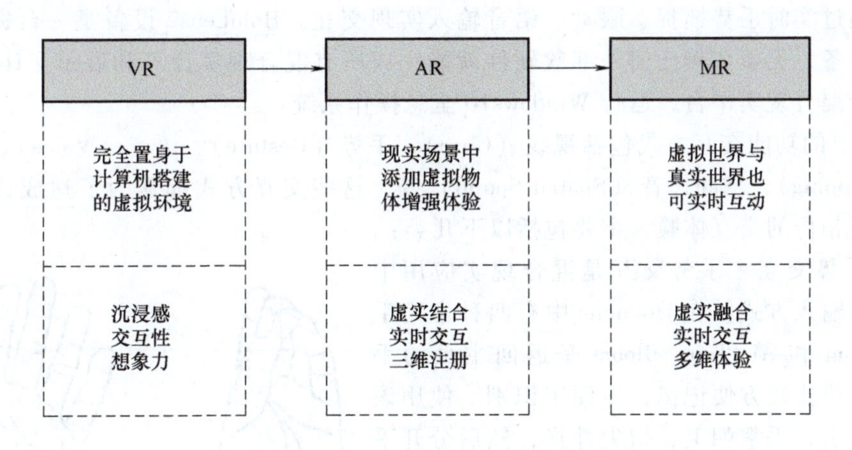

图 1-9　MR 与 VR 和 AR 的对比关系

在硬件头戴显示领域，Ivan Sutherland 于 1966 年发明了世界上第一个头盔显示器，并在 1968 年创建了第一个增强现实系统，同时也是第一个虚拟现实系统。然而，由于当时技术条件的局限性，该系统只能显示简单的线框模型，从使用者角度来说用户体验较差。随着计算机图形学和机器视觉等关键技术的不断进步，MR 硬件设备和软件系统不断发展。2015 年微软推出的 HoloLens，为用户带来了更加良好的混合现实体验。

2. MR 技术设备构成

MR 技术的工作原理是将虚拟的数字内容与现实世界相融合，从而创造出一种更加真实的数字与现实的混合体验。为了实现这个目标，MR 技术的使用需要用到以下硬件设备作为载体，主要包括四种类型：

1）头戴式显示器：MR 技术通常需要使用头戴式显示器，以便将数字内容呈现在用户的视野中。这些显示器通常包括多个摄像头和传感器，以便实现空间定位和手势识别等功能。HoloLens 2、Magic Leap One、Varjo XR-3 等头戴式显示器都是时下主流的终端设备。

2）智能手机和其他移动设备：随着科技的发展，智能手机和平板计算机等移动设备的计算能力不断提高。许多现代移动设备都为 MR 应用程序开发了工具包。这些工具使开发人员能够将计算机图像叠加在现实世界的镜头之上。

3）平视显示器（HUD）：HUD 将 3D 图形直接投射在用户面前，而不会明显遮挡周围环境。一个标准的 HUD 由三部分组成：①屏幕，主要负责叠加 HUD 的图形；②组合器，将图形投影到表面；③计算机，结合了其他两个组件并执行任何必要的实时计算或调整。最初，原型 HUD 用于军队，以协助战斗机飞行员进行战斗。然而，它们最终演变为协助航空的所有要素。混合现实 HUD 可以将 3D 图像和数据可视化与交通和移动车辆相结合。

4）360°沉浸式环境（CAVE）：CAVE 是这样一种设置，其中一个人被 360°的投影屏幕包围。作为投影、3D 眼镜和环绕声的补充，为用户提供了一种旨在复制实际环境的透视感。自开发以来，工程师们一直使用 CAVE 系统来创建和测试混合现实产品原型。

3. MR 技术的功能特点

MR 设备 HoloLens2 发布于 2019 年，继承了 HoloLens1 的硬件市场和软件体系，目前也是市场上接受度最高的设备，可进行实时手势、语音、感知环境、运动跟踪、眼动跟踪等计算。可以通过实时手势捕捉、眼动、语音输入实现交互。HoloLens2 设备是一台完整的全息混合现实设备，无须依赖任何外部软硬件就能完成所有混合现实计算和展示。HoloLens2 设备也是一个混合现实平台，运行 Windows10 全息操作系统。

MR 主要的功能交互方式包括视线（Gaze）、手势（Gesture）、语音（Voice）、空间映射（Spatial Mapping）、空间声音（Spatial Sound）等，这些交互方式都是为了达成让用户拥有和真实世界相仿的交互体验，主要包括以下几类：

（1）手势交互　手势交互是混合现实应用中的一种重要输入方式。在 Hololens 中有两种常用手势，即 Bloom 和 Air Tap。Bloom 是返回主页的手势，这种手势比较方便记忆，也便于识别。使用该手势时伸出手，手掌朝上，指尖并拢，然后分开手指、张开手掌即可返回主页并唤醒菜单。Bloom 使用手势如图 1-10 所示。

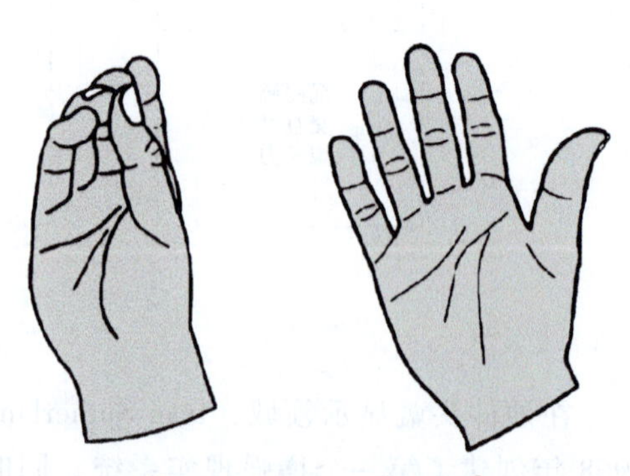

图 1-10　Bloom 使用手势

Air Tap 指尖光标（见图 1-11）是附在食指上的一个圆环形光标，像是计算机的鼠标的功能一样，借助交互的反馈，用户可以实现高精度的近距离定位任务。通过指尖光标的引导可以继续进行一个点击动作手势，通常用于选择操作。使用动作为保持食指伸出笔直，其效果类似于鼠标的单击或选择操作。在使用 HoloLens 时，先使用视线定位物品，然后使用 Air Tap 进行选择或执行下一步动作。这个是使用混合现实所有项目中通用的基础操作原理。具体操作为食指可以向前按进行“选择”，继而可以通过两指捏合进行“确认”，如图 1-12 所示。

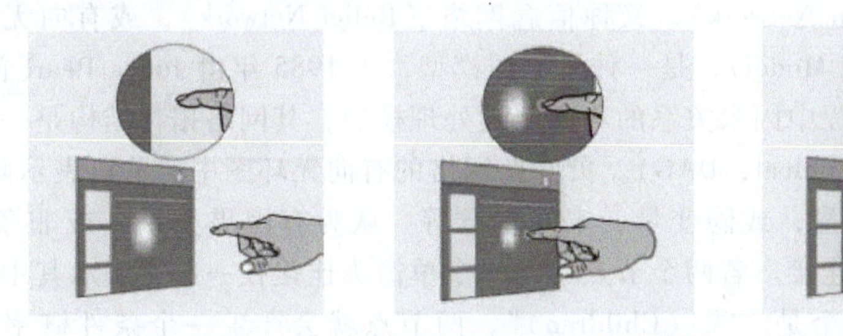

图 1-11 Air Tap 指尖光标

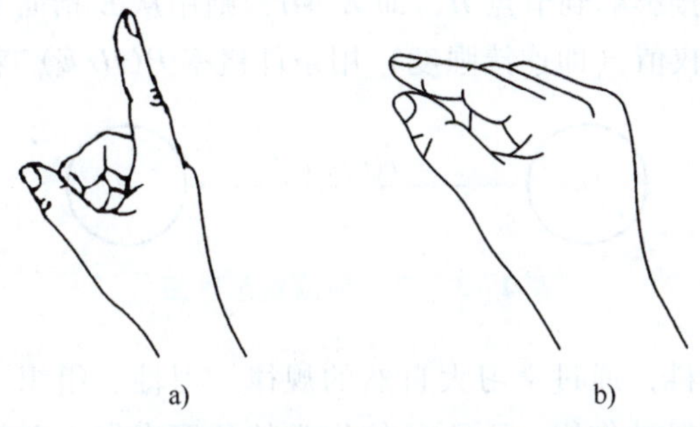

图 1-12 Air Tap“选择”与“确认”手势示意图

a)“选择”手势 b)“确认”手势

用手直接触摸全息影像，这一行为很符合真实世界中人与物体交互的逻辑，所以对用户是十分友好的。它是一种“近距”输入模型，在合适臂展的范围内进行交互。稍远的物体，需要使用 Air Tap 指尖光标用手指射线对物体进行交互，通过设定的交互动作完成交互行为。

（2）语音交互 在混合现实设备 Hololens2 中，语音也是输入的形式之一。用户可以通过它来直接下达命令且不需要手势。在项目拥有复杂的嵌套菜单时，语音就显得更加方便，无须通过烦琐的界面层级，语音命令可以直接进行访问。使用语音功能即使只节省少量的时间，对于用户的体验感知来说也有强大的情感效应。当用户忙于处理多项任务时，语音也是一个方便的输入方法。在凝视和手势的精度范围有限时，语音可以帮助明确用户的意图。常见语音命令包括：说特定命令，如拍摄照片、开始录制、停止录制、显示手部射线、隐藏手部射线、增加亮度、提高音量、重启设备等。“See It，Say It.”是“调整”的语音输入模型，按钮上的标签引导用户可以说出什么语音命令。例如，当查看应用程序时，用户可以使用“调整”命令来调整应用的位置。“Dictation”是启用听写功能，该听写功能可以通过在全息键盘输入时点击旁边的麦克风图标开启，从而切换到听写模式。相比较使用 Air Tap 隔空敲击的方式打字，语音输入势必显得简单许多。“Language”是在注册时选择自己要使用的语言系统，就可以在后续使用中识别到该国语言。

（3）视线交互 视线交互是混合现实中的一种交互方式，注视的功能主要包括凝视、扫视、停留。在手部拿有工具或物品，以及在一些过度嘈杂的环境中而无法使用手势交互和语音交互时，而凝视和停留可以实现更便利的交互方式。

1.4.4 贝叶斯网络

贝叶斯网络（Bayesian Network），又称信念网络（Belief Network），或有向无环图模型（Directed Acyclic Graphical Model），是一种概率图模型，于 1985 年由 Judea Pearl 首先提出。它是一种模拟人类推理过程中因果关系的不确定性处理模型，其网络拓扑结构是一个有向无环图（Directed Acyclic Graphical，DAG）。贝叶斯网络的有向无环图中的节点表示随机变量，它们可以是可观察到的变量，或隐变量、未知参数等。认为有因果关系（或非条件独立）的变量或命题则用箭头来连接。若两个节点间以一个单箭头连接在一起，表示其中一个节点是“因（Parents）”，另一个是“果（Children）”，两节点就会产生一个条件概率值。总而言之，连接两个节点的箭头代表这两个随机变量具有因果关系，或非条件独立。

例如，假设节点 E 直接影响到节点 H，即 $E \to H$，则用从 E 指向 H 的箭头建立节点 E 到节点 H 的有向弧（E，H），权值（即连接强度）用条件概率 $P(H/E)$ 来表示，如图 1-13 所示。

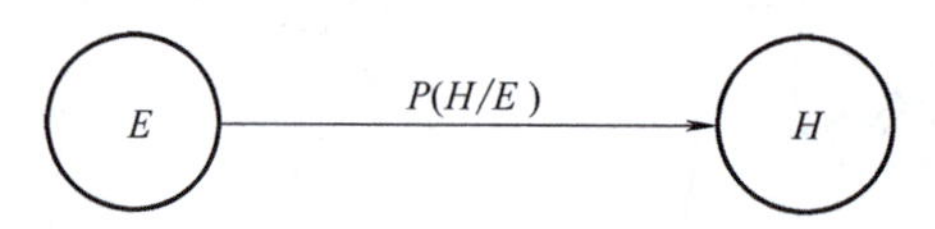

图 1-13　贝叶斯网络示意图

仿生学是一门交叉学科，通过学习大自然的规律、习性、组织、结构等特点，往往对人类的创新发明起到极大的促进作用。下面从仿生学的角度出发，对仿生孪生数字进行介绍。

浙江大学李琳利等人对数字孪生系统信息安全框架及技术在仿生视角上进行了探讨，通过学习和模拟生物群体在防御、避险、自我免疫和自我修复等方面的特性，基于数字孪生五维模型，构建仿生视角的数字孪生系统信息安全主动防御体系框架。该框架分为三层：安全大脑层、系统治理层、关键技术层；共涉及 5 个模块，分别是数字孪生安全大脑、物理空间主动免疫系统、数字空间主动免疫系统、数字孪生数据安全治理平台和关键技术。

其中，贝叶斯方法在数字孪生技术中可以发挥重要作用：①故障诊断和预测，即使用贝叶斯方法分析传感器数据，预测设备的故障概率；②不确定性量化，即在进行模拟和优化时，贝叶斯方法可以帮助量化模型中的不确定性，并提供更可靠的预测；③数据融合，即结合多个数据源的信息，使用贝叶斯方法更新和改进数字孪生模型的精度。通过结合贝叶斯方法和数字孪生技术，可以更有效地处理复杂系统中的不确定性和动态变化，从而提升决策和优化的能力。

依据信息安全方面的理论、博弈论、生态系统、免疫学等，将仿生的数字孪生系统信息安全特点归纳如下：

1）仿生的数字孪生系统信息安全是复杂的系统工程，涉及安全评估、规划、建设、运营及服务等多个环节，各环节联合形成自循环、自学习、自优化的仿生生态进化机制。

2）仿生的数字孪生系统信息安全评估是长期的、动态的且可实时输出结果的过程。通过复杂且完备的信息安全数据采集与预警系统，利用历史的、实时的和仿真的安全数据，根据基于 AI 模型的大数据分析结果，可以对系统做出动态的、可视化的信息安全评估，指导建设和运营服务。

3）仿生的数字孪生系统信息安全规划与建设是与业务数字孪生系统进化过程伴生的循

序渐进、循环优化的进化过程。在规划阶段，参照评估结果，在虚拟环境中进行安全措施部署和攻防演练，持续发现安全漏洞和潜在威胁，逐步完善安全规划和建设方案。建设过程须向评估规划方及时反馈规划方案落地建设的实际情况，与评估、规划形成协同优化机制。

4）仿生的数字孪生系统信息安全运营及服务是长期的、持续迭代进化的过程。项目建设完成后，供应商向安全运营商提供完整的业务数字孪生系统与信息安全系统融合的一体化数字孪生信息安全系统。

肖祥武等人对工业互联网智慧电厂中的仿生体系架构进行了研究，由于火力发电厂的传统体系架构难以满足智能生产和智慧管理需求，通过基于工业互联网的理念，利用仿生学原理和方法提出了智慧电厂仿生体系模型，分析了智慧电厂仿生人/社会-信息-物理系统的框架和构成，利用仿生细胞分层结构方法重点构建了智慧电厂工业互联网平台层级架构。

利用信息通信控制技术模拟生物体感觉器官、神经元、效应器，以及中枢神经系统在智能活动中的信息采集、处理和控制过程，构建仿生神经系统框架，如图 1-14 所示。

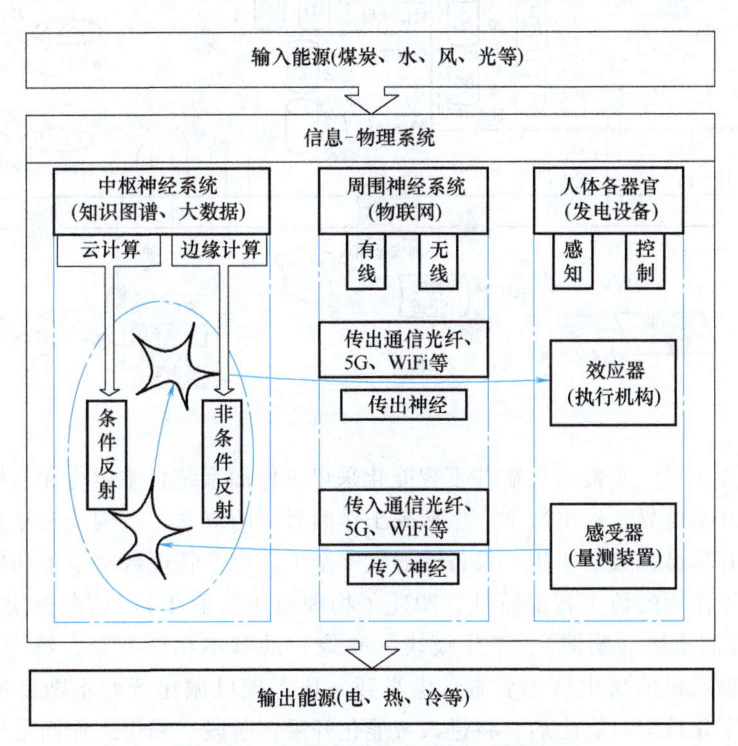

图 1-14 智慧电厂仿生神经系统框架

仿生神经系统通过采用统一的通信和接口标准，实现各个子系统信息共享和协作。仿生神经系统的调节过程是根据需求使用不同的一次能源输入，利用量测装置（感受器）采集数据，所采集的数据信息通过有线、无线通信网络（传入神经）传输至信息数据平台（中枢神经系统），然后信息数据平台对这些数据进行分析计算后，将生成的决策及指令通过有线、无线通信网络（传出神经）传输至执行机构（效应器）。根据用户个性化需求调整电、热、冷等多种能源生产的特定参数。

为了实现智能电厂或智慧电厂实时监控、混合建模分析、动态仿真和智能控制，构建了智慧电厂的物理结构，如图 1-15 所示。将传统生产控制Ⅰ区和生产监控Ⅱ区合并为智能控制安全Ⅰ区。电厂物理系统的数字信号通过传感器和专用通信网络传输至智能控制安全Ⅰ区存储服务器。通过防火墙将存储服务器数据映射传输至智能控制安全Ⅰ区大数据平台中，通过数据库存储的人类知识及三维机理模型，进行优化、预测、诊断、决策建模和在线仿真，构建数字孪生体。根据物理系统的实时信息和人类知识，不断自我学习提高仿真及数学模型精度，当达到预定精度后将仿真和模型计算结果，通过专线和防火墙镜像至控制系统的高级应用控制器中，对物理系统实体进行嵌入式或分布式控制。而在智慧管理安全Ⅱ区中构建大数据云平台，实时镜像智能控制安全Ⅰ区大数据平台数据，开发高级应用服务器功能实现“人机料法环”全生命周期管理。通过Ⅰ区和Ⅱ区相互映射和融合，在虚拟环境中构建一个物理系统、人/社会、信息系统深度融合的数字孪生发电厂。

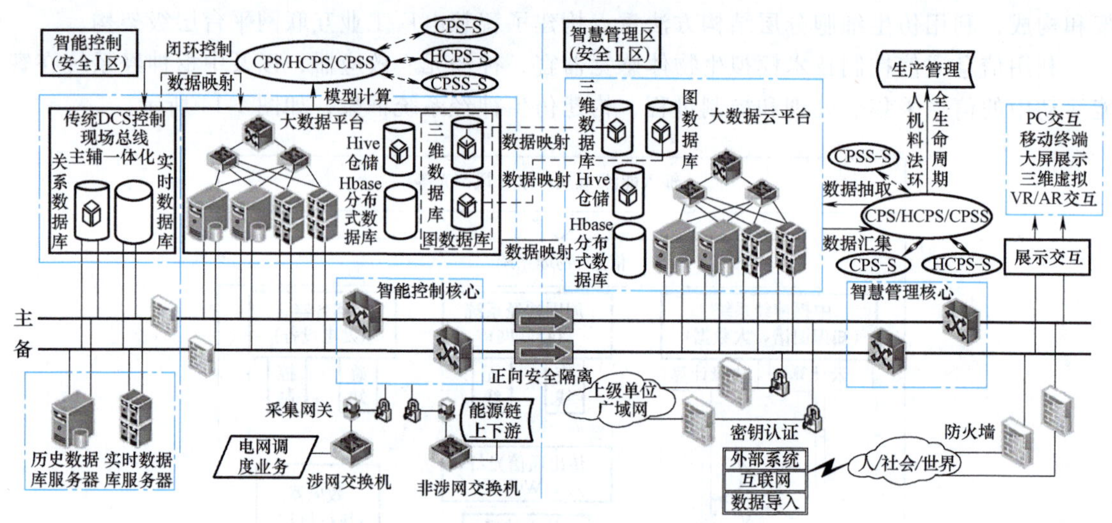

图 1-15　智慧电厂信息物理系统网络结构

葛世荣等人为了进一步提高煤矿井下智能化采煤工作面系统自主运行和人机交互能力，达到真正的无人化开采境界，提出数字孪生智采工作面系统的概念、架构及构建方法，实现开采工艺数字孪生、开采过程数字孪生、设备性能数字孪生、生产管理数字孪生和生产安控数字孪生。研究了智采工作面的仿生智能特性，阐述了物理模块（躯干）、信息模块（大脑）、通信模块（神经）、控制模块（脑肌）、孪生模块（映像）的基本功能特征，特别描述了采煤机、液压支架和刮板输送机的仿生智能要素。煤炭开采从实现机械化开始不断变革，经历了自动化、信息化、数字化技术发展之后，将进入智能化开采新阶段。采煤工作面是煤矿井下开采煤炭的源头，也是井下较多人员集中的作业场所之一，实现智能化采煤对减人增安提效具有重大意义，也是煤炭开采技术革命的重要任务。葛世荣等人提出数字孪生智采工作面的技术架构，如图 1-16 所示，它包括物理智采工作面、虚拟智采工作面、云服务中心等 10 项关键技术。

数字孪生用可视化技术实现对远端的实时监测、控制，为工程师和操作员提供关于远端物理资产的详细、复杂的视图，使企业能够了解其产品的性能。数字孪生可以帮助识别潜在故障、远程排除故障并最终提高客户满意度。它还有助于产品差异化、产品质量和附加服务。

通过上述的实例分析可以看出，贝叶斯方法和数字孪生技术可以相互结合，发挥各自的优势，以提供更强大的分析和决策工具。在不确定性处理方面，数字孪生模型通常基于大量传感器数据，这些数据可能包含噪声和不确定性，贝叶斯方法可以用于量化和处理这些不确定性，从而提高模型的可靠性。在数据实时更新方面，数字孪生技术依赖于实时数据的不断更新，而贝叶斯方法提供了一种系统化的更新机制，可以根据新数据不断调整和改进模型。在预测分析方面，数字孪生技术进行预测分析时，可以结合贝叶斯方法来生成更准确的预测结果。例如，在设备故障预测中，贝叶斯方法可以根据历史数据和实时数据不断更新故障概率。此外，在多源数据融合方面，数字孪生技术需要整合来自多个传感器和数据源的信息。贝叶斯方法可以有效地融合这些多源数据，生成一致的后验分布，从而提高模型的整体准确性。总之，通过结合贝叶斯方法和数字孪生技术，可以在多个领域中提供更精确的预测、更有效的优化和更可靠的决策支持。

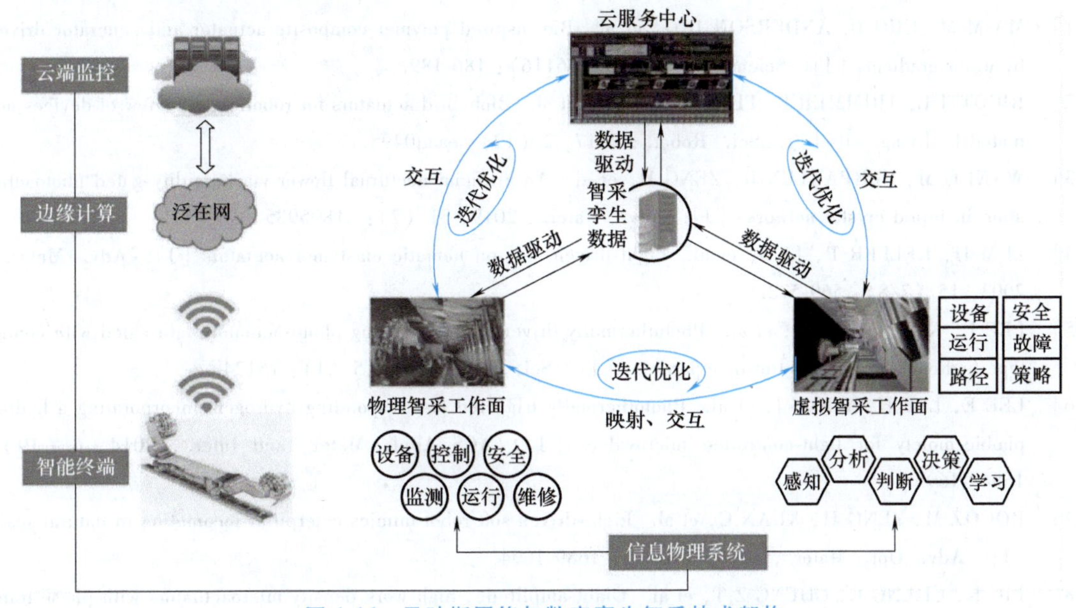

图 1-16　贝叶斯网络与数字孪生智采技术架构

思 考 题

1. 什么是智能仿生？智能仿生学的研究范畴包括什么？
2. 智能仿生学的基本原理有哪些？请分别列举。
3. 什么是智能仿生学的基本原则？
4. 智能交互技术中 AR、VR、MR 的区别是什么？
5. 研究智能仿生学有何重要意义？

参 考 文 献

[1]　王玉璞. 大型门式起重机结构风致效应分析及抗风减载研究［D］. 成都：西南交通大学，2021.

[2]　向一哲. 面向群体对抗的仿生智能算法设计及仿真［D］. 成都：电子科技大学，2023.

[3]　杜伟. 智能仿生除草机的设计与试验［D］. 郑州：河南农业大学，2023.

[4]　汪凯. 基于蜂眼视觉仿生隐私保护机制的居家视频监控智能应用研究［D］. 南京：南京邮电大学，2023.

[5]　任露泉，梁云虹. 仿生学导论［M］. 北京：科学出版社，2016.

[6]　CHARLES R D. On the origin of species by means of natural selection, or the preservation of favoured races

in the struggle for life [M]. London: J. Murray, 1859.

[7] DUNLOP J W C, WEINKAMER R, FRATZL P. Artful interfaces within biological materials [J] Mater. Today, 2011, 14 (3): 70-78.

[8] FEINBERG A W, FEIGEL A, SHEVKOPLYAS S S. Muscular thin films for building actuators and powering devices [J]. Science, 2007, 317 (5843): 1366-1370.

[9] GLADMAN A S, MATSUMOTO E A, NUZZO R G, et al. Biomimetic 4D printing [J]. Nat. Mater., 2016, 15 (4): 413-418.

[10] LEE S W, PROSSER J H, PUROHIT P K, et al. Bioinspired hygromorphic actuator exhibiting controlled locomotion [J]. ACS Macro Lett., 2013, 2 (11): 960-965.

[11] MA M M, GUO L, ANDERSON D G, et al. Bio-inspired polymer composite actuator and generator driven by water gradients [J]. Science, 2013, 339 (6116): 186-189.

[12] RICOTTI L, TRIMMER B, FEINBERG A W, et al. Biohybrid actuators for robotics: a review of devices actuated by living cells [J]. Sci. Robot., 2017, 2 (12): eaaq0495.

[13] WANI O M, VERPAALEN R, ZENG H, et al. An artificial nocturnal flower via humidity-gated photoactuation in liquid crystal networks [J]. Adv. Mater., 2019, 31 (2): e1805985.

[14] LI M H, KELLER P, LI B, et al. Light-driven side-on nematic elastomer actuators [J]. Adv. Mater., 2003, 15 (7/8): 569-572.

[15] LEE E, KIM D, KIM H, et al. Photothermally driven fast responding photo-actuators fabricated with comb-type hydrogels and magnetite nanoparticles [J]. Sci. Rep., 2015, 5 (1): 15124.

[16] LEE E, LEE H, YOO S I, et al. Photothermally triggered fast responding hydrogels incorporating a hydrophobic moiety for light-controlled microvalves [J]. ACS Appl. Mater. and Inter., 2014, 6 (19): 16949-16955.

[17] ROGÓŻ M, ZENG H, XUAN C, et al. Light-driven soft robot mimics caterpillar locomotion in natural scale [J]. Adv. Opt. Mater., 2016, 4 (11): 1689-1694.

[18] LIU K, CHENG C, CHENG Z T, et al. Giant-amplitude, high-work density microactuators with phase transition activated nanolayer bimorphs [J]. Nano Lett., 2012, 12 (12): 6302-6308.

[19] DORIGO M. Optimization, learning and natural algorithms [D]. Milan: Politecnico di Milano, 1992.

[20] KENNEDY J, EBERHART R. Particle swarm optimization [C] //Proceedings of ICNN95-international conference on neural networks. New York: IEEE, 1995: 1942-1948.

[21] TURNER M D, SABA M, ZHANG Q M, et al. Miniature chiral beamsplitter based on gyroid photonic crystals [J]. Nature Photonics, 2013, 7 (10): 801-805.

[22] HAMAN J. 创新启示：大自然激发的灵感与创意 [M]. 王佩，郭燕杰，译. 北京：中信出版社，2015.

[23] BIRD J C, DHIMAN R, KWON H-M, et al. Reducing the contact time of a bouncing drop [J]. Nature, 2013, 503 (7476): 385-388.

[24] LIANG Y H, PENG J, LI X J, et al. From natural to biomimetic: the superhydrophobicity and the contact time [J]. Microscopy Research and Technique, 2016, 79 (8): 712-720.

[25] 李洪伟. 绿色产品评价理论方法研究及其在地面仿生机械中的应用 [D]. 长春：吉林大学，2004.

[26] PAULI G. 蓝色革命：爱地球的100个商业创新 [M]. 洪慧芳，译. 台北：天下杂志出版社，2010.

[27] BLACH R. Virtual reality technology-an overview [M]. Netherlands: Springer, 2008.

[28] 邹湘军，孙建，何汉武，等. 虚拟现实技术的演变发展与展望 [J]. 系统仿真学报，2004，16 (9): 1905-1909.

[29] MAPLES-KELLER J L, BUNNELL B E, KIM S J, et al. The use of virtual reality technology in the treat-

ment of anxiety and other psychiatric disorders [J]. Harvard Review of Psychiatry, 2017, 25 (3): 103-113.

[30] 石晓卫，苑慧，吕茗萱，等. 虚拟现实技术在医学领域的研究现状与进展 [J]. 激光与光电子学进展，2020，57 (1)：66-75.

[31] 李敏，韩丰. 虚拟现实技术综述 [J]. 软件导刊，2010，9 (6)：142-144.

[32] 高义栋，闫秀敏，李欣. 沉浸式虚拟现实场馆的设计与实现：以高校思想政治理论课实践教学中红色 VR 展馆开发为例 [J]. 电化教育研究，2017，38 (12)：73-78.

[33] 丘馥祯，杨上影，甘有洪. 国内虚拟现实研究现状与趋势：基于 Cite Space 的可视化分析 [J]. 南宁师范大学学报 (自然科学版)，2020，37 (4)：164-170.

[34] 虚拟现实技术与系统国家重点实验室简介 [J]. 计算机研究与发展，2009，46 (8)：1418.

[35] 陈浩磊，邹湘军，陈燕，等. 虚拟现实技术的最新发展与展望 [J] 中国科技论文在线，2011，6 (1)：1-5.

[36] 邹湘军，孙建，何汉武，等. 虚拟现实技术的演变发展与展望 [J]. 系统仿真学报，2004，16 (9)：1905-1909.

[37] 赵沁平. 虚拟现实综述 [J]. 中国科学 (F 辑：信息科学)，2009，39 (1)：2-46.

[38] 司光亚，李志强，胡晓峰. 虚拟现实技术在模拟军事环境中的应用 [N]. 计算机世界，2007 (B18-B19).

[39] 肖田元. 虚拟制造研究进展与展望 [J]. 系统仿真学报，2004，16 (9)：1879-1883.

[40] 杨叔子，吴波，李斌. 再论先进制造技术及其发展趋势 [J]. 机械工程学报，2006，42 (1)：1-5.

[41] 孙守迁，黄琦，潘云鹤. 计算机辅助概念设计研究进展 [J]. 计算机辅助设计与图形学学报，2003，15 (6)：643-650.

[42] 郎波，周长胜，邓家提. "金银花" CAD/CAM 系统数据集成平台研究 [J]. 计算机集成制造系统，1999，5 (5)：69-72.

[43] 段新昱，刘学莉，刘晨曦. 虚拟殷墟博物苑的三维展示技术 [J]. 系统仿真学报，2005，17 (9)：2187-2190.

[44] 蒙应杰，厉亮，董礼英，等. 敦煌学 WEB 数字博物馆的研究 [J]. 计算机工程与应用，2004，40 (17)：184-187.

[45] 邵亚琴，汪云甲，刘云. 基于虚拟现实的龟山汉墓虚拟重建研究 [J]. 测绘通报，2008 (2)：11-15.

[46] 王琳琳，刘洪利. 虚拟现实下的颐和园 [J]. 首都师范大学学报 (自然，科学版)，2009，30 (1)：76-82.

[47] MORGAN C L. (Re) Building Çatalhöyük: changing virtual reality in archaeology [J]. Archaeologies, 2009, 5 (3): 468-487.

[48] SCHLICKUM M K, HEDMAN L, ENOCHSSON L, et al. Systematic video game training in surgical novices improves performance in virtual reality endoscopic surgical simulators: a prospective randomized study [J]. World Journal of Surgery, 2009, 33 (11): 2360-2367.

[49] GILDENBERG P L. Virtual reality in the operating room [M]. Berlin: Springer Berlin Heidelberg, 2009.

[50] 谭立文，张肖莎，宋林等. 数字化喉标本模型的建立与虚拟现实仿真 [J]. 解剖学杂志，2009，32 (2)：230-233.

[51] 叶培香，张文举，宋岩峰. 女性内生殖器畸形的虚拟现实研究 [J]. 中华实用诊断与治疗杂志，2009，23 (1)：50-52.

[52] 张晓硌，周良辅，毛颖，等. 虚拟现实环境下颅底肿瘤术前计划的制定 [J]. 中国神经精神疾病杂志，2008，34 (3)：135-138.

[53] NG I, HWANG P Y K, KUMAR D, et al. Surgical planning for microsurgical excision of cerebral arteriovenous malformations using virtual reality technology [J]. Acta Neurochir, 2009, 151 (5): 453-463.

[54] LONDERO A, VIAUD-DELMON I, BASKIND A, et al. Auditory and visual 3D virtual reality therapy for chronic subjective tinnitus: theoretical framework [J]. Virtual Reality, 2010, 14 (2): 143-151.

[55] 任小军，潘美华，叶梅，等. 视觉虚拟现实训练软件治疗 172 例 5~8 岁弱视儿童的疗效分析 [J]. 国际眼科杂志，2009，9 (6)：1203-1205.

[56] LUCIANO C, BANERJEE P, DEFANT T. Haptics-based virtual reality periodontal training simulator [J]. Virtual Reality, 2009, 13 (2): 69-85.

[57] 刘冠阳，张玉茹，王瑜，等. 双通道触觉交互系统中牙科手术工具之间动态交互的力觉仿真 [J]. 系统仿真学报，2007，19 (20)：4711-4715；4738.

[58] 张杜鹃. 基于无线网的农业虚拟现实技术的研究 [J]. 陕西科技大学学报，2009，27 (2)：18-22.

[59] 王昊鹏，刘旺，潘彤. 利用虚拟农业的虚拟现实研究 [J]. 电脑编程技巧与维护，2009 (6)：84-86.

[60] 常壮，邱金水，张秀山. 基于虚拟现实技术的舰船虚拟消防训练系统体系架构研究 [J]. 中国舰船研究，2009，4 (3)：56-61.

[61] SMITH S, ERICSON E. Using immersive game-based virtual reality to teach fire-safety skills to children [J]. Virtual Reality, 2009, 13 (2): 87-99.

[62] 姜晓彤，林柏泉，王成，等. 基于虚拟现实技术的煤矿突出事故三维重现的研究 [J]. 电气电子教学学报，2008，30 (6)：38-39；42.

[63] 郭栋，林国顺. 虚拟现实技术在海上飞机遇难模拟系统的应用研究 [J]. 价值工程，2008，27 (2)：102-105.

[64] 刘晶，查亚兵. 基于虚拟现实技术的犯罪现场重建系统设计 [J]. 微计算机信息，2009，25 (7)：166-167，149.

[65] 邹得杰，王红军，邹湘军，等. 基于 USB 接口的人体运动数据采集与处理技术 [J]. 系统仿真学报，2007，19 (增刊 2)：275-277.

[66] 祈金华. 物理机特性向虚拟环境迁移 [N]. 网络世界，2009-01-19 (015).

[67] 王秦. AR 技术在无人机中的应用 [J]. 电子技术与软件工程，2018 (9)：89.

[68] SAAT A, RAZAK N A, ABAS R. Augmented reality in facilitating learning: a review [J]. Asia-Pacific Journal of Information Technology and Multimedia, 2021, 10 (1): 74-85.

[69] 张子涵. 信息技术教育应用的潜力、效果和挑战：基于 VR、AR、MR 的分析 [J]. 软件导刊，2022，21 (2)：216-220.

[70] 伍静文. 增强现实技术在互动娱乐中的应用研究 [D]. 广州：广东工业大学，2013.

[71] 李帅. VR/AR 技术的机遇和挑战 [J]. 文化创新比较研究，2018 (22)：52-53.

[72] MILGRAM P, KISHINO F. A taxonomy of mixed reality visual displays [J]. IEICE Transactions on Information and Systems, 1994, 77 (12): 1321-1329.

[73] 罗伟，王燕一，侯霞，等. 混合现实技术常见应用场景 [J]. 中华老年口腔医学杂志，2019，17 (1)：55-58.

[74] SUN T, CHEN W, LIU Y, et al. A probability-based approximate algorithm for anomaly detection in WSN [C] //2012 World Congress on Information and Communication Technologies. New York: IEEE, 2012: 1109-1114.

[75] 王崴，李恒威，刘海平，等. 混合现实技术在军事中的应用综述 [J]. 兵器装备工程学报，2021，42 (9)：15-25.

[76] 薛翔. 基于混合现实技术的文物展示设计研究：以长信宫灯为例 [D]. 重庆：四川美术学

院，2019.

[77]　李琳利，顾复，李浩，等. 仿生视角的数字孪生系统信息安全框架及技术［J］. 浙江大学学报（工学版），2022，56（3）：419-435.

[78]　肖祥武，王丰，王晓辉，等. 面向工业互联网的智慧电厂仿生体系架构及信息物理系统［J］. 电工技术学报，2020，35（23）：4898-4911.

[79]　葛世荣，张帆，王世博，等. 数字孪生智采工作面技术架构研究［J］. 煤炭学报，2020，45（6）：1925-1936.

第2章
生物智能

在生命科学的广阔领域中，生物智能的概念揭示了生物体如何以其独特的方式响应环境挑战，展示了生物的多样性和复杂性。生物智能不仅体现在生物体对环境的适应和生存策略上，更在进化过程中形成了一系列精妙的机制和行为。这些智能行为在动物、植物、微生物乃至整个生态系统中均有体现，它们是生命适应性的具体展现，也是仿生学研究的重要源泉。

本章内容将深入探讨生物智能的多个层面，从动物的智能伪装行为到微生物在极端环境下的生存策略，再到植物的互利共生和时间管理能力，以及生境智能中的自我调节和生态系统平衡。这些内容不仅构成了生物学的基础知识，也为工程技术和人类社会的发展提供了宝贵的启示。

在动物界，智能伪装行为是生物为了在自然界中生存而演化出的一系列复杂机制。它们利用保护色、变色和拟态等手段，展示了生物与环境相互作用的精妙之处。这些行为不仅是生物适应环境的直接证据，也是仿生学研究中重要的模仿对象。微生物作为生命世界中的重要成员，它们在极端环境下的生存能力为人们提供了生命适应性的研究范本。这些微生物的智能行为，不仅对理解生命的本质具有重要意义，也为开发新的生物技术提供了可能。植物智能行为的研究，揭示了植物在长期进化过程中形成的复杂生存策略。从欺骗性传粉到互利共生，再到对时间的精确管理，植物智能行为的研究不仅丰富了人们对植物生物学的认识，也为农业、园艺等领域的应用提供了新的思路。

生境智能的概念，强调了生物与其生存环境之间的相互作用和依赖关系。生境的自我调节能力、自然景观的智能设计、自然现象的科学原理，以及生态系统的自我修复能力，都是生境智能的重要组成部分。这些内容不仅对生态学研究具有重要意义，也为人类社会的可持续发展提供了理论支持。通过本章的学习，期望读者能够对生物智能有一个全面而深入的理解，认识到生物智能在自然界中的普遍性和重要性，以及它在仿生学和人类社会发展中的潜在应用价值。

2.1 动物的智能行为

2.1.1 动物的智能伪装行为

自然界的生物在进化过程中，为了生存必须造就适应环境、延续生命的本领。它们都有自己独特的生存“绝技”，其中，伪装就是许多生物非常擅长的一种策略，随环境变化而自动产生相应的智能响应伪装行为。生物利用其自身结构及生理特性“隐真示假”，技艺精巧，多种多样，有些还获得了天然“伪装大师”的美誉，赢得了更多的生存机会。智能伪装也分为保护色伪装、变色伪装和拟态伪装。

1. 保护色伪装

保护色是指生物身体的颜色与其栖息环境相似，以此避敌求生。自然界中的许多生物就是靠保护色避开敌人，在生存竞争中保全自己的。生物通过保护色与周围的环境融合在一起，实现“隐身”效果。如北极熊周身覆盖着厚厚的看起来是白色的，实际上是透明的长毛，使其体色从外表上呈现白色，在冰天雪地的生存环境中展现出了极佳的保护色，如图 2-1 所示。这种中空的结构与粗糙的形态相结合，能够吸收照在身上的绝大部分具有较高能量的太阳紫外线，引起光的漫反射，从而使其毛发呈现出白色；同时，中空的结构还有利于保温，能有效地保持体内热量，防止散失，以便增加自身的体温。北极熊毛发所展现出的白色保护色及保温御寒功能，使其能够在严寒的环境中生存。

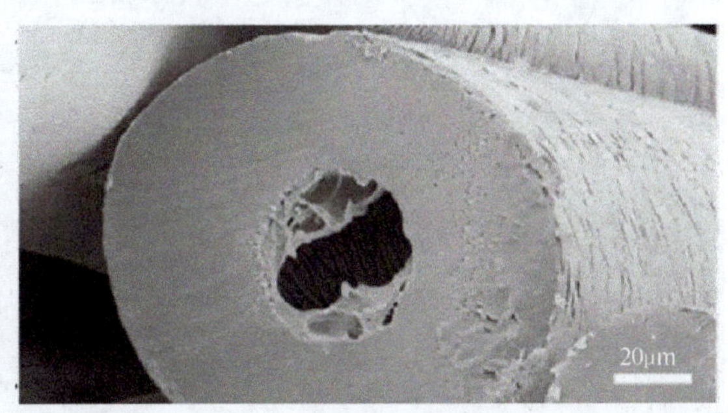

图 2-1 北极熊及其毛发 SEM 图

沙漠里的动物大多数都以微黄的“沙漠色”作为它们的特征。生活在树皮上的蝶蛾和毛虫等的颜色都非常接近树皮的颜色；生活在绿色草丛中的蚱蜢，体色为草绿色，与草丛的颜色非常相似；生活在花丛中和树枝上的螳螂与花色或树枝融为一体；生活在丛林环境中的斑马、老虎、猎豹等动物的身体上都具有竖立的黑色或黑白相间的条纹，在草木环境中活动时，身体的轮廓变化模糊不清，便于隐藏捕食。许多水生生物也具有保护色。例如，生活在海草中的尖嘴鱼的色彩和形态与水草几乎一模一样，它甚至还会随着水流左右摇摆，并与水草自然摆动的模式一致。鲉鱼与其藏身的礁石的色彩非常相似，将其完美地融入栖息环境中。许多鱼类具有银色的鱼鳞，它能够保护鱼类不受空中鸟类和水下大鱼的袭击，因为水面从上往下看和从下往上看都像面镜子（全反射的结果），而银色的鱼鳞刚好与这种发亮的银色背景融合成一片。许多水生生物采用完全无色或透明作为其保护色，如某些水母、虾类、软体动物等，这使得捕食者在无色透明的水中很难发现它们的存在。

2. 变色伪装

自然界中许多生物能随着阳光、季节、环境、生理机能的变化而变色，如蝴蝶、章鱼、乌贼、螯虾、比目鱼、变色龙、甲虫等，这些生物可以随周围环境及条件的变化而改变自身颜色，将其更好地伪装起来。例如，凤蝶幼虫最初身披黑白相间斑纹，全身遍布瘤一样的凸起，它们以此色彩和形态伪装成鸟类的粪便，躲避天敌，而幼虫第 4 次蜕皮后却变成可以融入周围草木的鲜艳的绿色，身上的凸起也消失了，如图 2-2 所示。这是因为如果长大后的幼虫依然是鸟类粪便的样子，反而比较显眼，容易被天敌发现。研究发现，保幼激素的浓度是凤蝶幼虫变色的关键，保幼激素量的变化改变了基因的作用方式，从而促使幼虫变色。

图 2-2 凤蝶（Papilio）的生活史（小图依次对应：卵，新生儿，L1、L2、L3、L4、L5 世代，预蛹，蛹，雄性成虫，交尾，产卵）

有些生物能够随着环境温度和光线强度的不同而迅速变换肤色，有的甚至会随着背景的颜色与图案及季节更替而变化。研究发现，变色龙由于皮肤细胞的一个特殊内层直接与大脑相连，从而使这种蜥蜴能够迅速将身体变换为其他的颜色，包括明绿色、黄色，甚至粉色。比目鱼、海蝎鱼等不仅可以依照背景颜色变化，还可以依照背景的图案变化，若将其放在有条纹或斑点图案的环境里，它的身体则会出现条纹或斑点。雷鸟和银鼠等会随着季节更替而改变自己毛皮的颜色，冬季时毛皮呈现白色，与雪的背景融为一体；春天时毛皮呈现红褐色，使自己的颜色与从雪里裸露出来的土坡的颜色一致。栖息在海洋中的章鱼和鱿鱼通过变色来伪装自己，用以逃生和捕食。这种章鱼和鱿鱼的身体能够在透明和不透明之间切换。正常情况下，这种章鱼呈透明状，当某些食肉动物来到它们身边时，为防止自己透明的身体像镜子一样出现亮光，它们会立即收缩肌肉，从而拉伸其含有色素的细胞，并将皮肤变为红色，因为红色的物体在蓝色的海域中几乎是感觉不到的，从而让潜在的捕食者很难发现它们的存在。

3. 拟态伪装

生物伪装的最高境界是拟态，可在颜色、形态、行为等多个方面同时模拟另一种生物而从中受益。例如，蝴蝶是自然界拟态的高手，如枯叶蝶可以模仿枯叶栖息在树叶上，很难被分辨出来；釉蛱蝶能够通过改变翅膀花纹，模仿多达7个不同翅膀模式，拟态成那些味道不佳或有毒的蝴蝶，从而躲过鸟类的捕食。研究发现，釉蛱蝶高超的拟态本领是由于其染色体内部存在多种变异，各变异组合形成了“超级基因簇”，可以通过基因重排与切换组合，实现拟态的花纹。丹麦地区一种蓝色蝴蝶（即阿尔卑斯灰蝶）的幼虫进化出了一种模仿蚂蚁幼虫的外层，模拟得越接近，吸引蚂蚁的成功率越高，借以靠蚂蚁喂养。蝴蝶的幼虫先在沼泽植物上生长，由于其表皮与蚂蚁幼虫非常相似，蚂蚁就会将其搬到自己的窝里，进行喂养和照顾。

章鱼有着特殊善变的本领，它们不仅可以改变身体的颜色，而且还能改变身体形状，模仿许多海洋动物的外形，以此伪装觅食或躲避天敌攻击。章鱼能够用两只触角的尖端奔跑，另外六只触角伸展开来伪装成海藻，而且章鱼在这种伪装模式下的运动速度比用多个触角爬行的速度稍快。章鱼经常模仿的动物包括鞋底鱼、海狮鱼和海蛇等。它可以喷气使自己达到一定的速度，然后收紧全部触角使身体变成一片树叶的形状，就像一条随波逐流的鞋底鱼。当章鱼伸直特有的触角模仿海狮鱼和其有毒的鳍时，再加上身体颜色的变化，能以假乱真。章鱼还能通过改变身体颜色，模仿海蛇身上的黄色斑纹，同时收紧六只触角，保留剩下的两只触角在水中挥舞。更惊奇的是，章鱼可以根据潜伏在附近的敌人来决定模仿哪种动物。例如，当其被小热带鱼袭击时，它就会模仿带条纹的有毒的海蛇来吓跑攻击者。章鱼甚至可以拟态出头顶重物走路的人的模样。

自然界中有一百多种蜘蛛善于拟态，它们伪装成不好吃或不能吃的东西，借以避敌。例如，大部分动物不喜欢吃蚂蚁，因为它们不仅味道不好，还有可能遭到蚁群的集体进攻。黑脚蚂蚁蜘蛛为了避免被吃掉，会把自己伪装成一种蚂蚁，其体型和颜色与蚂蚁非常相似，跟着蚂蚁走路，甚至举起两条前腿假装蚂蚁的触角。美国科学家发现，当有捕食者靠近时，海胆幼虫会采用一种奇特的伪装策略，即一分为二，拟态成微小个体，通常情况下，如果温度适宜，食物充足，它们的幼虫就会分裂克隆自身，创造出一大群新的全等双生体，从而利用有利的生长条件大量繁殖。而当海胆幼虫在侦测到附近有捕食鱼类存在时，也会马上开始分裂，将身体尺寸二等分变成微小个体，以有效地避免被捕食者发现。海胆幼虫一旦侦测到危险就开始分裂，虽然克隆过程需要几个小时，但它可能是一种有效的防御策略。

2.1.2　动物的智能肢体再生行为

自然界里有着这样一个奇怪的现象，那就是贴在墙上的壁虎在遇到危险时会自截尾巴逃命，不久之后，它又会重新长出一条新的尾巴。壁虎的尾巴易断，但能再生，这是由于尾椎骨中有一个光滑的关节面，把前后半个尾椎骨连接起来，这个地方的肌肉、皮肤、鳞片都比较薄而松懈，所以在尾巴受到攻击时就可以剧烈地摆动身体，通过尾部肌肉强有力的收缩，造成尾椎骨在关节面处发生断裂，以此来逃避敌害。由于尾巴是以糖原的形式而不是单纯以脂肪的形式储存能量，而糖原化脂肪更容易释放能量，所以刚断下来的尾巴的神经和肌肉尚未死去，会在地上颤动，可以起到转移天敌视线的作用。壁虎身体里有一种激素，这种激素能再生尾巴。当壁虎尾巴断了时，它就会分泌出这种激素使尾巴长出来，科学家一般将这种激素称为成长素。自残面的伤口很快就会愈合，形成一个尾芽基，经过一段细胞分裂增长时期，然后转入形成鳞片的分化阶段，最后长出一条崭新的再生尾，但与原来的尾巴相比，显得短而粗。不过，大壁虎只有在迫不得已的时候才会断尾，因为断尾毕竟是它身体上所受的严重损伤，不仅失去了尾巴上储存的脂肪，还因此而失去了它在同类中的地位。尤其是在求偶时，尾巴完整的大壁虎相对失去尾巴的大壁虎有着极大的优势。我国壁虎科、蛇蜥科、蜥蜴科及石龙子科的蜥蜴，都有自截与再生能力。要强调的是壁虎不是无缘无故地“弄断”自己的尾巴的，而往往是在遇到敌害时，受到一定刺激时尾部肌肉强力收缩加上它的尾椎骨特殊的构造而自动脱落。

蚯蚓就是一种特殊的再生动物。蚯蚓断成两段，包含有“生殖环带”的那一段会再生成一只完整的个体，含有“生殖环带”的那段是头是尾并不重要。一般蚯蚓的体段在 10 天左右开始再生，且从头至尾都有再生能力。但不同体段的蚯蚓再生能力不同，有头无尾、无头无尾的体段再生速度比无头有尾体段的要快。其中，无头无尾蚯蚓体段的头部、尾部都可以再生，但尾部再生的速度显著高于头部。剪切后所剩蚯蚓体段的多少对蚯蚓存活率有很大影响，所剩的体段数越多，蚯蚓体段的死亡率越低。

很多低等动物都具有超强的再生能力。涡虫被切成两半或是蚯蚓被切成许多段，每一部分都会再长成一个完整的个体；蝾螈的四肢缺损了也可以失而复生。至于海绵，它更是技高一筹，即使把它切成许多小块，每块都能独立生活，而且能越生越大。更为奇妙的是，即使将几种海绵的组织捣碎过筛并混合，同种海绵的细胞仍能通过分化和组织的再生长，重新形成完整的海绵个体，并且保存海绵原始的形状。

2.1.3 动物的智能感知行为

有很多动物在视觉、听觉、味觉、嗅觉、触觉上的能力都超过人类。在嗅觉方面，狗以敏锐的嗅觉而闻名，而世界顶级嗅觉犬是寻血猎犬，它的嗅觉能力比人类强几百倍到上千倍，它们的鼻腔也含有 3 亿个气味受体，而人类只有 500 万，它强大到只要有你的味道，无论你逃到哪里都能追踪到你。它也与人类在很多情况下合作，如救援，追踪。寻血猎犬是世界上第一类以嗅觉为证据被法庭所采纳的犬种，是犬类中有着最好嗅觉的品种之一，最初是用来捕猎野猪和鹿的，现在它们以追踪人而闻名，寻血猎犬是最受警察欢迎的警犬之一。寻血猎犬有神奇的嗅觉追踪能力，有事实证明，即使是超过 14 天的气味，它也能追踪到，并且创造了连续追踪气味 220km 的纪录。再如，骆驼能在 80km 外闻到雨水的气味，皇蛾能够嗅到 1094km 外的同类气味，牛能嗅出浓度低达十万分之一的氨液。熊的嗅觉比人类的嗅觉好 2100 倍，它利用这种敏锐的嗅觉来寻找食物和伴侣，避免危险，并跟踪野生幼崽。一只熊可以探测到大约 20mile（1mile = 1609.44m）外的动物尸体。在视觉方面，鹰在正常情况下的视力范围可以达到 36km，而同等条件下，人的最好视力范围只有 6km，所以鹰在几千米的高空可以轻易发现地面上活动的野兔。鹰的出色视力受益于眼睛的特殊结构。一方面，它们视网膜上血管的数量少，而视网膜上的血管会导致入射光散射，血管数量少可以减少散射，因此视力就好一些。另一方面，鹰眼的瞳孔很大，能够让进入眼睛的光线产生的衍射达到最小的程度，因此看东西更清晰。不过也有人提出，鹰眼可能没我们想的那么锐利，它们可能只是对某种光线较敏感，如对鼠、兔等动物在所经过的路径上留下的尿液所发出的光谱有识别能力。

除了这五种众所周知的感知方式之外，在自然界的动物中，还有其他的感知方式，如振动感知、流量感知、电场感知、超声波感知、红外线感知、磁场感知等。

1. 振动感知生物

动物基本都具备振动感知能力，人也一样。振动感知也是触觉感知的一种。美国斯坦福大学的研究人员研究发现，大象有一套非常复杂的“地震交流系统”，即通过地震波将信息传递给远方的同类，其主要方式是跺脚或用嘴发出隆隆的声音，从而使地面产生振动，如图2-3所示。早期对大象的研究表明，大象能发出20Hz的低频隆隆声，这种声音在理想的条件下通过空气能传播到6mile以外。随后的研究发现，这些隆隆声能使地面产生振动，这种振动能传播得更远。佯装进攻的大象通过跺脚和扇动耳朵也能产生这种振动，这是动物在觉察到危险时采用的一种防卫机制。研究人员通过数学模型估计出大象发出的地震信号能在地下传播10~20mile。据悉，在动物界中，鼹鼠、海豹、昆虫、鱼及爬行动物常利用振动信号来寻找配偶，确定捕食对象的位置，划定自己的领土范围。但是大象的地震交流方法更复杂，其信号也传播得更远。研究人员观察到，即使在听不见同类声音的情况下，大象也能通过地震波感知到同类发出的各种信息，包括用跺脚发出的警告信号、用嘴发出的问候信号等，并且它们能做出相应的反应，尤其是雌象对这些信号的感知更为敏感。研究人员认为大象通过它们的脚来感知地下的振动，地震波可通过大象骨头从它们的脚趾传到耳朵，或是大象运用了腿对地震波的敏感性。目前的证据表明，大象发出的地震波信号不仅能揭示其所在位置，还能微妙地传达出它们的情绪状态，使远处的大象能够感知到对方是恐惧、愤怒还是其他情绪。

图2-3 大象的振动感知

但是在动物界中，有着这么一类生物，它们依靠一种人类并没有的器官实现振动感知。生物学研究表明，约有195000种昆虫、大量的甲壳类动物、蛛形纲生物（蜘蛛、蝎子等），以及其他种类的节肢动物拥有极其灵敏的机械量感知能力。目前，关于振动感受器的研究主要集中在蜘蛛、蝎子两种蛛形纲生物上。在数千万年的进化过程中，缝感受器及其他感知器官的出现和完善使得它们能够在残酷的自然竞争面前得以生存和繁衍生息。对缝感受器的研究能够为工程仿生感知应用提供极大的借鉴意义。

2. 流量感知生物

流量感知其实也是振动感知的其中一种形式，通常也被分至触觉感知中。在动物界，利用类毛发状结构的器官是实现流量感知最常见的途径之一。

大部分节肢动物都具备流量感知的能力，如蜘蛛、蝎子、蟋蟀等。以蜘蛛为例，它们是具有超级敏感触觉的动物之一，有各种感觉毛、缝感觉器和跗节器。蜘蛛和其他一些节肢动物已经把它们的表皮改良为精密的传感器阵列。蜘蛛的步足上覆有刚毛，并具有数种感觉器官，如细长的盅毛（图2-4），可以对从强到弱的气流和不同程度的振动产生反应，这使蜘蛛能够感知其他动物产生的振动或探测和追踪物体。雄性蜘蛛的须肢上有比雌性更多的化学感受毛，一只成年鬼蛛属蜘蛛可能有多达1000个这样的化学感受毛，大多数位于第一对腿的跗节上。在交配期，雄性蜘蛛独特的振动可以帮助雌性蜘蛛确定入侵者是配偶还是任何其他可以作为食物的昆虫。研究表明，无论是接触性信息素还是空气传播性信息素，雄性蜘蛛都能对雌性蜘蛛产生的性信息素做出反应。蜘蛛的缝感觉器散布于身体或位于足关节附近，成群的缝感觉器称为琴形器，缝感觉器能感知压力和振动，可用于探测空气和网丝的振动频率等。节肢动物的本体感觉（肌肉运动知觉），是一种用来报告肌肉所施加的压力及身体和关节的弯曲程度的传感器。在结网蜘蛛中，这些机械和化学传感器都比眼睛重要得多，而眼睛对于游猎蜘蛛来说是最重要的。

猫的触须非常敏感，能够准确地判断物体的大小和距离。而海豹的每根触须上都有相较于猫更多的神经感受器，这很可能是动物中最灵敏的触须（图 2-5）。海豹利用这些触须可以追踪 180m 以外甚至是最暗的水域中游动的鱼。被蒙住眼睛的海豹可以用它们异常敏感的触须来追踪大约 40m 以外的微型潜艇在水下留下的尾迹。髯海豹最具特色的特征，是其引人注目的触须，这些触须在它们的生活习性中扮演着至关重要的角色。作为底栖生物领域的卓越捕食者，髯海豹巧妙地利用其独特的触须，在复杂多变且松软的海底沉积物中充当起敏锐的导航与探测工具。这些触须不仅帮助它们感知周围环境的微妙变化，还能精准地定位隐藏在沉积物下的猎物，从而高效地捕获食物，满足其生存需求。它们的食物来源广泛，不仅包括北鳕、杜父鱼、拟庸鲽等底栖鱼类，还涵盖蟹、虾、软体动物及头足类等无脊椎动物，展现了其多样化的饮食习惯。值得注意的是，尽管以底栖猎物为主，但髯海豹同样具备捕食表层鱼类的能力，这进一步彰显了其捕猎技能的全面性。南象海豹没有像鲸目动物那样发达的回声定位系统，但是它们的感觉毛（面部触须）对振动很敏感，在寻找食物时起了重要的作用。在南极或亚南极海岸，海豹还可以捕食软体动物、甲壳纲动物、南极鱼、灯笼鱼科、磷虾、头足类动物，甚至藻类。而豹海豹的显著特征也是它们用来感知环境的触须，豹海豹有一个相对于它们体型而言巨大的嘴。其前齿和其他食肉动物的牙齿一样锋利，但它们的臼齿参差且咬合在一起，当探测到猎物后，它们能够像食蟹海豹一样从水中筛出磷虾。

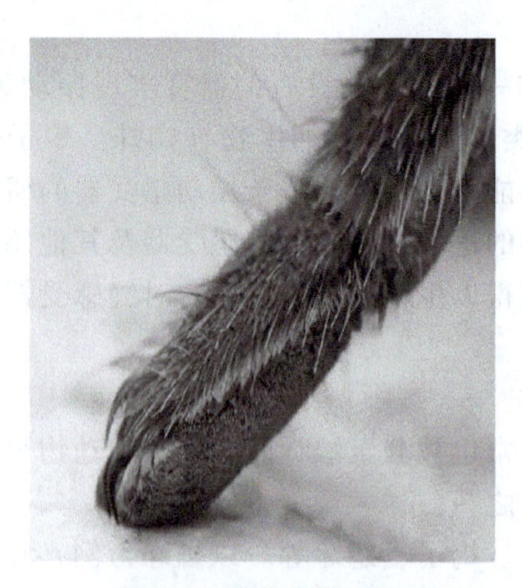

图 2-4 蜘蛛足部盅毛

图 2-5 海豹的触须

对鱼来说，它们的感觉器官在适应环境的过程中却没有发展得那么完善。和别的脊椎动物一样，鱼不会只依赖一种感官，而是多种感官的综合运用，才能达到生存的目的。但同时，鱼除了有通常的五种感官之外，还具有鲜为人知的第六感觉系统。鱼的第六感觉系统，被称为侧线系统，它们长在鱼身体的两侧，从尾部延伸到头部。构成侧线系统的每一组侧线器官，由受神经控制的纤毛簇组成。每一簇纤毛又被果冻状的吸盘包裹着，合称为神经丘。

构成侧线系统的每一组侧线器官由受神经控制的纤毛簇组成。每一簇纤毛又被果冻状的吸盘包裹着，合称为神经丘。侧线感觉系统能感知鱼所处环境中水的流速及压力变化情况。因此，鱼类通过侧线系统感知水环境中的多种信息，包括水流的波动、压力波的变化，以及其他水动力信号。德国波恩大学的科学家在研究中发现，这些信号在鱼类感知中表现为一种复杂的环境噪声，鱼可能是靠推测来区别各种噪声所代表的具体意义的，正如人从生活中的各种经历获取经验。鱼的侧线系统主要分为两种类型（图 2-6）：一种分布在鱼的体表面，称为表面神经丘；另一种被埋在皮肤中的管道里，称为管道神经丘。表面神经丘的功能是为了感知鱼相对于水的运动速度，它的纤毛对运动速度表现出高度敏感，并给鱼形成运动的感觉。但在流动的水中，管道神经丘能进一步感知流动水中的异常变化，这种异常变化可能是捕食者靠近的信号，也可能是鱼的猎物惊慌失措逃窜时的信号，而对这两种信号的区别鱼也许要靠经验来区分。鱼的两种不同功能的侧线器官很好地解释了为什么生活在静水中的鱼有特别发达的表面神经丘，而生活在流水中的鱼具有发达的管道神经丘。鱼所具有的这种第六感对人们研究陆地动物行为具有特别的启发意义。虽然陆地动物在进化中几乎失去了鱼的这种侧线系统，但所有的陆地脊椎动物都有这种系统的发育残迹。地球上约一半的脊椎动物都是鱼，所有的鱼都具有侧线系统，而陆地动物被认为是从水里进化来的，所以很好地理解鱼的侧线系统，很可能有助于人们了解陆地动物（包括人）还未为人知的感觉器官。

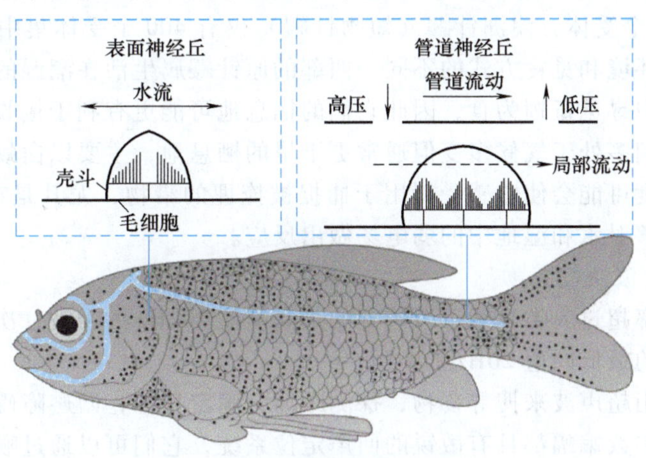

图 2-6　鱼的侧线系统分布与组成

3. 电场感知生物

电感受是生物感知电刺激的能力，但这是我们人类无法感知的，一般只在水生或两栖动物中能被观察到，因为水相较于空气来说是更好的导体。已知的例外是单孔目动物（针鼹科及鸭嘴兽科）、蟑螂和蜜蜂，电感受用于定位（探测对象）和通信。鲨鱼有着令人生畏的下颌、闪电般的游速和敏锐的嗅觉，但这样似乎还不够强大，它们还能探测到电流，电场在任何地方都是普遍存在的，这意味着没有鱼是安全的。鲨类和鳐类（板鳃亚纲现存的主要两大类），如柠檬鲨，在攻击的最后阶段严重依赖于电流定位，这可以从与其猎物相似的电场所引起的强烈摄食反应中得到证明。鲨鱼是已知的最具电敏感性的动物，可对低至5nV/cm的直流电做出反应。鲨鱼的电场传感器被称为劳伦氏壶腹，它们由电感受器细胞组成，这些细胞通过其口鼻部和头部其他区域上的小孔与海水相连，鲨鱼有可能利用对地磁场的感受在海洋中航行。早期海底电缆的一个问题是，鲨鱼感受到了这些电缆所产生的电场而对其造成的破坏。

电鳗（它不是真正的鳗类，实际上是裸背电鳗科）除了能够产生高压电击外（输出的电压可达300~800V），还能够利用低压脉冲在混浊的栖息环境中航行并进行猎物探测。其他电鳗目的鱼类也具备这种能力。电鳗尾部发出的电流，流向头部的感受器，因此在它身体周围形成了一个弱电场。电鳗的中枢神经系统中有专门的细胞来监视电感受器的活动，并能够根据监视分析的结果指挥电鳗的行为，决定采取捕食行为、避让行为抑或是其他行为。有人曾经做过这样一个实验：在水池中放置两根垂直的导线，再放入电鳗，并将水池放在黑暗的环境里，结果发现电鳗总是能够在导线中间穿梭，一点也不会碰导线；当导线通电后，电鳗迅速往后跑，这说明电鳗是靠“电感”来判断周围环境的。

单孔目动物是已知的唯一一种形成电感受的陆地哺乳动物。鱼类和两栖动物的电感受器是由侧线器官演变而来的，而单孔目动物的电感受器是由三叉神经支配的皮腺为基础，由位于鼻部黏液腺的游离神经末梢组成的。在单孔目动物中，鸭嘴兽具有最敏锐的电感官。鸭嘴兽的嘴巴上有大约40000个电感受器，这可能有助于它们定位猎物，且鸭嘴兽的电觉系统具有很强的方向性。在游泳时，鸭嘴兽会不断地将嘴上最敏感的部分暴露在刺激下，以尽可能准确地定位猎物。鸭嘴兽似乎会利用电感受器连同压力传感器一起判断从电信号到达到水中压力变化之间的延迟，从而确定到猎物的距离。而针鼹（陆生）的电感受能力要简单得多，原针鼹属仅有2000个受体，澳洲针鼹（短吻针鼹）仅有400个受体集中在鼻尖。这种差异可归因于它们栖息环境和觅食方式的不同。西部的原针鼹属生活在潮湿的热带森林中，它们以在潮湿的落叶层中寻觅蚯蚓为食，因此它们的栖息地可能更有利于接收电信号。与此相反的是澳洲针鼹，它们多处于气候多变但通常更干旱的栖息地，主要以白蚁和蚁巢中的蚂蚁为食；这些巢穴的湿度可能会使电感受器用于捕捉被掩埋的猎物，尤其是在雨后。试验表明，经过训练的针鼹能够对水和湿地中的弱电场做出反应。

4. 超声波/次声波感知生物

超声波是指频率超过人类耳朵可以听到的最高阈值20kHz的声波，次声波是指频率低于人类耳朵可以听到的最低阈值20Hz的声波。

蝙蝠主要是利用超声波来搜寻食物，探测距离，确定目标，回避障碍物，改变飞行道路和逃避敌害等。大多数蝙蝠都具有敏锐的回声定位系统，它们可以通过喉咙发出超声波，依据发出的超声波和接收的回声之间的比较，蝙蝠的大脑和听觉神经系统可以产生其周围环境的详细图像。蝙蝠是飞行动物中叫声最响亮的动物之一，其音强可达60~140dB。蝙蝠可以根据时间差区分它们的叫声和回声，它们发出叫声时会收缩中耳肌肉，这样它们就可以避免声音震到自己。叫声和回声之间的时间间隔使它们能够放松这些肌肉，从而使它们听到自己的回声。回声的延迟使蝙蝠能够估计自身到猎物之间的距离。除了用回声定位猎物以外，蝙蝠的耳朵还对飞蛾翅膀的振动、昆虫发出的声音及地面上猎物（如蜈蚣和蠼螋）的移动十分敏感。有的蝙蝠能使用超出昆虫侦听范围的高频超声或低频超声，从而使捕捉昆虫的命中率仍然很高。有一些种类的蝙蝠，其面部进化出特殊的能够增强声呐接收的结构，如鼻叶、面部皮肤褶皱纹理和较大的耳朵。曾经有很多人说蝙蝠视力差，其实这是一个误区，蝙蝠的视力实际上并不差，不同种类的蝙蝠视力各有不同，蝙蝠使用超声波，与它们的视力没有必然联系。

海豚是另一种能进行回声定位的物种，人们甚至观察到它们能够探测到在孕妇体内的婴儿。海豚使用频率在200kHz以上的超声波的喊叫声进行“回音定位”。听觉是海豚最为灵敏的感官，其捕食和游走都是依靠听觉进行的。海豚的头内部有用来回声定位的鲸蜡，它们的回声定位原理与蝙蝠相同，一个部位用于发声，另一部位接收回声。发声时，额隆将声波集中成一束束的平行线发出。收听时，下颌的骨骼将分散的声波集中传送至位于下颌后部的内耳。海豚的回声定位有很多不同的用途，它们会根据回声的强弱，判断前方障碍的远近及大小。回声定位功能给予海豚能够在深海的黑暗环境中捕猎的本领，并使它们能够进行群体间交流甚至管教后代。而海豚的回声定位能力可能并不是与生俱来的，但随着时间的推移会逐渐发展。例如，小海豚在学会发出更复杂的叫声之前就会从含糊的叫开始学习。海豚在环境中发出声音，并接收回声，这一过程有助于它们识别物体的形状和位置。医生也使用类似的技术对一个发育中的婴儿进行成像，一些专家表示，利用回声定位，海豚也许能够探测到孕妇腹中正在发育的胎儿。有传闻称海豚对孕妇特别感兴趣，这些海豚会游向孕妇，在她们的肚子附近发出嗡嗡的声音，而这正是一种回声定位方式。水是超声波传播最理想的介质，尽管如此，海豚可能并不知道它们在孕妇体内“看到”的是一个人。此外，海豚也有可能在其他海豚的身上发现怀孕的迹象。

与超声波形成鲜明对比的是，人们不太熟悉的次声波频率非常低，人类同样听不到。次声波让海洋充斥着鲸鱼的合唱，它们也能发出传至数千英里以外的叫声。其他海洋哺乳动物，如海豹、海狮等也都会发射出声呐信号，进行探测。多种鲸类都用声音来探测和通信，它们使用的频率比海豚要低得多，作用距离也远得多。鲸的发声可能有几个目的：导航、探测食物及在远距离间相互交流。鲸的耳朵在水下对海洋环境有其特殊的适应性，同时鲸的听觉也很灵敏。人类的中耳在外界空气的低阻抗和耳蜗流体的高阻抗之间起着阻抗均衡器的作用。但在鲸鱼和其他海洋哺乳动物中，外部环境和内部环境并没有太大的区别。鲸没有外耳壳，外耳道也很细，声音并不是从外耳传到中耳的，而是通过喉咙接收声音，声音从喉咙传到内耳。齿鲸从额隆发出高频的滴答声进行通信和探测，额隆是由脂肪组成的，用来集中声波。有些物种，如座头鲸，用旋律性音色交流，被称为鲸之歌。根据物种的不同，这些鲸的声音有可能非常大。齿鲸使用的声呐可以产生高达20000W的声呐，而且可以在数英里之外听到。蓝鲸在与伙伴联络时会使用一种低频率、震耳欲聋的声音。这种声音有时能超过180dB，即使考虑到水和空气不同的阻抗，不同的标准参考压力，空气中的等价声音范围仍有89~122dB。但人类可能无法体会到蓝鲸是声音最大的动物。所有的蓝鲸种群发声的基频在10~40Hz，而人类能够察觉的最低频率是20Hz，蓝鲸的声音持续时间为10~30s。有记录斯里兰卡海岸外蓝鲸的声音重复唱4个音符的“歌”，每次持续可达2min。研究人员认为，这种现象并没有在其他种群中看到，它可能为侏儒蓝鲸所独有的。

低频率的声音比高频率的声音传播的距离要远得多，因此，生活在沙漠和海洋等开阔地带的动物经常使用低频率的声音，因为它能让这些动物进行远距离的交流，许多陆地上的生物，包括大象、长颈鹿和短吻鳄也都在使用次声波。大象能够听到低频的声音，并可以用人类听不到的次声波交流。在无干扰的情况下，次声波一般能传播11km，如果遇上气流导致的介质不均匀，一般只能传播4km。如果在这种情况下大象还需要交流通信，那么象群会一起跺脚，产生强大的轰鸣声，这种方法最远可传播32km。当声波传到时会沿着大象的脚掌通过骨骼传到内耳，而大象脸上的脂肪也可以用来扩音，动物学家把这种脂肪称为扩音脂肪，许多海底世界的动物也有这种脂肪。大象能发出几种声音，一般是通过喉部发出的，不过有些声音也可能是通过鼻子发出的。最广为人知的叫声是通过象鼻发出的号角声，大象的号角声是在兴奋、痛苦或受到进攻时所发出的。战斗中的大象可能咆哮或长鸣，受伤的大象可能会发出轰鸣声。隆隆的声音是在轻微的刺激时发出的。这些声音有些也近似于次声波。对于大象来说，以次声波发出的叫声是非常重要的，尤其是远距离的沟通，亚洲象和非洲象都是如此。亚洲象的这种叫声频率为14~24Hz，音强为85~90dB，一般能够持续10~15s。对于非洲象来说，它们的叫声频率为15~35Hz，音强高达117dB，可以进行长达数千米的通信，最长距离可达10km左右。

5. 红外线感知生物

动物界中许多种类都可以不同程度地感知所在环境的红外辐射，对红外辐射的感知通常表现为对环境热源温度信息的感受，最常见的是体表感温以选择或适应环境。而蝮亚科蛇类(Crotalinae)在演化过程中，产生了特有的信号接收器官——颊窝，特化出专用的红外感知系统，对温度信息有着极高的灵敏度和精确度，甚至形成类似视觉的目标识别与定位功能。强大的红外感知系统使蝮蛇在夜间或洞穴等黑暗环境下，可以有效地捕捉小型哺乳类和鸟类等温血动物。蝮蛇的捕食行为与视觉、红外觉、嗅觉、振动感知等神经系统密切相关，具体到对活体猎物的识别与定位，又特别依赖于视觉与红外觉两个系统。自然环境中，亮度、温度、地形等因素是多变且不可控的，因此，通过两个不同的感知系统对猎物进行识别和定位，其可以有效起到互补作用，其捕食的时间和空间得到了拓展，从而提高捕食效率。

6. 磁场感知生物

磁场感受（也称磁感觉）是一种感官，它能让生物体探测到磁场，从而感知方向、高度或位置。这种感觉形态被许多动物用于定向和导航（图2-7）。磁场感受存在于细菌、节肢动物、软体动物和脊椎动物所有的主要分类中。人类常被认为没有磁感，但在其视网膜上的隐花色素（黄素蛋白，CRY2）可以提供这种功能。动物在迁徙过程中常利用地磁信息来定向和导航，因此磁感知成为一个热门的研究领域。目前已对多类动物（>47种）进行了磁感知的研究，其中甲壳动物、昆虫、硬骨鱼和哺乳动物可利用磁偏角信息进行定向和导航；两栖类、爬行类和鸟类则是基于磁倾角信息进行定向和导航的。

图2-7　生物利用磁场导航

候鸟可能会使用两种电磁工具来寻找它们的目的地：一种是完全天生的感官；另一种是依靠经验。一只小鸟在它第一次迁徙时，就会依据地球的磁场飞向正确的方向，而地球磁场的强度，只有一台电冰箱所产生磁场的两万分之一。鸟类通过量子层面的电子行为直接感受地球的磁场。量子纠缠态就是爱因斯坦口中的“鬼魅似的远距作用”，这也正是鸟类能够确定航线的秘密。

鸟类之所以能够感受到量子纠缠，是因为它们具有一类精妙的感光蛋白——隐花色素，或者称为 CRY 蛋白，这类蛋白最初是在植物中被发现的，仅在两年后便发现在人类体内同样存在编码 CRY 蛋白的基因。随后，在果蝇、小鼠等动物体内也相继发现了隐花色素基因。所以研究发现 CRY 蛋白是一类广布于真核细胞生物的光受体蛋白，它也参与了鸟类对地磁场的感应。德国科学家们发现鸟类之所以能够感知磁力，正是这种感光蛋白的核心辅酶的功劳。他们在论文中指出在感光蛋白磁力导航过程中起核心作用的分子，是一种维生素 B2 的衍生物。鸟类眼中特殊的分子相对于地球磁场的排列，能够控制电子的稳定时间，从而控制对鸟类视野的影响强度。当平行的地磁场穿过弧面的视网膜时，位于视网膜不同位置的 CRY 蛋白，所接收到的磁场方向是不同的，由此造成视网膜不同区域 CRY 蛋白活性的差异，进而影响了对光的感知。这种感光差异不仅显示出了朝向的不同，同时还能反映所处的纬度位置，因为不同纬度下地磁场和地平面的夹角不同。所以从鸟类的视角来看，它们的视野中不但包括了所看到的景物，还用明暗标示出了朝向和纬度信息。

黑腹果蝇是一种无脊椎动物，它们可以适应磁场。基因剔除等试验技术可以进一步检测这些果蝇体内可能存在的磁场感觉，各种经过训练的果蝇已经能够对磁场做出反应。在一个选择性试验中，果蝇被装进一个装置中，两臂被线圈包围，电流通过每一个线圈，但只有一个被配置为每次产生 5G（$1G=10^{-4}T$）的磁场。在这个 T 形迷宫中，研究人员测试了果蝇识别磁场存在的本能，以及在磁场与蔗糖奖励的配对训练后它们的反应。在接下来的训练过程中，许多果蝇表现出了对磁场的偏好。然而，当在果蝇体内发现的唯一的一种隐花色素——CRY1 型隐花色素，通过一种错义突变或 CRY 基因替代而被改变时，果蝇表现出磁性敏感度的丧失。

许多两栖动物和爬行动物，包括蝾螈、蟾蜍和海龟，表现出关于地球磁场一致的行为。爬行动物磁场感受的研究大多涉及海龟。对海龟磁场感受最早的支持来自于卡罗莱纳箱龟，在成功训练一群箱龟游向实验池的东端或西端后，实验池中引入的强力磁铁显著干扰了它们已学习的路径。这一发现表明，箱龟在定向路径的学习过程中，很可能依赖于其体内某种形式的磁感应机制，类似于内置的磁罗盘。随后，在海龟幼仔的硬脑膜中发现的磁石进一步支持了这一推测，因为磁石的存在为生物体感知磁场提供了一种潜在的生物学途径。

2.2 微生物智能

微生物是难以用肉眼观察到的细小生物的统称，包括细菌、病毒、真菌及一些小型的原生生物、显微藻类等，与人类生活息息相关。与未知的微生物物种相比，人们所了解的微生物还是少数。随着科技的进一步发展，人们了解到更多的微生物，也为仿生学提供了一大批生物原型，从而激发出更多的创造灵感。

2.2.1 极端环境微生物

海洋占据了地球 70% 的面积，远高出陆地面积。同时，地球上有许多水域具有高的含盐量，大多数生物在这种水域中根本无法生存。例如，死海是地球上含盐量最高的水域，是普通海水含盐量的8倍，且越到海底部，含盐量越高，然而，在死海中仍然有一些微生物存在，如细菌和盐藻等。科学家对死海中一种细菌——嗜盐杆菌进行研究发现，其机体内可产生一种蛋白质，保护机体免受盐水侵扰。通常情况下，高盐含量会对生物细胞，特别是细胞中的DNA造成破坏。大多数海洋生物无法在死海中生存，是因为DNA分子通常被水分子簇团团包围，它依靠这些水分子维持双螺旋结构的完整性，免遭损坏。而在高盐含量的死海中，海水中的盐分将水分子挡住，使生物无法获得所需水分，这样，DNA就会断裂，细胞会相继失活或死亡。而嗜盐杆菌机体内具有一种修复酶蛋白质，能够很快地对DNA进行抢救性修复，从而使其能在高盐环境下生存。

通常情况下，人在5Gy（戈瑞，辐射强度的计量单位）的辐射下只能存活1h（日本广岛和长崎原子弹爆炸的辐射剂量相当于10Gy），然而，许多生物却可以在高强度辐射下生存。极端嗜盐杆菌不仅可以在高盐环境下生存，同时也具有极强的抗辐射能力（可以在18000Gy辐射下存活），图2-8所示为极端嗜盐杆菌。Mao等对中国新疆高放射性污染土壤进行了耐辐射微生物研究，分离出了能耐10000~30000Gy辐射的各类细菌、放线菌、真菌（含酵母菌）等，实现了耐辐射微生物从原核向真核的跨越。

蛋白质一般在50℃时就要凝固，但一些罕见细菌却能忍受300℃的高温不死。试想一下将这种特性应用到消防领域，将具有巨大的应用前景。在南非姆波内格金矿地下2800 m充满液体的裂沟内生存着一群微生物（被命名为Candidatus Desulforudis Audaxviator），如图2-9所示。它们的生存环境极端恶劣，温度高达60℃，没有光线和氧气。这种奇特的微生物从周围岩石中的铀放射衰变中获取能量，其体内的碳元素来自于可溶解性二氧化碳，氮元素来自于周围的岩石物质。众所周知，碳和氮是构筑生命的基本元素，同时可用于构筑蛋白质和氨基酸。研究发现，这种微生物身体内有的基因从溶解的二氧化碳中提取碳，有的基因固氮，也有的基因生产自己所必需的氨基酸。它们还具有很强的自我保护能力，利用自身长有的鞭毛游动和探测方向，通过形成坚硬的孢子内壁避免受到周围环境的污染，同时，坚硬的孢子内壁还可以保护其DNA和RNA不被干燥、不受有毒化学物质的侵袭和避免死亡。

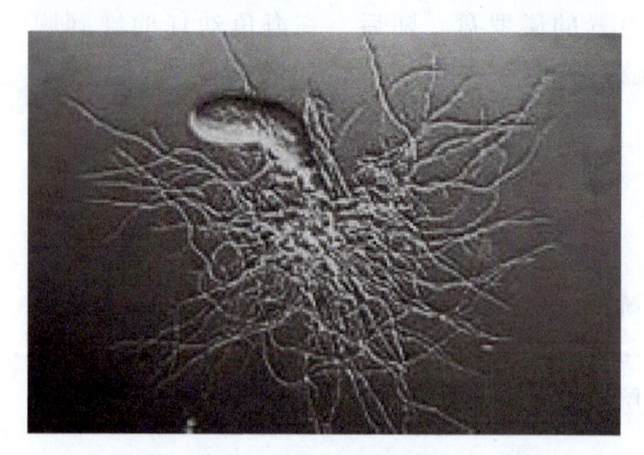

图2-8　极端嗜盐杆菌

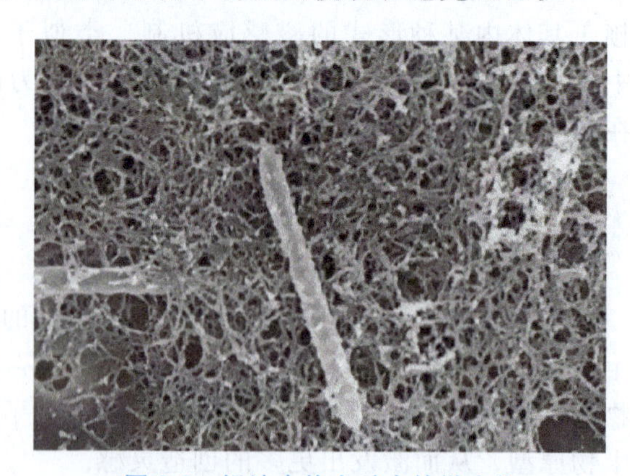

图2-9　姆波内格金矿内的微生物

分子仿生制药、酶催化仿生制药等，合成更有效的药物和提高药物质量，保证用药安全，使人类能更好地同疾病做斗争。例如，多重耐药菌是具有多重耐药性的病原菌，多种抗生物质对其都无法发挥作用。日本东京大学的研究者以耐受高温环境的嗜热古菌的转运蛋白为模型，使其在脂质中结晶，发现细菌细胞膜上的转运蛋白能将药物排出细胞，从而让细菌产生抗药性。研究人员将氨基酸连接成环状，形成肽，成功阻止了嗜热古菌转运蛋白的功能，使其无法排出抗生物质。这一研究为研发出阻碍多重耐药菌转运蛋白功能的物质提供了借鉴，有望开发强有力的仿生抗菌新药。

对微生物进行研究仿生，不仅可以在医学上有所建树，还能用于核污染的治理。美国密歇根州立大学的研究人员发现，一类被称为地杆菌的细菌，体表上长着由蛋白质组成的丝状细长的菌毛，其能够导电，通过还原周围环境里的铀金属（向铀金属添加电子）来获取能量。溶解在水里的铀经过还原后，会变得难以溶解，从而缩小污染范围，并且很容易被清除掉。研究发现，如果没有菌毛，铀的还原反应是在细菌内部进行的，这会伤害到细菌自身。而有菌毛时，大部分反应围绕着菌毛完成，这不仅扩大了反应过程中可用于电子传输的空间，还拉远了铀与细菌的距离，提高了安全性。同时，地杆菌细胞的呼吸酶在接触铀之后，有菌毛的细菌呼吸酶活性更高，因而生存能力更强，菌株生长更快。由于菌毛的成分是蛋白质，可以比较容易地往上面添加不同的官能团来调节菌毛功能。因此，这一生物学发现，不仅为治理核试验造成的铀污染提供了一种新技术，也为治理其他核污染或一些金属元素的放射性同位素（如锝、钚和钴等）的污染，提供了新的思路。

2.2.2 非极端环境微生物

大肠杆菌是人肠道中最主要且数量最多的一种细菌，也是人们最为熟知的一种细菌。对大肠杆菌进行仿生学研究，可以为纳米发动机的驱动提供新的思路。许多细菌能够转动自己的鞭毛游动，而转动鞭毛的动力来自处于鞭毛根部的生物电机，其是利用细胞质膜上的质子电势差作为能源的，类似于人类制造的直流电机。随着显微技术的发展，人类对细菌纳米移动系统有了更深的认识。大肠杆菌为了游动，利用特殊的生物电机旋转自己的鞭毛，当鞭毛按逆时针开始同步旋转时，鞭毛会扭绞成一束，形成特殊的螺旋桨，如图 2-10 所示。螺旋桨旋转产生迫使细菌几乎沿直线运动的力，此后，鞭毛的旋转方向会变成相反方向，这时鞭毛束会散开，细菌便停下来，开始做不规则转动。通常，细菌电机的旋转速率可达到 50 ~ 100r/s，但有些种类细菌的旋转速率可以超过 1000r/s。能使细菌鞭毛产生如此快速旋转的生物电机，本身却非常节省能量，它们消耗的能量不超过细菌细胞能源的 1%，但产生的功率却相当惊人。现在纳米系统的移动问题迫切需要解决，因为迄今为止，尚未找到一种简单安全可控的纳米机器激活方法。因此，受细菌鞭毛生物电机工作原理启示，人们研发了多种仿生纳米发动机驱动技术，这为解决纳米系统的移动问题提供了参考，同时也为建造微型发动机提供了技术原理支持。

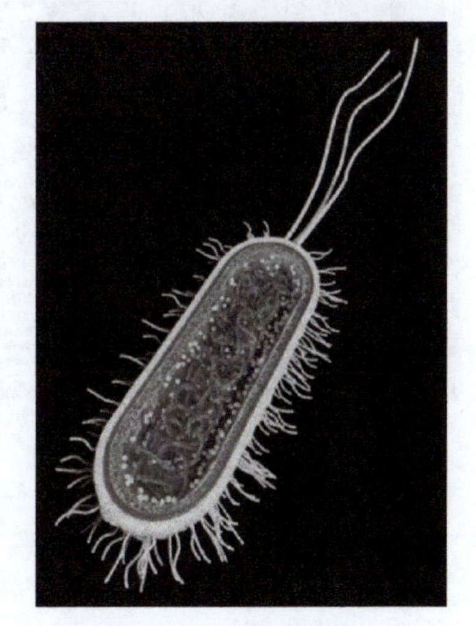

图 2-10　大肠杆菌

多头绒泡菌具有向食物聚集的网络生长行为，能够高效地连接不同的食物阵列。日本北海道大学和广岛大学的研究人员在一个 A4 纸大小、与日本关东地区形状相同的容器内培养多头绒泡菌，将其和最大块的食物放在容器内模拟东京中心的位置，其他一些小块食物被放置在容器内模拟关东地区36个主要车站的位置。研究结果表明，多头绒泡菌以最大块的食物为中心，迅速形成细密网络向四周扩散，常用的管道会越来越发达，不用的管道会逐渐消失，最终网络的总长度尽可能短，但能确保在某处中断时有其他路径可以绕行，如图2-11所示。1~2天后，在容器内整个“关东地区”便呈现出清晰的“铁路网”。同时，由于多头绒泡菌不喜光，研究者还用光照射模拟一些在实际铁道施工困难的地方，结果多头绒泡菌生长都形成了最为经济的网络，如图2-12所示。可见，模拟多头绒泡菌网络生长行为，有助于人们建立最捷径、最有效的通道系统。

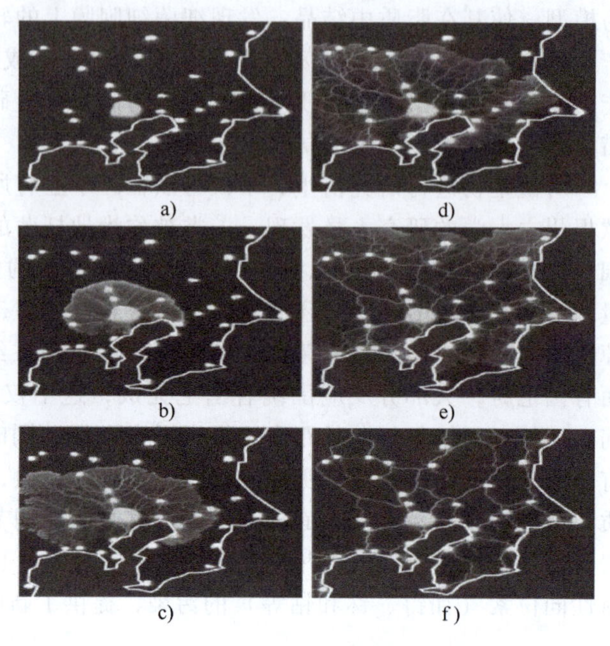

图2-11 多头绒泡菌网路形成图

a）0h b）5h c）8h d）11h e）16h f）26h

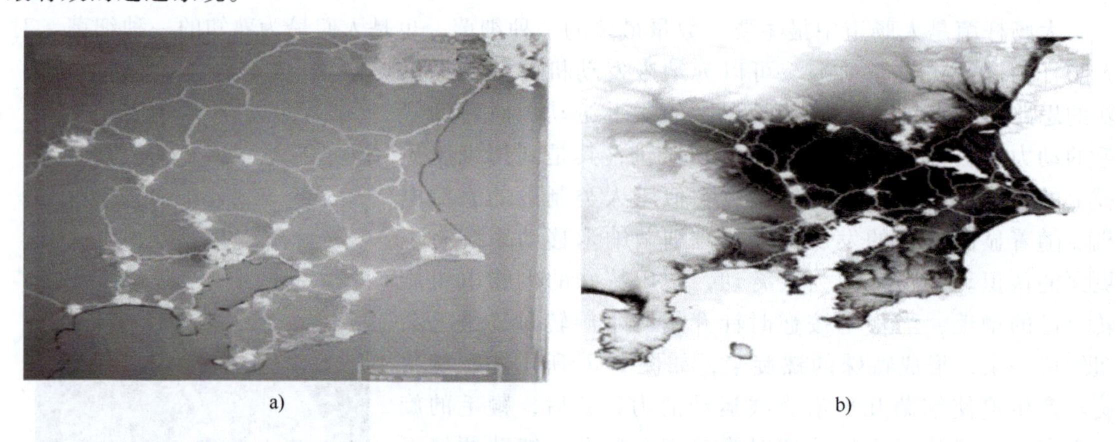

图2-12 有无光照对比模拟多头绒泡菌网络生长行为

a）有光照 b）无光照

2.3 植物智能

植物在日常生活中随处可见，是生命的主要形态之一。植物起源至今已有几十亿年，地球史上最早出现的植物属于菌类和藻类，其后藻类一度非常繁盛。直到四亿三千八百万年前，绿藻摆脱了水域环境的束缚，首次登陆大地。据估计，现存大约有三十五万个植物物种，分为种子植物、苔藓植物、蕨类植物和藻类植物。具体可细分为八十多个目、二百多个科。植物不仅有悠久的历史，还具有丰富的种类，为仿生学提供了众多的天然模本。

2.3.1 植物适应性智能行为

1. 植物的欺骗性传粉

毛瓣杓兰叶片表面具有深褐色斑点，形似受真菌感染的霉斑，斑点中央的毛状体由多细胞组成，与枝孢菌串珠状的孢子相似，利用气味与形态模仿枝孢菌，吸引扁足蝇为其授粉。

2. 植物的互利共生

莱佛士猪笼草与小型哈氏长毛蝙蝠共生，蝙蝠居住在捕虫囊中，避开其底部的消化液。猪笼草得益于蝙蝠粪便中的营养素，而蝙蝠则安全地藏匿于植物的捕虫囊中。

3. 植物的时间管理

绿藻可以在没有外界刺激的情况下保持每天有规律的活动，而且即使在细胞分裂时也保持着异常精确的周期，从而实现只在某些特定时刻对光线敏感。不仅如此，绿藻还能对生物钟的紊乱进行自我修复。

2.3.2 典型植物智能行为实例

1. 毛瓣杓兰

拟态是生物用来伪装自己的一种方式，毛瓣杓兰就是一种典型生物。它利用气味与形态模仿枝孢菌，吸引扁足蝇为其授粉。通常，扁足蝇卵和幼虫在大型真菌的子实体上发育，幼虫以子实体为食，成虫以真菌孢子为食。毛瓣杓兰的花瓣发出类似腐败叶子的气味，其中的异戊醇、2-乙基己醇和正己醇普遍存在于枝孢菌的挥发物成分中，从而在气味上模仿枝孢菌，如图 2-13 所示。同时，毛瓣杓兰叶片表面具有深褐色斑点，形似受真菌感染的霉斑，斑点中央的毛状体由多细胞组成，与枝孢菌串珠状的孢子相似，从而在形态上吸引扁足蝇的访问。事实上，近 1/3 的兰科植物都依赖于这种拟态进行传粉。

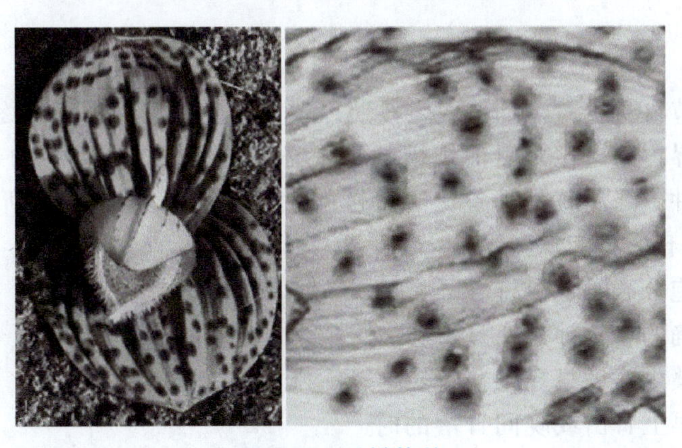

图 2-13 毛瓣杓兰

2. 西哥罗佩树

共生是生物中常见的一种关系。西哥罗佩树与蚂蚁就是其中的典型。西哥罗佩树树干能分泌含有糖分的分泌物，不仅为蚂蚁提供居所，还能提供部分食物。西哥罗佩树的枝叶背面具有锥形凸起（图 2-14），且具有黏性，能够牢牢粘住阿兹特克工蚁的爪子，大批工蚁便隐藏在叶子的边缘，等待猎物上钩。叶子的超强黏附力可以让蚂蚁毫无后顾之忧，甚至抓到体重远远超过自己的重物与昆虫。而蚂蚁则帮助西哥罗佩树抵御“强敌”，啃掉入侵的攀缘植物，攻击任何来侵犯它们所居树木的生物，保护其不受侵犯。

3. 猪笼草

猪笼草（图 2-15）是食虫植物的一种，也是借助共生生存的植物。猪笼草生长于营养元素稀缺的土壤环境中，需要依赖捕食昆虫来获取成长所需的足够的氮元素。而在婆罗洲的泥沼地和石南林中发现的莱佛士猪笼草，以超长的捕虫囊著称。这种猪笼草所捕食的昆虫数量只有其他婆罗洲食肉植物的 1/7。那么它是如何补充氮元素的摄入的呢？最新研究发现，莱佛士猪笼草与小型哈氏长毛蝙蝠共生，蝙蝠居住在捕虫囊中，避开其底部的消化液。猪笼草得益于蝙蝠粪便中的营养素，而蝙蝠则安全地藏匿于猪笼草的捕虫囊中。

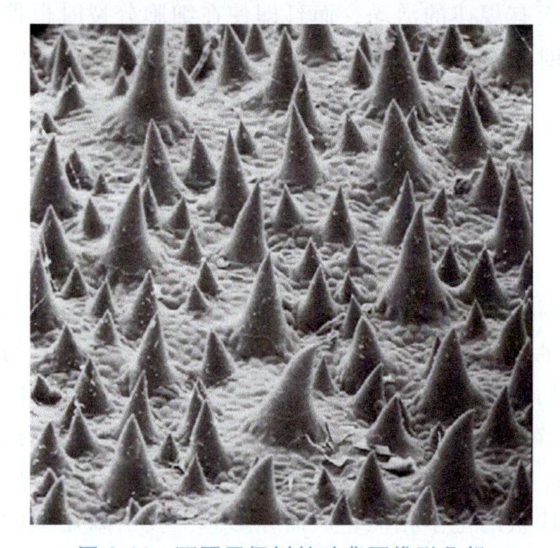

图 2-14　西哥罗佩树枝叶背面锥形凸起

图 2-15　猪笼草

4. 绿藻

定时是生物调节自身生命活动，使之按照一定的时序启动、进行和终止的过程，准确的定时能力是生物世界得以进化到目前规模的一个必要条件。自然界中的一 切生物都表现出一种定时，即生物钟。绿藻就是具备定时特性的生物之一，如图 2-16 所示。绿藻可以在没有外界刺激的情况下保持每天有规律的活动，而且即使在细胞分裂时也保持着异常精确的周期，这种准确的生物钟是通过遗传基因与生俱来的。绿藻生物钟只在某些特定时刻对光线敏感，如早上日出或晚间日落的时刻，在其他时间，生物钟能够“守时”是其基因和蛋白质的调节机制发挥了作用。在这种机制作用下，生物体内蛋白质数量会定时增长或消退。例如，基因 A 能够生成蛋白质，激发基因 B 的活性，后者在被激活后

图 2-16　绿藻

同样产生蛋白质，让基因停止活动，如此周而复始。在24h内，生物体内的蛋白质数量随着时间不断变化，会从0开始达到一定数量，然后又自动消退，从而使生物钟发挥作用。

5. 叶松

消防一直是安全生产的重中之重，如果材料本身就具有耐火性，必然能有效地防止火灾蔓延。叶松（图2-17）虽然是植物但具有耐火性。叶松不怕火烧，能在火灾后存活，因其树干外面包裹着一层几乎不含树脂的粗皮，难以烧透，即使被烧伤，还能分泌出一种棕色透明的树脂，将身上的伤口涂满、涂严，随后凝固，防止真菌病毒和害虫侵入。

图 2-17 叶松

6. 木荷树

我国粤西山区森林中的木荷树也是防火能手，能遏制大火蔓延，其树叶含水量高达45%，焦而不燃。其叶片浓密，覆盖面大，树下又无杂草滋生，因此，木荷树既能阻止树干上部着火，又能防止地面火焰延伸。

7. 荷叶

超疏水和自清洁也是一研究热点。两者往往密不可分，荷叶自洁功能是由乳突状非光滑形态、微-微或微-纳复合结构及表面蜡质材料等因素的协同作用实现的，如图2-18所示。其中，荷叶表面微米级乳突非光滑形态和其表面蜡质层共同作用，具有超疏水性，水滴在这种表面上具有较大的接触角，可有效阻止荷叶被润湿，水在荷叶上能形成水珠，实现对沾染物的润湿和黏附。荷叶乳突与其上更细小的微米级或纳米级绒突构成的微-微或微-纳复合结构，贡献在于能使水滴的滚动角大大降低，使水滴在其表面的黏附大大降低，当水滴从荷叶上滚动时便将沾染物带走，从而实现自洁功能。

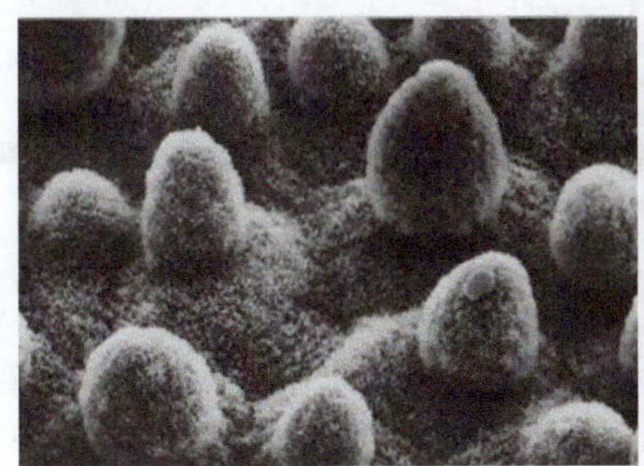

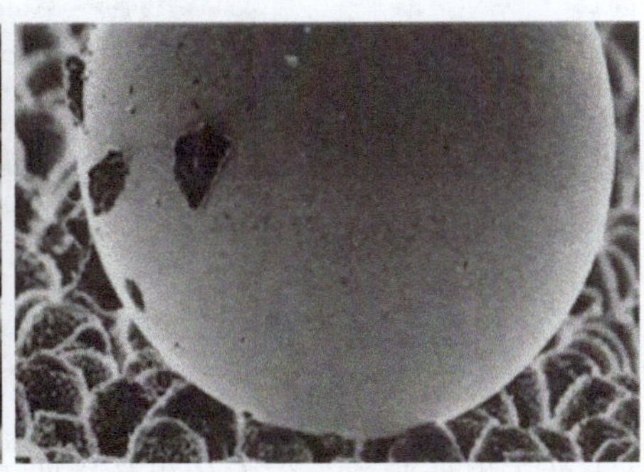

图 2-18 荷叶超疏水表面结构

8. 五加科树

变色伪装不仅是动物的生存策略，许多植物也具有这一技巧。每到秋季，绿油油的树叶都会变成深红色，研究发现，红色素不仅能够帮助树叶免受太阳光的伤害，同时，也是树叶躲避害虫的一种手段。树叶中的红色素能够警告昆虫，眼前的这棵树并不适于食用或筑巢。新西兰的五加科树树叶从萌芽到成熟要经历几种颜色的变化，这些颜色的变化被认为是它们的一种伪装策略，用于防御天敌恐鸟。小树苗长出的叶子小而窄，颜色斑驳，像日光照射下的森林地面，同时，这种色彩还能降低树叶轮廓显示，这让恐鸟很难分辨，如图 2-19a 所示。随时间推移，小树会长出更大、更长的叶子，带有刺齿，如图 2-19b 所示。恐鸟没有牙齿，它们是把树叶含在嘴里使用头部力量折断树叶而吞食树叶的。此时，五加科小树长出的这种长而硬的树叶让恐鸟很难下咽。最大的恐鸟约高 300cm，五加科树一旦超过这个高度就会长出大小、形状和颜色正常的树叶，不再伪装，如图 2-19c 所示。

a)　　b)

c)

图 2-19　五加科树树叶不同时期变化

9. 狸藻

仿生动力的不竭性驱使人们在仿生的道路上孜孜不倦、乐此不疲地探索着。法国格勒诺布尔大学发现了世界上行动速度最快的捕食性植物之一——狸藻，它能在不超过 1ms 的时间内吞食猎物，行动速度比捕蝇草快 200 倍。这种水草拥有一个捕捉猎物的陷阱，当猎物靠近时，它会迅速打开陷阱门，并用一个特殊的“吸水泵”将猎物吸入体内，瞬间形成的下落水流加速度高达 600g，即地球重力加速度的 600 倍。一般来说，任何猎物都不可能有机会逃脱。狸藻的水下陷阱平时处于休眠状态，当有猎物靠近，触动外壁上的感受纤毛时，陷阱门瞬间开启，外部的水和猎物便一同被吸入体内，如图 2-20 所示，而猎物一旦被吸入，将被消化酶逐渐溶解，消化吸收。对狸藻的研究为人们开发高效、快速、灵敏的传感和控制系统提供了重要启示和发明的动力。

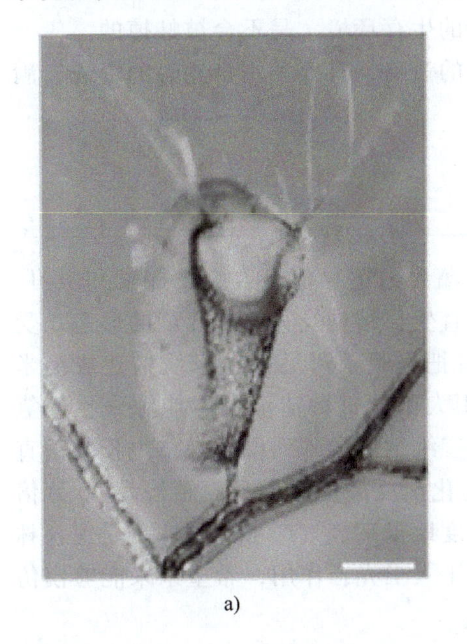
a)

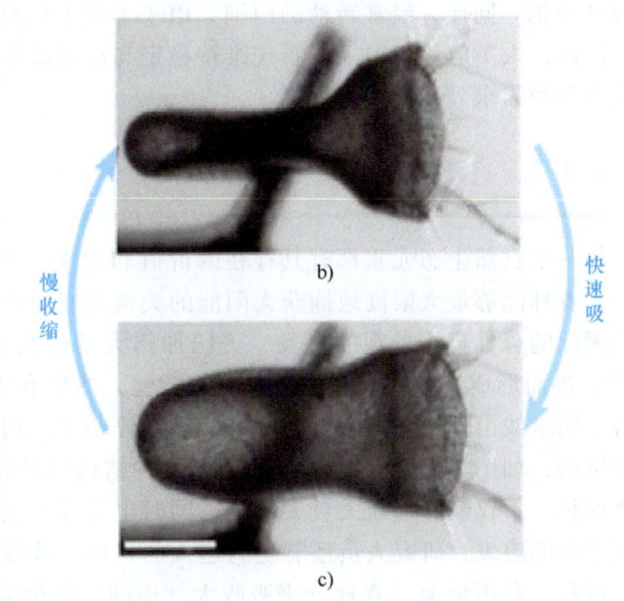

图 2-20 狸藻陷阱

2.4 生境智能

生境即生存环境，是人类与生物生活的环境。从生态学角度而言，生境是指生物的个体、种群或群落生活地域的环境，包括必需的生存条件和其他对生物起作用的生态因素，是由生物因子（食物、天敌等）和非生物因子（光照、温度、水分、空气、无机盐类等）综合形成的。生物与生境的关系是长期进化的结果，生物既有适应生境的一面，又有改善生境的一面。生境中许多自然生态现象深蕴的机理与规律，有望为人类解决工程技术难题提供重要启示，甚至可能为人类长远健康发展奉献有效的指引。这是仿生学又一重要资源，是又一重要仿生模本。

2.4.1 生境稳定智能

生境之所以能够维持相对稳定，就是因为其具有自我调节能力。如果生境系统中某一成分发生变化，必然会引起其他成分的相应变化，这些变化最终又反过来影响最初发生的那种成分，从而使它们的数量保持相对稳定，这就是生境的自我调节能力。借助于自我调节的过程，生态系统中的各个成分都能够使自己适应物质和能量输入、输出的任何变化。

“流水不腐，户枢不蠹”，出自《吕氏春秋·尽数》，是说它们在不停的运动中抵抗了微生物或其他生物的侵蚀。

流水不腐，这其中的科学原理就在于微生物。静止的水含氧量不高，使厌氧细菌得以生长繁殖，它们在新陈代谢中会产生硫化氢及其他一些臭味物质。流动的水能溶解更多的氧气，使得好氧微生物生长繁殖，并分解污物。同时由于氧气充足，其他水生生物也能生存下来，有些可以吞食微生物，这样就构成了一条完整的生态链，物质被循环利用起来，水体自然得到净化。同样，经常转动的门轴，由于干扰了蛀虫的生存环境，是不会被蛀掉的。

因此，人类应该学习生境系统维持稳定与高效运作的策略，有效运用自然界的资源，满足人类种种需求。

2.4.2 自然生态元素智能

每一个自然生态元素都有其存在的价值和意义，所蕴含的奥秘值得人类去探索和学习。例如，森林能够最大限度地捕获太阳能的关键是它的垂直生长结构及其枝繁叶茂的形态。受广袤无际的森林自然景观的启发，美国加州大学研究者把肉眼不可见的纳米线构建成纳米“树”，进而形成纳米“森林”来捕获太阳能，然后利用太阳能这种清洁自然能源来生产氢燃料。纳米线由自然界非常丰富的硅和氧化锌制成，用三维纳米线阵列模仿森林生长的垂直分枝结构，如图 2-21 所示，结果表明，这种结构可以为化学反应提供比平面结构高 40 万倍的表面积，不仅能够捕获大量太阳能，同时也能最大限度地提高氢气产量。此外，受到森林景观结构的启发，研究人员还有更为远大的目标，着眼于人工光合作用，希望未来能够模仿这一过程，利用纳米“森林”来吸收大气中的二氧化碳。

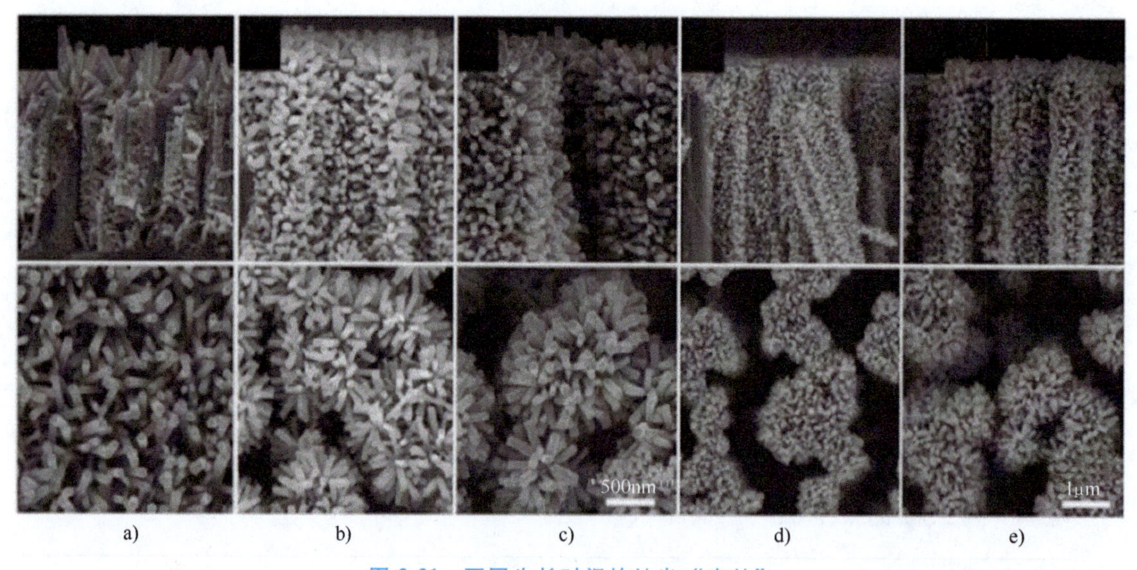

图 2-21 不同生长时间的纳米“森林”

a) 1min b) 2min c) 3min d) 4min e) 5min

还有一些自然生态元素鲜为人知或其作用对人类贡献不大，但是其既然存在，就有合理之处，一定有对地球独特而无法替代的作用等待人类去探究。例如，之前认为，约 1250km 的地下深处是水分存在的极限，日本爱媛大学的研究人员发现，在地表下 1400km 的深处的蛇纹石中有含水的矿物，并将新矿物命名为“H 相”，“H 相”甚至能把水分搬运到地表以下 2900km 的地幔与地核交界处。这一发现，虽然暂时对人类生活与生产影响不大，但是也许在未来，这些含水的矿物会以自然或人工的方式被“搬运”到地表，形成壮丽的景观，供自然界万物所用。

2.4.3 自然生态现象智能

自然生态现象是指自然界中由于大自然的运作规律自发形成的某种状况，其完全不受人为主观能动性因素影响，主要有物理现象、地理现象、化学现象等几大类，如云、雾、风、雨、雪、冰、台风、暴雨、响雷、闪电、洪涝、干旱、雪崩、泥石流、地震等的形成，月的阴晴圆缺，一年四季的变化，气候的冷暖，白天黑夜的交替等。随着科学技术的发展，许多自然生态现象产生的原理和规律逐渐被揭示，人们不仅应用自然生态现象本身的力量来为人类自身服务，同时也根据自然生态现象产生的原理进行新技术与新产品的开发与创造。例如，闪电可以释放出大量的能量，虽然其不易控制，但其产生的巨大能量，驱使人们想去控制并利用闪电的力量。闪电能把空气里的氮“固定”到土壤中，增加土壤中的氮肥，对农作物的生长有一定好处。因此，人们开始利用闪电的力量，在田野中竖立三根杆（制肥器），一般是木杆，杆高约 20m，杆距 120m，杆顶部装有金属接闪器，用金属导线从接闪器一直引到地下埋入土中，从而利用闪电能量增氮。

雪花在不同的温度和湿度下会形成多达 39 种不同的晶体形状，如树枝星状（图 2-22a）、针状（图 2-22b）、柱状（图 2-22c）、冠柱、星盘状等。通过研究雪花不同形状的物理公式与结晶过程，人们将雪花晶体结构用于控制硅和半导体等材料的晶体生长过程，应用于结晶学，帮助人们分析物体结晶过程。

a)

b)

c)

图 2-22 雪花的不同晶体形状

a）树枝星状 b）针状 c）柱状

此外，自然界有许多自然生态现象蔚为壮观，蕴含着众多奥秘，有些目前尚无法准确解释，但是，这些奇特的自然生态现象却极具魅力，释放出大自然所独有的绚丽。例如，多彩的北极光、预示恶劣天气的乳状积云、像冰矛一样的融凝冰柱、会移动的石头、火焰龙卷风、重力波云层、赤潮、冰圈等。美国航空航天局（NASA）兰利研究中心的研究者在实验室中重现了北极光产生的条件，在一个名为“Planterrella”的玻璃容器中制造出了瓶装的北极光，进一步加快了人们对极光产生的光电学原理的应用步伐。

2.4.4 自然生态系统智能

自然生态是自然界中自然形成的生态位、生态系统或生态区域，如生态山谷、生态林系、生态草地、生态湿地等。生态系统的一个重要特点是它常常趋向于达到一种稳态或平衡状态，这种稳态是靠生物与环境之间相互影响、相互制约的调节过程来实现的。

生态系统中的物质与能量总是永续循环的，废弃物并不存在，一种生物所产出的看似毫无价值的物质或能量，对于另一种生物来说，可能是极其珍贵的生存资源，毫不浪费。同时，生态系统中每一位成员都扮演着不同的角色，为生态系统的运行贡献着不同的资源，以维系生态系统的运行。例如，海洋生物以珊瑚礁为基础形成了一个庞大的生态系统，然而，太阳光穿透海水反射到珊瑚礁上，会穿透珊瑚和与珊瑚共生的其他生物。那么究竟是什么原因让这个生态系统中的生物避免了紫外线的辐射伤害呢？澳大利亚昆士兰大学的研究者发现珊瑚骨架几乎能够吸收所有有害的紫外线，并释放出黄色的荧光，如图 2-23 所示。可见，珊瑚礁能够吸收紫外线，为其他生物涂上了“防晒油”，保护这一生态系统免受紫外线的辐射伤害。

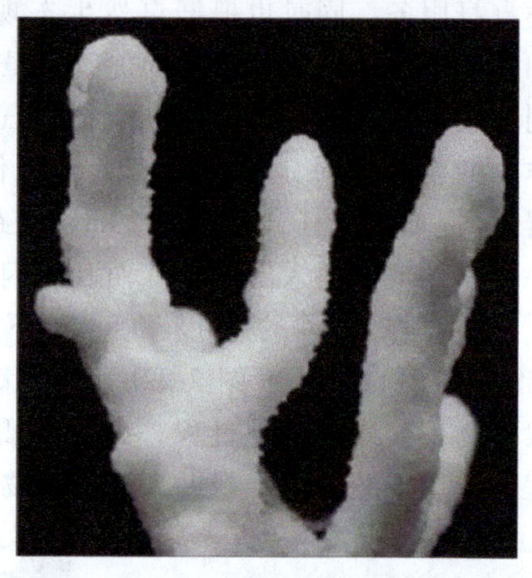

图 2-23 珊瑚吸收紫外线发出黄光

通常，生态系统受到外界干扰破坏时，只要不过分严重，一般都可通过自我调节使系统得到修复，维持其稳定与平衡。例如，迫于环境压力，珊瑚虫为了适应环境的改变，可以进行“性别转换”，由雌性变成雄性，雄性珊瑚虫不会因为生殖消耗太大体力和需要更多的能量。当环境转好，它们再变回雌性。可见，在受到外界压力时，生态系统中的生物为了生存与物种延续，靠着自我调节能力，都在进行着一定程度的调整与改变，以维持生态系统的稳定。

思考题

1. 生物中的“智能”可分为哪几种类型？请举例说明（列出 3 种以上）。
2. 噬菌体形态、功能分别是什么？
3. 植物智能行为通常有哪些？请分别举例说明并阐述其意义。
4. 结合实例简述动物智能行为对其生存的重大意义。
5. 什么是生境智能？请谈谈你的理解和认识。
6. 结合实例简述生境智能对人类发展的重大意义。

参考文献

[1] 汪延成. 仿生蜘蛛振动感知的硅微加速度传感器研究［D］. 杭州：浙江大学，2010.

[2] 刘献中，李晓晨. 蜘蛛的机械感器［J］. 昆虫知识，2008，45（1）：162-165.

[3] TAO J L, YU X (BILL). Hair flow sensors: from bio-inspiration to bio-mimicking: a review [J]. Smart Materials and Structures, 2012, 21 (11): 113001.

[4] BARTH F. Spider mechanoreceptors [J]. Current Opinion in Neurobiology, 2004, 14 (4): 415-422.

[5] MURPHY C T, EBERHARDT W C, CALHOUN B H, et al. Effect of angle on flow-induced vibrations of pinniped vibrissae [J]. PLoS One, 2013, 8 (7): e69872.

[6] REEDER J T, KANG T, RAINS S, et al. 3D, reconfigurable, multimodal electronic whiskers via directed air assembly [J]. Advanced Materials, 2018, 30 (11): 1706733.

[7] FREITAS R, ZHANG G J, ALBERT J S, et al. Developmental origin of shark electrosensory organs [J]. Evolution & Development, 2006, 8 (1): 74-80.

[8] CHEN Q, DENG H H, BRAUTH S E, et al. Reduced performance of prey targeting in pit vipers with contralaterally occluded infrared and visual senses [J]. PLoS One, 2012, 7 (5): e34989.

[9] NEWMAN E A, HARTLINE P H. Integration of visual and infrared information in bimodal neurons in the rattlesnake optic tectum [J]. Science, 1981, 213 (4509): 789-791.

[10] BERSON D M, HARTLINE P H. A tecto-rotundo-telencephalic pathway in the rattlesnake: evidence for a forebrain representation of the infrared sense [J]. Journal of Neuroscience, 1988, 8 (3): 1074-1088.

[11] QIN S, YIN H, YANG C, et al. A magnetic protein biocompass [J]. Nature Materials, 2016, 15 (2): 217-226.

[12] 任露泉，梁云虹. 仿生学导论 [M]. 北京：科学出版社，2016.

[13] CHIVIAN D, BRODIE E L, ALM E J, et al. Environmental genomics reveals a single-species ecosystem deep within earth [J]. Science, 2008, 322 (5899): 275-278.

[14] TANAKA Y, HIPOLITO C J, MATURANA A D, et al. Structural basis for the drug extrusion mechanism by a MATE multidrug transporter [J]. Nature, 2013, 496 (7444): 247-251.

[15] COLOGGI D L, LAMPA-PASTIRK S, SPEERS A M, et al. Extracellular reduction of uranium via Geobacter conductive pili as a protective cellular mechanism [J]. Proceedings of the National Academy of Sciences of the United States of America, 2011, 108 (37): 15248-15252.

[16] BLAIR K M, TURNER L, WINKELMAN J T, et al. A molecular clutch disables flagella in the Bacillus subtilis biofilm [J]. Science, 2008, 320 (5883): 1636-1638.

[17] LEE L K, GINSBURG M A, CROVACE C, et al. Structure of the torque ring of the flagellar motor and the molecular basis for rotational switching [J]. Nature, 2010, 466 (7309): 996-1000.

[18] TERO A, TAKAGI S, SAIGUSA T, et al. Rules for biologically inspired adaptive network design [J]. Science, 2010, 327 (5964): 439-442.

[19] BARTHLOTT W, NEINHUIS C. Purity of the sacred lotus, or escape from contamination in biological surfaces [J]. Planta, 1997, 202 (1): 1-8.

[20] FENG L, LI S H, LI Y S, et al. Super-hydrophobic surfaces: from natural to artificial [J]. Advanced Materials, 2002, 14 (24): 1857-1860.

[21] FADZLY N, JACK C, SCHAEFER H M, et al. Ontogenetic colour changes in an insular tree species: signalling to extinct browsing birds? [J]. New Phytologist, 2009, 184 (2): 495-501.

[22] VINCENT O, WEISSKOPF C, POPPINGA S, et al. Ultra-fast underwater suction traps [J]. Proceedings of the Royal Society B (Biological Sciences), 2011, 278 (1720): 2909-2914.

[23] 梁云虹，任露泉. 自然生境及其仿生学初探 [J]. 吉林大学学报（工学版），2016, 46 (5): 1746-1756.

[24] SUN K, JING Y, LI C, et al. 3D branched nanowire heterojunction photoelectrodes for high-efficiency solar water splitting and H_2 generation [J]. Nanoscale, 2012, 4 (5): 1515-1521.

[25] NISHI M, IRIFUNE T, TSUCHIYA J, et al. Stability of hydrous silicate at high pressures and water transport to the deep lower mantle [J]. Nature Geoscience, 2014, 7 (3): 224-227.

[26] ERBE E F, RANGO A, FOSTER J, et al. Collecting, shipping, storing, and imaging snow crystals and ice

grains with low-temperature scanning electron microscopy [J]. Microscopy Research & Technique, 2003, 62 (1): 19-32.

[27] LILENSTEN J, PROVAN G, GRIMALD S, et al. The planeterrella experiment: from individual initiative to networking [J]. Journal of Space Weather and Space Climacte, 2013, 3 (1): 7.

[28] LILENSTEN J, BERNARD D, BARTHÉLÉMY M, et al. Prediction of blue, red and green aurorae at Mars [J]. Planetary & Space Science, 2015, 115: 48-56.

[29] REEF R, KANIEWSKA P, HOEGH-GULDBERG O. Coral skeletons defend against ultraviolet radiation [J]. PLoS One, 2009, 4 (11): e7995.

[30] LOYA Y, SAKAI K. Bidirectional sex change in mushroom stony corals [J]. Proceddings of the Royal Society B (Biological Sciences), 2008, 275 (1649): 2335-2343.

第3章
人工智能

智能仿生学是一门新兴的交叉学科，融合了生物学、工程学和信息技术，通过模仿自然界的生物系统，开发具有高效能和智能化的人工系统。随着科技的不断进步，智能仿生学的发展为人工智能（Artificial Intelligence，AI）的研究提供了新的思路和方法。智能仿生学借鉴生物体在感知、学习、决策和适应等方面的机制，旨在创造出具有自主学习和适应能力的人工系统。智能仿生学与人工智能的关系可以从多个层面进行分析。

首先，在感知和传感技术方面，智能仿生学通过模仿生物感受器，如眼睛、耳朵和皮肤，开发出各种高性能传感器，这些传感器在人工智能系统中起到了至关重要的作用。例如，仿生视觉技术已经在图像识别和计算机视觉领域取得了显著的进展，使得 AI 系统能够更准确地理解和分析视觉信息。

其次，在学习和适应能力方面，智能仿生学的研究为 AI 的机器学习和深度学习算法提供了丰富的灵感。生物系统的学习过程往往比传统的机器学习算法更加高效和灵活。通过仿生学的研究，科学家们开发出了一系列模仿生物神经网络的算法，如卷积神经网络（CNN）和递归神经网络（RNN），这些算法在图像识别、语音识别和自然语言处理等领域表现出色。

3.1 人类智能与人工智能

人类的认知过程是个非常复杂的行为，至今仍未能被完全解释。人们从不同的角度对它进行研究，不仅形成了 3 个学派，而且还形成了诸如认知生理学、认知心理学与认知工程学等相关学科。对这些学科的深入研究已超出本书范围。这里仅讨论几个与传统人工智能，即符号主义有密切关系的一些问题，如人类智能与人工智能，图 3-1 所示。

人的心理活动具有不同的层次，它可与计算机的层次相比较，如图 3-2 所示。心理活动的最高层级是思维策略，中间一层是初级信息处理，最低层级为生理过程，即中枢神经系统、神经元和大脑的活动。与此相应的是计算机程序、计算机语言和计算机硬件。

研究认知过程的主要任务是探求高层次思维决策与初级信息处理的关系，并用计算机程

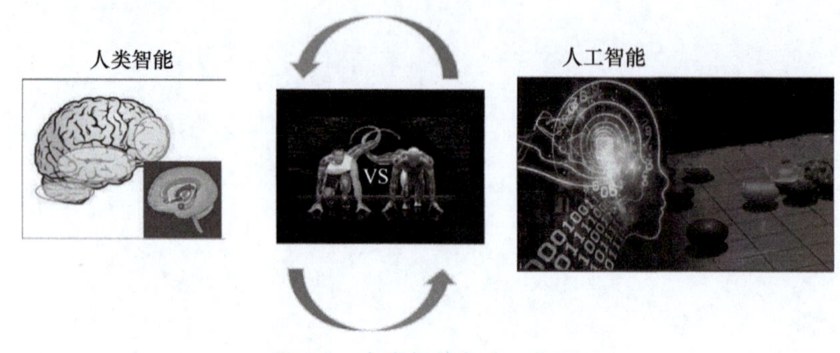

图 3-1　人类智能与人工智能

序来模拟人的思维策略水平，而用计算机语言模拟人的初级信息处理过程。令 T 表示时间变量，X 表示认知操作（Cognitive Operation），X 的变化 ΔX 为当时机体状态 S（机体的生理和心理状态及大脑中的记忆等）和外界刺激 R 的函数。当外界刺激作用到处于某一特定状态的机体时，便发生变化，即

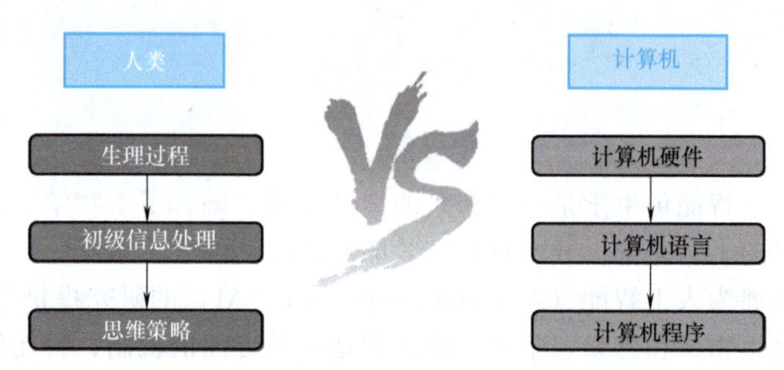

图 3-2　人的心理活动层次与计算机层次比较

$$T \to T+1 \tag{3-1}$$

$$X \to X-1 \tag{3-2}$$

$$\Delta X = f(S, R) \tag{3-3}$$

计算机也以类似的原理进行工作。在规定时间内，计算机存储的记忆相当于机体的状态，计算机的输入相当于机体施加的某种刺激。在得到输入后，计算机便进行操作，使得其内部状态随时间发生变化。可以从不同的层次来研究这种计算机系统。这种系统以人的思维方式对模型进行智能信息处理（Intelligent Information Processing）。

可以把人看成一个智能信息处理系统。信息处理系统又称符号操作系统（Symbol Operation System）或物理符号系统（Physical Symbol System）。所谓符号就是模式（Pattern）。任意模式，只要它能与其他模式相区别，它就是一个符号。例如，不同的汉语拼音字母或英文字母就是不同的符号。对符号进行操作就是对符号进行比较，从中找出相同的符号和不同的符号。物理符号系统的基本任务和功能就是辨认相同的符号和区别不同的符号。为此，这种系统就必须能够辨别出不同符号之间的实质差别。

符号既可以是物理符号，也可以是大脑中的抽象符号，或者是电子计算机中的电子运动模式，还可以是大脑中神经元的某些运动方式。一个完善的符号系统应具有下列六种基本功能：输入（Input）符号；输出（Output）符号；存储（Store）符号；复制（Copy）符号；建立符号结构，即通过找出各符号间的关系，在符号系统中形成符号结构；条件性迁移（Conditional Transfer），即根据已有符号，继续完成活动过程。如果一个物理符号系统具有上述全部功能，能够完成这个全过程，那么它就是一个完整的物理符号系统。

假设任何一个系统，如果它能表现出智能，那么它就必定能够执行上述六种功能。反之，任何系统如果具有这六种功能，那么它就能够表现出智能；这种智能指的是人类所具有的那种智能。把这个假设称为物理符号系统的假设。

物理符号系统的假设伴随有三个推论，或称为附带条件。

推论 1：既然人具有智能，那么他（她）就一定是一个物理符号系统。人之所以能够表现出智能，就是基于他（她）的信息处理过程。

推论 2：既然计算机是一个物理符号系统，那么它就一定能够表现出智能。这是人工智能的基本条件。

推论 3：既然人是一个物理符号系统，计算机也是一个物理符号系统，那么就能够用计算机来模拟人的活动。

值得指出的是，推论 3 并不一定是从推论 1 和推论 2 推导出来的必然结果。因为人是物理符号系统，具有智能；计算机也是一个物理符号系统，也具有智能，但它们可以用不同的原理和方式进行活动。所以，计算机并不一定都是模拟人的活动的，它可以编制出一些复杂的程序来求解方程式，进行复杂的计算，如图 3-3 所示。不过，计算机的这种运算过程未必就是人类的思维过程。

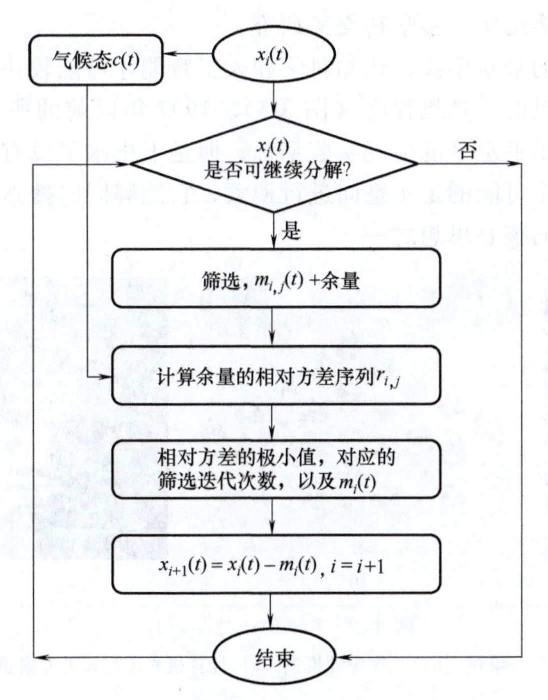

图 3-3　计算机编制出复杂程序求解方程式

按照人类的思维过程来编制计算机程序，这项工作就是人工智能的研究内容。人的认知活动具有不同的层次，对认知行为的研究也应具有不同的层次以便不同学科之间分工协作，联合攻关，早日解开人类认知本质之谜。可以从下列四个层次开展对认知本质的研究：

1）认知生理学。研究认知行为的生理过程，主要研究人的神经系统（神经元、中枢神经系统和大脑）的活动，是认知科学研究的底层。它与心理学、神经学、脑科学有密切关系，且与基因学、遗传学等有交叉联系。

2）认知心理学。研究认知行为的心理活动，主要研究人的思维策略，是认知科学研究的顶层。它与心理学有密切关系，且与人类学、语言学交叉。

3）认知信息学。研究人的认知行为在人体内的初级信息处理，主要研究人的认知行为如何通过初级信息自然处理，由生理行为变为心理活动及其逆过程，即由心理行为变为生理行为。这是认知活动的中间层，起到承上启下的作用。它与神经学、信息学、计算机科学有密切关系，并与心理学、生理学有交叉联系关系。

4）认知工程学（图3-4）。研究认知行为的信息加工处理，主要研究如何通过以计算机为中心的人工信息处理系统，对人的各种认知行为（如知觉、思维、记忆、语言、学习、理解、推理、识别等）进行信息处理。这是研究认知科学和认知行为的工具，应成为现代认知心理学和现代认知生理学的重要研究手段。它与人工智能、信息学、计算机科学有密切关系，并与控制论、系统学等交叉联系。

图3-4　认知工程学

只有开展大跨度的多层次、多学科交叉研究，应用现代智能信息处理的最新手段，认知科学和人工智能才可能较快地取得突破性成果。

作为例子，考虑下棋的计算机程序（图3-5）。1997年以前的所有国际象棋程序是十分熟练的、具有人类专家棋手水平的最好实验系统，但是下棋水平没有人类国际象棋大师那样高。该计算机程序对每个可能的走步空间进行搜索，它能够同时搜索几千种走步。进行有效搜索的技术是人工智能的核心思想之一。

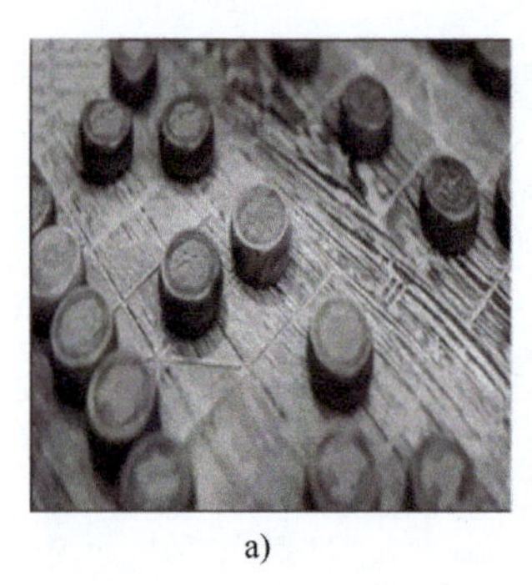

a)

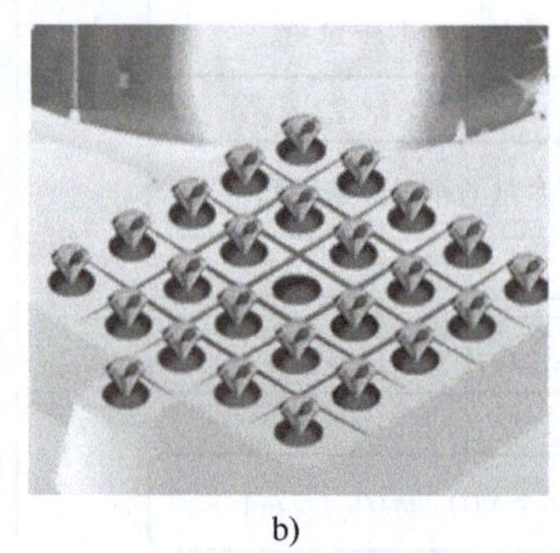

b)

c)

图3-5　下棋的计算机程序

a）中国象棋　b）程序设计模型　c）计算机程序与人类专家棋手

3.2　人工智能的定义与发展

3.2.1　人工智能的定义

1）智能（Intelligence）。人的智能是人类理解和学习事物的能力，或者说，智能是思考和理解的能力而不是本能做事的能力。

2）智能机器。智能机器是一种能够呈现出人类智能行为的机器，而这种智能行为是人类用大脑考虑问题或创造思想。

3）人工智能（学科）。人工智能（学科）是智能科学（Intelligence Science）中涉及研究、设计及应用智能机器和智能系统的一个分支，而智能科学是一门与计算机科学并行的学科。人工智能到底属于计算机科学还是智能科学，可能还需要一段时间的探讨与实践，而实践是检验真理的标准，实践将做出权威的回答。

4）人工智能（能力）。人工智能（能力）是智能机器所执行的通常与人类智能有关的智能行为，这些智能行为涉及学习、感知、思考、理解、识别、判断、推理、证明、通信、设计、规划、行动和问题求解等活动。

60多年来，人工智能获得了重大进展，现已发展成为一门广泛的交叉和前沿科学。近10多年来，现代信息技术，特别是计算机技术和网络技术的发展已使信息处理容量、速度和质量大为提高，能够处理海量数据，快速地处理信息，软件功能和硬件的实现均取得长足进步，使人工智能获得更为广泛的应用，如图3-6所示。

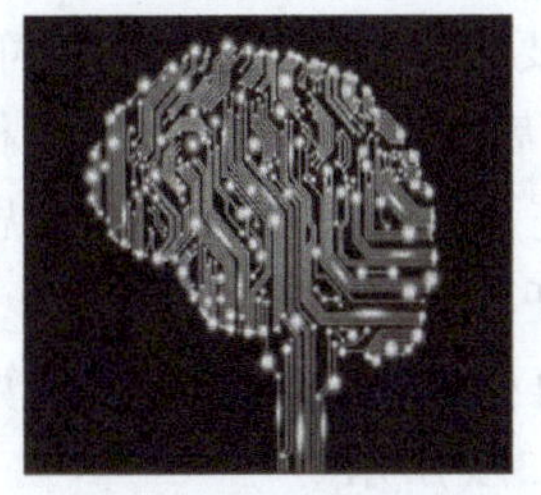
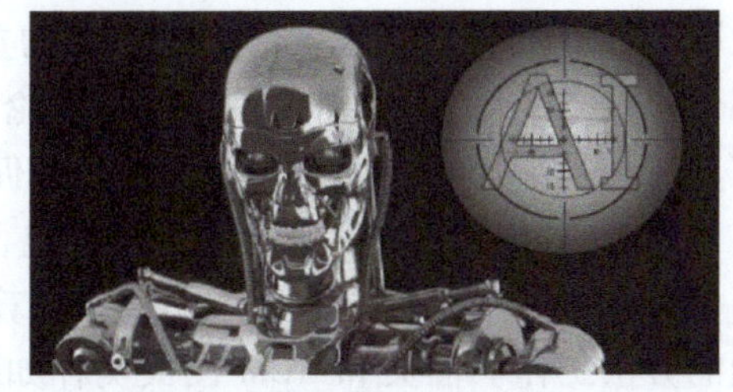

图3-6　人工智能

人工智能的研究目标与内容如图3-7所示。

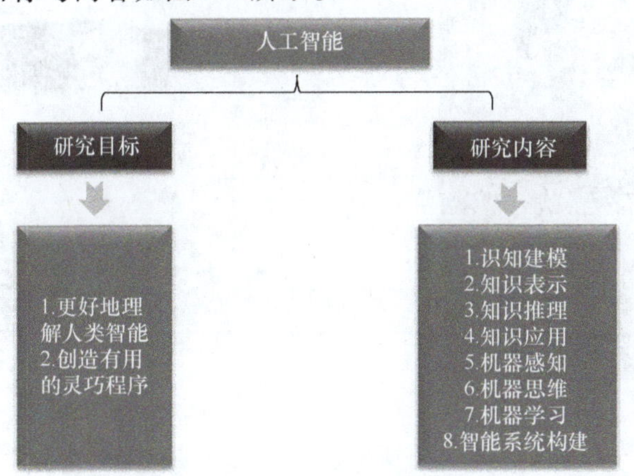

图3-7　人工智能的研究目标与内容

3.2.2　人工智能的发展

1. 孕育时期（1956年前）

对于人工智能的发展来说，20世纪30年代和40年代的智能界，发生了两件最重要的事：数理逻辑（它从 19 世纪末起就获得迅速发展）的迅速发展和关于计算的新思想的出现，如图 3-8 所示。弗雷治（Frege）、怀特赫德（White head）、罗素（Russell）和塔斯基（Tarski）以及另外一些人的研究表明，推理的某些方面可以用比较简单的结构加以形式化。1913 年，年仅 19 岁的维纳（Wiener）在他的论文中把数理关系理论简化为类理论，为发展数理逻辑做出贡献，并向机器逻辑迈进一步，与后来图灵（Turing）提出的逻辑机不谋而合。1948 年维纳创立的控制论（Cybernetics），对人工智能的早期思潮产生了重要影响，后来成为人工智能行为主义学派。数理逻辑仍然是人工智能研究的一个活跃领域，其部分原因是一些逻辑——演绎系统已经在计算机上实现过。不过，在计算机出现之前，逻辑推理的数学公式就为人们建立了计算与智能关系的概念。

图 3-8 逻辑推理过程

丘奇（Church）、图灵和其他一些人关于计算本质的思想，提供了形式推理概念与即将发明的计算机之间的联系。在这方面的重要工作是关于计算和符号处理的理论概念。1936 年，年仅 26 岁的图灵创立了自动机理论（后来人们又称为图灵机），提出一个理论计算机模型，为电子计算机设计奠定了基础，促进了人工智能，特别是思维机器的研究。第一批数字计算机（实际上为数字计算器）不包含任何真实智能。被称为“人工智能之父”的图灵，不仅创造了一个简单、通用的非数字计算模型，还直接证明了计算机可能以某种被理解为智能的方法工作。图灵和 ACM 图灵奖杯如图 3-9 所示。

a)

b)

图 3-9 图灵和 ACM 图灵奖杯

a）图灵 b）ACM 图灵奖杯

道格拉斯·霍夫施塔特（Douglas Hofstadter）在 1979 年写的《永恒的金带》（*An Eternal Golden Braid*）一书对这些逻辑和计算的思想及它们与人工智能的关系给予了透彻而又引人入胜的解释。

麦卡洛克（McCulloch）和皮茨（Pitts）于 1943 年提出麦卡洛克-皮茨模型（McCuUoch-Pitts Model，M-P 模型）是一种早期的神经网络模型，开创了从结构上研究人类大脑的途径。后来发展为人工智能连接主义学派的代表。值得一提的是控制论思想对人工智能早期研究的影响。正如艾伦·纽厄尔（Allen Newell）和赫伯特·西蒙（Herbert Simon）在他们的优秀著作《人类问题求解》(*Human Problem Solving*) 的“历史补篇”中指出的那样，20世纪中叶人工智能的奠基者们在人工智能研究中出现了几股强有力的思潮。维纳、麦卡洛克和其他一些人提出的控制论和自组织系统的概念集中讨论了“局部简单”系统的宏观特性。

尤其重要的是，1948年维纳发表的《控制论：关于动物与机器中的控制与通信的科学》，不但开创了近代控制论，还为人工智能的控制论学派（即行为主义学派）树立了新的里程碑。

从上述情况可以看出，人工智能开拓者们在数理逻辑、计算本质、控制论、信息论、自动机理论、神经网络模型和电子计算机等方面做出的创造性贡献，奠定了人工智能发展的理论基础，孕育了人工智能的“胎儿”。

2. 形成时期（1956—1970年）

到20世纪50年代，人工智能已躁动于人类科技社会的“母胎”，即将“分娩”。1956年夏季，由年轻的美国数学家和计算机专家麦卡锡（McCarthy）、数学家和神经学家明斯基（Millsky）、IBM（International Business Machines Corporation）公司信息中心主任朗彻斯特（Lochester），以及贝尔实验室信息部数学家和信息学家香农（Shannon）共同发起，邀请IBM公司莫尔（More）和塞缪尔（Samuel）、MIT的塞尔夫里奇（Selfridge）和索罗蒙夫（Solomonff），以及兰德公司和CMU的纽厄尔和西蒙共十人，在美国的达特茅斯（Dartmouth）大学举办了一次长达两个月的研讨会，认真热烈地讨论用机器模拟人类智能的问题。会上，由麦卡锡提议正式使用“人工智能”这一术语。这是人类历史上第一次人工智能研讨会，标志着人工智能学科的诞生，具有十分重要的历史意义。这些从事数学、心理学、信息论、计算机科学和神经学研究的杰出年轻学者，后来绝大多数都成为著名的人工智能专家，为人工智能的发展做出了重要贡献。

最终把这些不同思想连接起来的是由查尔斯·巴贝奇（Charles Babbage）、艾伦·麦席森·图灵（Alan Mathison Turing）、约翰·冯·诺依曼（John von Neumann）和其他一些人所研制的计算机。在机器的应用可行之后不久，人们就开始试图编写程序以解决智力测验难题、数学定理和其他命题的自动证明，并实现了下棋，以及把文本从一种语言翻译成另一种语言等人类行为。这是第一批人工智能程序。

1965年，费根鲍姆（Feigenbaum）（被誉为“专家系统和知识工程之父”）所领导的研究小组开始研究专家系统，并于1968年成功研究出第一个专家系统DENDRAL，用于质谱仪分析有机化合物的分子结构。后来又开发出其他一些专家系统，为人工智能的应用研究做出了开创性贡献，如图3-10所示。

1969年，第一届国际人工智能联合会议（International Joint Conference on AI, IJCAI）的召开标志着人工智能作为一门独立学科登上国际学术舞台。此后，IJCAI每两年召开一次。1970年，《人工智能国际杂志》（*International Journal of AI*）创刊。这些事件对开展人工智能国际学术活动和交流、促进人

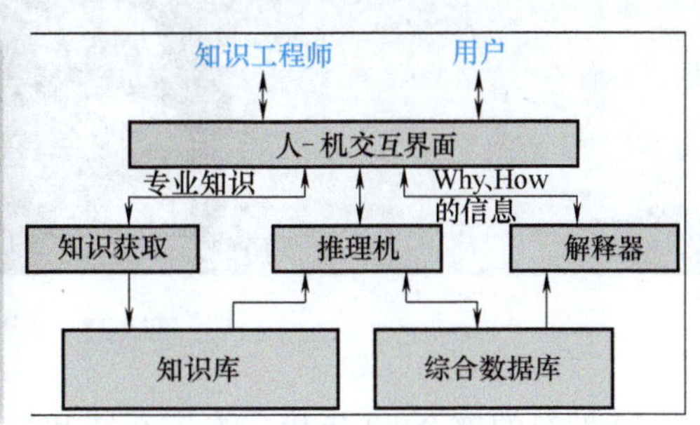

图3-10 专家系统

工智能的研究和发展起到了积极作用。

上述事件表明，人工智能经历了从诞生到成熟的热烈（形成）期，已成为一门独立学科，为人工智能建立了良好的环境，打下了进一步发展的重要基础。虽然人工智能在前进的道路上仍将面临不少困难和挑战，但是有了这个基础，人们就能迎接挑战，抓住机遇，推动人工智能不断向前发展。

3. 暗淡时期（1956—1970 年）

在形成期和后面的知识应用期之间，交叠地存在一个人工智能的暗淡（低潮）期。在取得“热烈”发展的同时，人工智能也遇到一些困难和问题。

由于一些人工智能研究者盲目乐观，同时，许多人工智能理论和方法未能得到通用化和推广应用，专家系统也尚未获得广泛开发。因此，人工智能的重要价值并未显现。追究其因，当时的人工智能主要存在下列三个局限性：

1）知识局限性。早期开发的人工智能程序包含太少的主题知识，甚至没有知识，而且只采用简单的句法处理。

2）解法局限性。人工智能试图解决的许多问题因其求解方法和步骤的局限性，往往使得设计的程序在实际上无法求得问题的解答。

3）结构局限性。当时认知生理学研究发现，人类大脑含有 1011 个以上的神经元，而人工智能系统或智能机器在现有技术条件下无法从结构上模拟大脑的功能。例如，1971 年英国剑桥大学数学家詹姆士（James）按照英国政府的要求，发表了一份关于人工智能的综合报告，声称“人工智能即使不是骗局，也是庸人自扰”。在这个报告的影响下，英国政府削减了人工智能研究经费，解散了人工智能研究机构。在人工智能的发源地——美国，连在人工智能研究方面颇有影响的 IBM，也被迫取消了该公司的所有人工智能研究。

4. 知识应用时期（1970—1988 年）

费根鲍姆研究小组自 1965 年开始研究专家系统，并于 1968 年成功研究出第一个专家系统 DENDRAL。1972—1976 年，他们又成功开发了医疗专家系统 MYCIN，用于抗生素药物治疗，如图 3-11 所示。此后，许多著名的专家系统，如斯坦福国际人工智能研究中心的杜达（Duda）开发的地质勘探专家系统 PROSPECTOR，拉特格尔大学开发的青光眼诊断治疗专家系统 CASNET，MIT 开发的符号积分和数学专家系统 MACSYMA，以及计算机结构设计专家系统 R_1、电话电缆维护专家系统 ACE 等被相继开发，为工况数据分析处理、医疗诊断、计算机设计、符号运算等提供了强有力的工具。

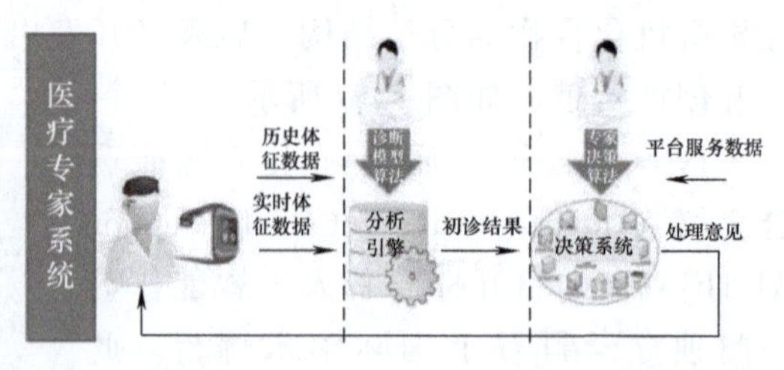

图 3-11　MYCIN 医疗专家系统

20 世纪的整个 80 年代，专家系统和知识工程在全世界得到迅速发展。例如，第一个成功应用的商用专家系统 R_1，1982 年开始在美国数字装备集团公司（DEC）运行，用于进行新计算机系统的结构设计，如图 3-12 所示。到 1986 年，R_1 每年为该公司节省 400 万美元。到 1988 年，DEC 公司的人工智能团队开发了 40 个专家系统。更有甚者，杜珀公司已使用 100 个专家系统，正在开发的专家系统有 500 个。几乎每个美国的大公司都拥有自己的人工智能小组，并应用专家系统或投资专家系统技术。20 世纪 80 年代，日本和西欧也争先恐后地投入对专家系统的智能计算机系统的开发，并应用于工业部门。

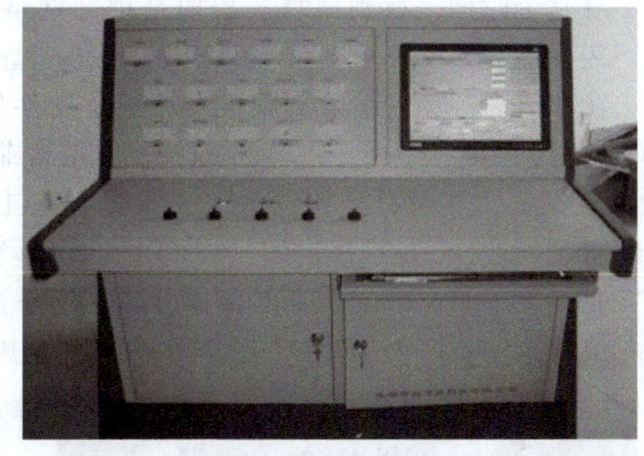
图 3-12　专家系统 R_1

5. 集成发展时期（1986 年至今）

到 20 世纪 80 年代后期，各个争相进行的智能计算机研究计划先后遇到严峻挑战和困难，无法实现其预期目标。这促使人工智能研究者们对已有的人工智能和专家系统思想和方法进行反思。已有的专家系统存在缺乏常识知识、应用领域狭窄、知识获取困难、推理机制单一、未能分布处理等问题。研究者们发现，这些困难反映出人工智能和知识工程的一些根本问题，如交互问题、扩展问题和体系问题等，都没有得到很好的解决，如图 3-13 所示。对存在问题的探讨和对基本观点的争论，有助于人工智能摆脱困境，迎来新的发展机遇。

a)

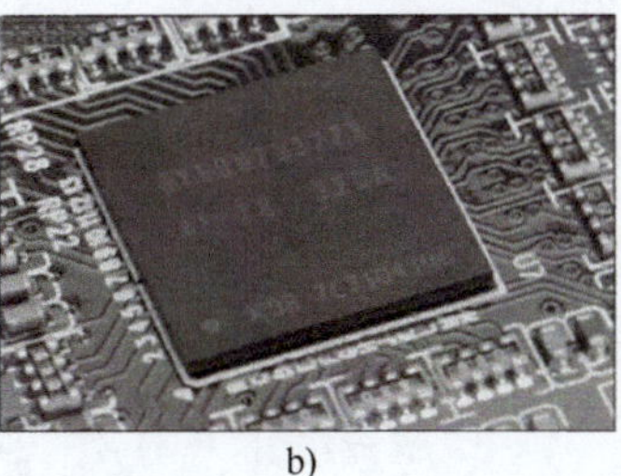
b)

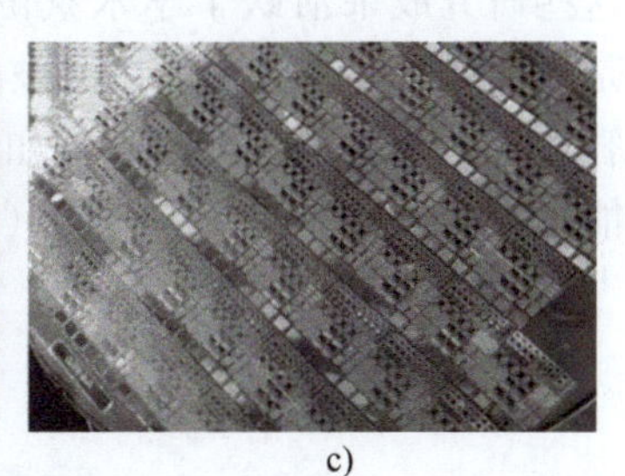
c)

图 3-13　人工智能和知识工程所面临的问题

a）交互问题　b）扩展问题　c）体系问题

20 世纪 80 年代后期以来，机器学习（图 3-14）、计算智能、人工神经网络和行为主义等研究的深入开展，不时形成高潮。不同人工智能学派间的争论推动了人工智能研究和应用的进一步发展。以数理逻辑为基础的符号主义，从命题逻辑到谓词逻辑再到多值逻辑，包括模糊逻辑和粗糙集理论，已为人工智能的形成和发展做出了历史性贡献，并已超出传统符号运算的范畴，表明符号主义在发展中不断寻找新的理论、方法和实现途径。

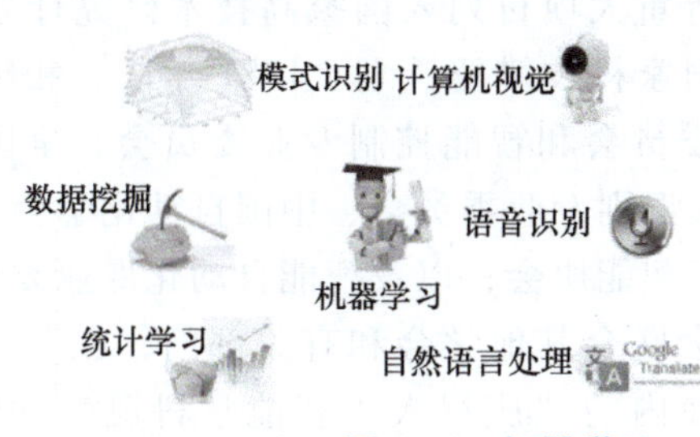

图 3-14　机器学习

在这个时期，特别值得一提的是神经网络的复兴和智能真体（Intelligent agent）的突起。麦卡洛克和皮茨于1943年提出的M-P模型，构造了一个表示大脑基本组成的神经元模型。由于当时神经网络的局限性，特别是硬件集成技术的局限性，使人工神经网络研究在20世纪70年代进入低潮。直到1982年霍普菲尔德（Hopfield）提出离散神经网络模型，1984年又提出连续神经网络模型，促进了人工神经网络（图3-15）研究的复兴。布赖森（Bryson）和何（He）提出的反向传播（BP）算法，以及鲁梅尔哈特（Rumelhart）和麦克莱伦德（McClelland）于1986年提出的并行分布处理（PDP）理论是人工神经网络研究复兴的真正推动力，人工神经网络再次出现研究热潮。

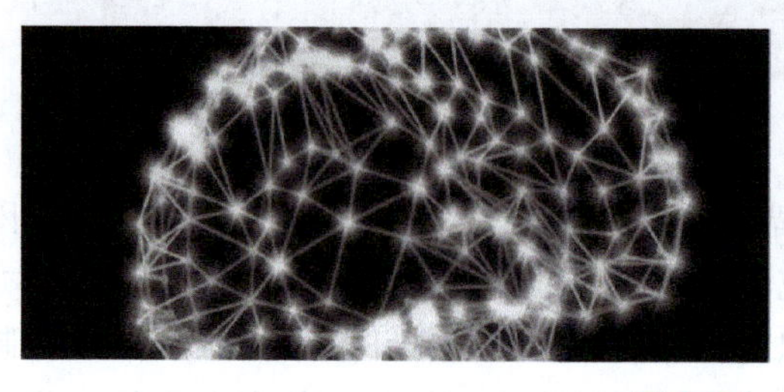
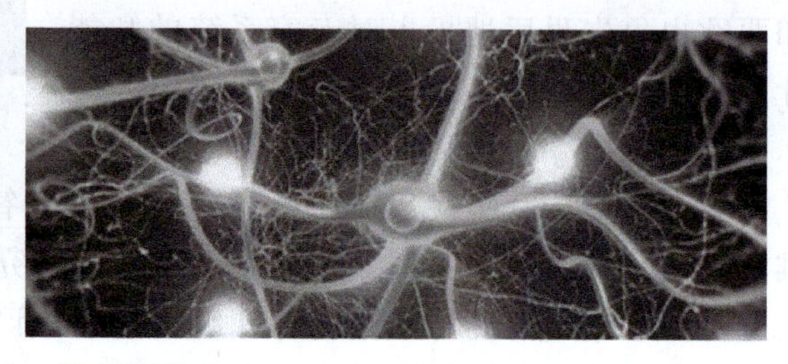

图3-15 人工神经网络

一种称为超限学习（Extreme Learning）的机器学习方法在近几年得到越来越多的应用。这些研究成果活跃了学术氛围，推动了机器学习的发展。智能真体（以前称为智能主体）是20世纪90年代随着网络技术特别是计算机网络通信技术的发展而兴起的，并发展为人工智能又一个新的研究热点，如图3-16所示。人工智能的目标就是要建造能够表现出一定智能行为的真体，因此，真体（Agent）应是人工智能的一个核心问题。

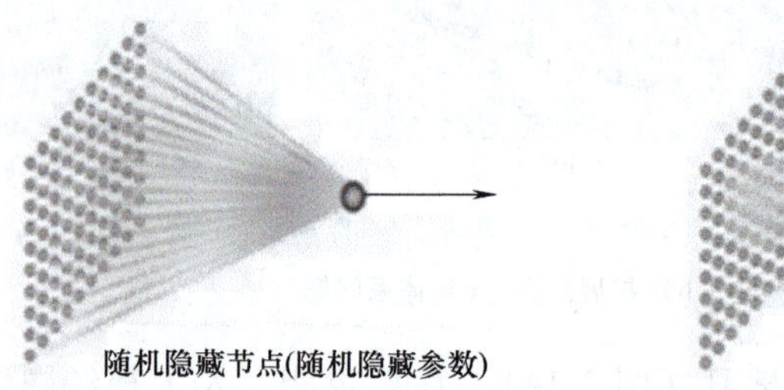

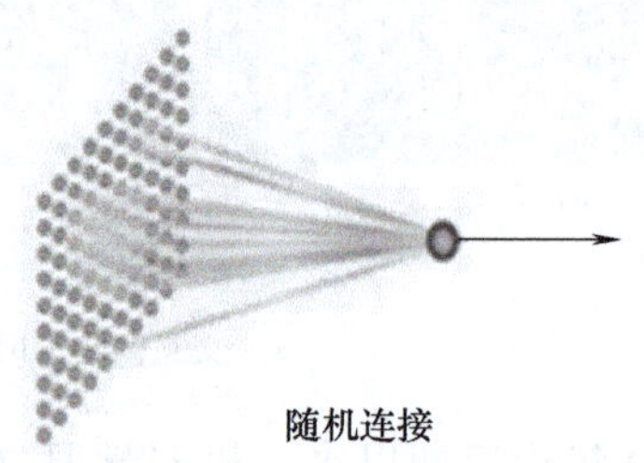

图3-16 智能真体

我国的人工智能研究起步较晚。纳入国家计划的研究（智能模拟）始于1978年；1984年召开了智能计算机及其系统的全国学术讨论会；1986年起把智能计算机系统、智能机器人和智能信息处理（含模式识别）等重大项目列入国家高技术研究计划；1993年起，又把智能控制和智能自动化等项目列入国家科技攀登计划。1981年起，相继成立了中国人工智能学会CCA AI及智能机器人专业委员会和智能控制专业委员会、全国高校人工智能研究会、中国计算机学会人工智能与模式识别专业委员会、中国自动化学会模式识别与机器智能专业委员会、中同软件行业协会人工智能协会，以及智能自动化专业委员会等学术团体。

2006年8月，中国人工智能学会联合其他学会和有关部门，在北京举办了包括人工智能国际会议和中国象棋人机大战等在内的“庆祝人工智能学科诞生50周年”大型庆祝活动。2016年4月又在北京举行全球人工智能技术大会暨人工智能60周年纪念活动启动仪式。2009年，中国人工智能学会牵头组织，向国家学位委员会和国家教育部提出设置智能科学与技术学位授权一级学科的建议，为我国人工智能和智能科学学科建设不遗余力，意义深远。2015年在我国最热门的话题和产业应该是机器人学，我国机器人学的热潮推动了世界机器人产业的新一轮竞争与发展。1978年，吴文俊院士提出了关于几何定理证明的“吴方法”，已在国际上产生了重大影响，并因此荣获2000年国家最高科学技术奖。现在，我国已有数以万计的科技人员和大学师生从事不同层次的人工智能研究与学习。人工智能研究已在我国深入开展，它必将为促进其他学科的发展和我国的现代化建设做出新的重大贡献。

3.3 人工智能的主要技术及应用

3.3.1 深度学习

1. 深度学习的基础理论知识

深度学习（Deep Learning,DL）是机器学习的一个新兴分支，最早由Hinton等人在2006年提出。深度学习是一种基于多层神经网络的机器学习方法，通过构建多层次的神经网络结构来有效地提取数据的高层次特征，并实现复杂的学习任务，本质上是一种更为复杂的机器学习算法。深度学习的基本思想是利用样本数据训练得到信息，进一步研究其内在规律和表现层次，从而对文字、图片和声音等数据进行解释，使机器具备类似人脑的学习、分析能力。作为机器学习算法中最热的一个分支，深度学习的进步十分显著，已经取代了大部分传统的机器学习算法。常见的深度学习模型包括卷积神经网络（CNN）、循环神经网络（RNN）和生成对抗网络（GAN）等，其中，卷积神经网络是当今最流行的深度学习算法之一，与传统的前馈神经网络相比，CNN具有权值共享和稀疏连接的特点，在降低了网络复杂度的同时提升了网络的性能。

卷积神经网络（Convolutional Neural Network,CNN）的基本原理与人视觉系统处理图像信息的过程类似，即通过逐层分级的方式感知外界信息。人由瞳孔摄入原始像素信息，经由大脑皮层细胞处理获取物体边缘和方向等信息，然后大脑对物体基本形状给出判定，最后逐步抽象并判定物体的类别。同样卷积神经网络也是以逐层分级的方式提取特征，首先通过浅层卷积初步获取图像边、角等局部信息，然后通过多层网络连接，逐步抽象出高级特征，最后通过全连接层输出相应结果。卷积神经网络主要由卷积层、激活函数、池化层和全连接层构成，如图3-17所示。

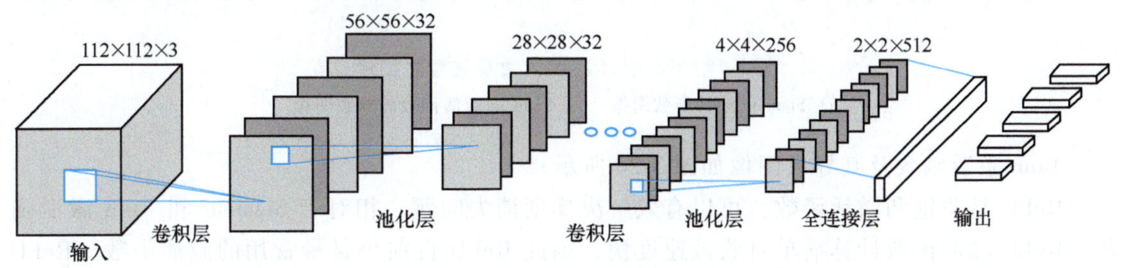

图3-17 卷积神经网络基本结构

1）卷积层是卷积神经网络的核心部分，主要由一组参数可学习的卷积核组成。卷积神经网络中绝大部分计算工作在卷积层中进行，因此在卷积层中引入局部连接和权值共享策略，可以降低模型复杂度，提升模型训练效率。此外，卷积层中局部空间连接的方式，使得CNN能够有效地保留输入的空间位置特征，增强其对翻转、旋转和位置变换等的鲁棒性。卷积过程一般为：首先设定卷积核尺寸、个数、滑动步长和填充机制；然后沿输入长、宽方向逐步滑动卷积核，遍历输入空间获得相应特征图；最后将特征图堆叠得到相应输出。卷积过程如图3-18所示。

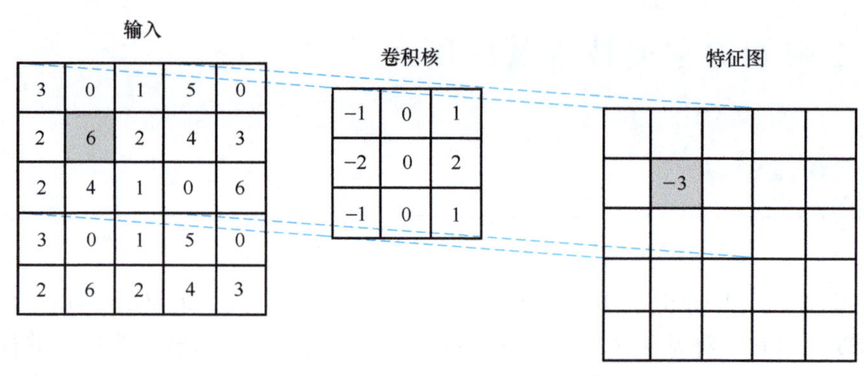

图3-18 卷积过程

2）卷积本身是一种线性变换，多层线性变换的累积仍然是线性变换，而简单的线性变换难以有效拟合复杂的映射关系。因此，卷积后面需要接入激活函数这种非线性变换，以增强模型的表达能力。激活函数一般是计算简单的可微非线性函数。常用激活函数如Sigmoid函数、双曲正切（Hyperbolic Tangent，Tanh）函数和线性整流（Rectified Linear Unit，ReLU）函数等，其中Sigmoid和Tanh为饱和激活函数，即当输入值超过一定限制后，输出为一个恒定数，容易导致梯度消失。Sigmoid激活函数及其导数图像如图3-19所示。

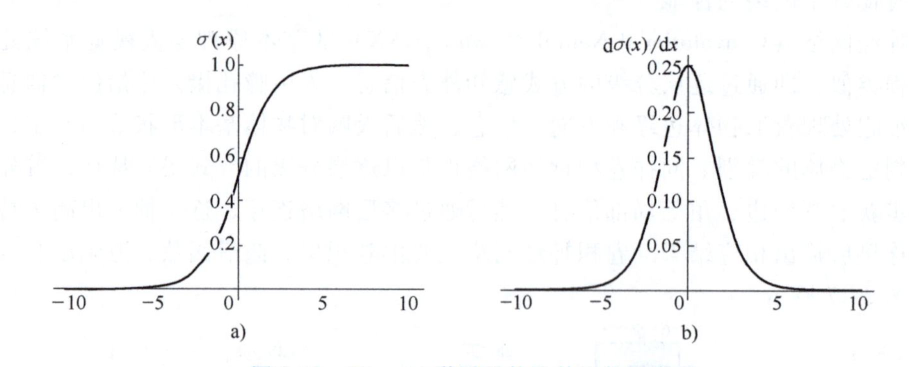

图3-19 Sigmoid激活函数及其导数图像

a）Sigmoid激活函数图像 b）Sigmoid激活函数的导数图像

Tanh激活函数及其导数图像如图3-20所示。

ReLU是非饱和激活函数，可以有效解决梯度消失问题。相对于Sigmoid和Tanh激活函数，ReLU激活函数计算简单且收敛速度快，因此ReLU目前仍是最常用的激活函数。ReLU激活函数及其导数图像如图3-21所示。

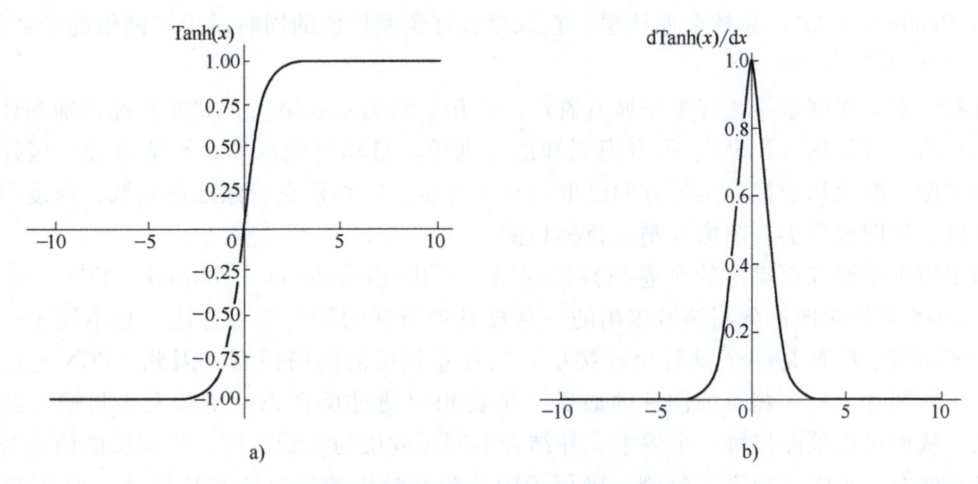

图 3-20　Tanh 激活函数及其导数图像

a）Tanh 激活函数图像　b）Tanh 激活函数的导数图像

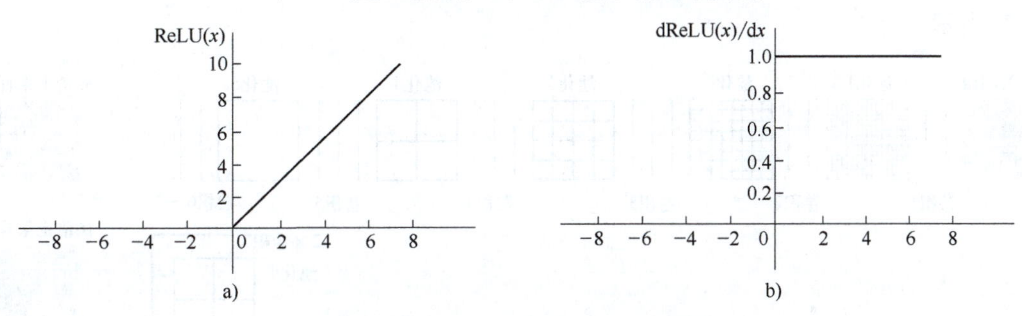

图 3-21　ReLU 激活函数及其导数图像

a）ReLU 激活函数图像　b）ReLU 激活函数的导数图像

3）卷积层的作用是对上一层特征进行局部感知，池化层的作用则是在语义上把相似的特征合并起来。池化层通过下采样操作能够降低特征维度，减少过拟合现象。常用的池化方式有平均池化（Average Pooling）和最大池化（Max Pooling）。最大池化如图 3-22 所示。

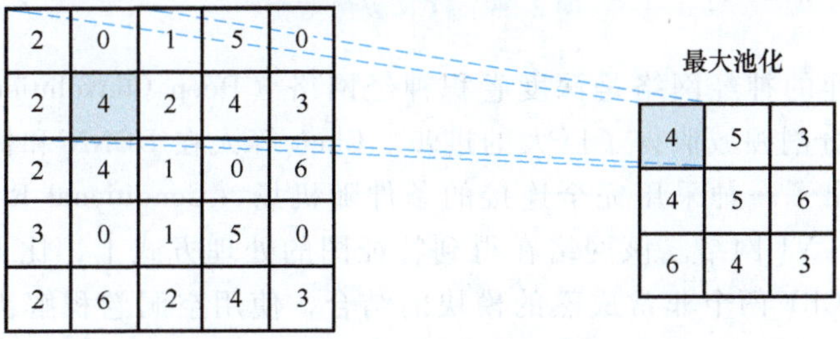

2	0	1	5	0
2	4	2	4	3
2	4	1	0	6
3	0	1	5	0
2	6	2	4	3

最大池化

4	5	3
4	5	6
6	4	3

图 3-22　对 5×5 的输出进行最大池化

4）卷积神经网络最后一般会接一个全连接层（Fully Connected Layers，FC）。全连接层在整个卷积神经网络中起到分类器的作用，通过将卷积输出的二维特征图转化为一维向量，将卷积层、池化层、激活函数层学习到的分布特征表示映射到样本标记空间。全连接层中每一个顶点都与上一层中每一个顶点相连，这使得全连接层的参数量极大，甚至能够占到整个卷积网络训练参数的 80%。针对这一问题，ResNet 等网络中使用全局平均池化（Global

Average Pooling，GAP）代替全连接层，在取得较好预测性能的同时减少了网络的参数量。

2. 深度学习的应用

近些年来，深度学习在许多领域有着广泛应用，潜力不断增长，其在图像识别和计算机视觉、自然语言处理（NLP）、语音识别和语音助手、自动驾驶汽车、智能推荐、医疗保健和医学成像、游戏和虚拟现实等方向已取得很大进步。特别是在图像处理领域，深度学习取得了突破，如图像分类、图像分割、目标检测等。

基于仿生学原理而提出的全卷积神经网络（Fully Convolutional Network，FCN）是 Long 等人于 2015 年针对图像分割领域提出的一种极具创新性的深度学习方法。它不同于一般的卷积神经网络，FCN 是一个没有全连接层，只有卷积层的网络模型。因此，FCN 允许输入任意大小的图片。FCN 将特征图片的最后一个卷积层通过反卷积，使其大小与输入特征图片一致，从而可以预测出每一个像素，并结合不同深度层的跳跃结构，将深层的信息与浅层的信息相融合，最终实现语义分割，确保了图片分割结果的稳定性和精确性。但是 FCN 网络模型的分割结果不够细致，并且对像素间的依赖关系考虑得不够充分。FCN 网络结构如图 3-23 所示。

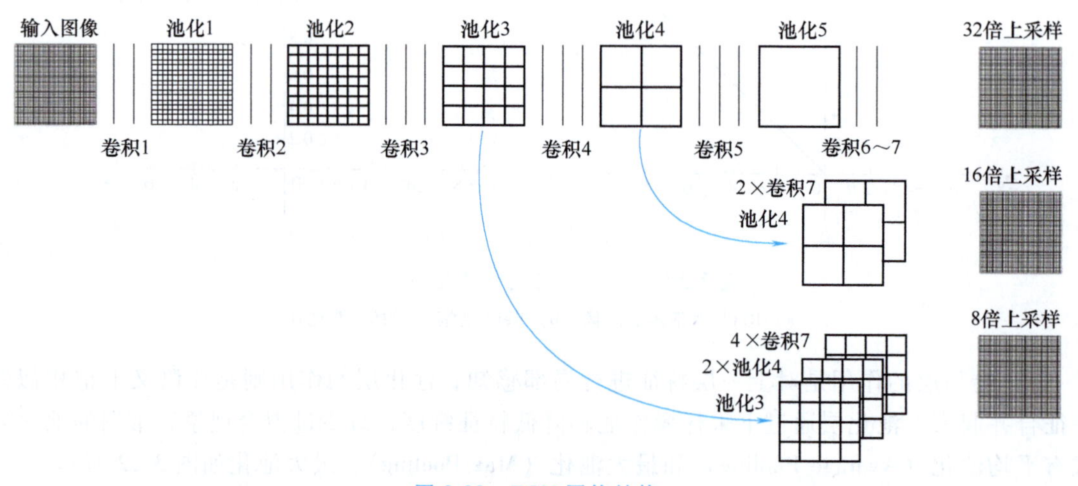

图 3-23　FCN 网络结构

目前，最受欢迎的神经网络是深度卷积神经网络（Deep Convolutional Neural Network，DCNN），它在图像分割领域取得了巨大的进步。Chen 等人在 DCNN 和概率图模型（Dense CRF）的基础上提出了一种采用完全连接的条件随机场（Conditional Random Field，CRF）模型，称为 DeepLab V1 网络。该网络在得到特征图的处理方式上，比 FCN 处理得更加细致，它是 DCNN 和 CRF 两个非常成熟的模块的结合，使用空洞卷积解决了下采样的问题，并使用概率图模型解决了空间不变性的问题。在发表了 DeepLab V1 版本后，Chen 等人很快又提出了 DeepLab V2 版本。不同于 DeepLab V1 网络的是，DeepLab V2 网络提出了一个语义分割中存在的巨大挑战，即图像中存在多尺度的特征目标。该网络主要利用不同规模大小的输入和多孔空间金字塔池化（Atrous Spatial Pyramid Pooling，ASPP）来提高分割效果。多孔空间金字塔是指用空洞卷积代替最后几个最大池化层中的下采样，从而使分割后的图像性能大幅提升。DeepLab V2 使用空洞卷积替代下采样，能够得到更高像素的特征图像，又使用 ASPP 模块替代了原来的图像预处理方式，使输入能够接受多尺度的图像，最后使用全连接的 CRF 模型，对分类后的局部特征进行了优化。2017 年，Chen 等人再次提出 DeepLab V3 网络，其创新之处在于采用了串行和并行的带孔卷积模块，能够有效地获取多尺度信息，并对 ASPP 模块进行了优化，引入了多个批量标准化层（Batch Normalization Layers,BN），从而显著提升了分割的性能。以上基于深度学习的图像分割算法已经在图像分割领域取得重大突破。相比于传统算法，基于深度学习的图像分割算法更能满足人们的需求，也是未来研究的重点。

3.3.2 机器学习

1. 机器学习的基础理论知识

机器学习（Machine Learning,ML）是一种人工智能的核心，涉及概率论、统计学、逼近论、凸分析、算法复杂度理论等多门学科，旨在让计算机从数据中自动学习模式，并使用这些模式来预测新数据的结果，重新组织已有的知识结构从而不断改善自身的性能。相对于传统机器学习利用经验改善系统自身的性能，现在的机器学习更多是利用数据改善系统自身的性能。基于数据的机器学习是现代智能技术中的重要方法之一，它从观测数据（样本）出发寻找规律，利用这些规律对未来数据或无法观测的数据进行预测。简而言之，机器学习通过使用算法和数学模型来分析和处理数据，并从数据中提取特征和模式，以便进行预测和决策。机器学习的发展历程如图 3-24 所示，可以分为三个阶段。

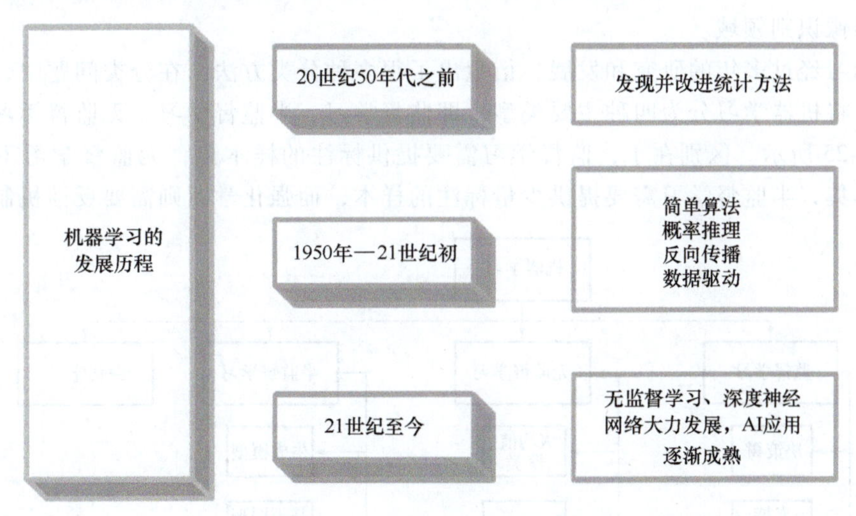

图 3-24 机器学习的发展历程

第一阶段：这个时期主要研究“有无知识的学习”。这类方法主要是研究系统的执行能力，主要通过对机器的环境及其相应性能参数的改变来检测系统所反馈的数据，就好比给系统一个程序，通过改变它们的自由空间作用，系统将会受到程序的影响而改变自身的组织，最后这个系统将会选择一个最优的环境生存。在这个时期最具有代表性的研究就是 Samuet 的下棋程序。但这种机器学习的方法还远远不能满足人们的需要。

第二阶段：人们从学习单个概念扩展到学习多个概念，探索不同的学习策略和学习方法，且在本阶段已开始把学习系统与各种应用结合起来，并取得很大的成功。同时，专家系统在知识获取方面的需求也极大地刺激了机器学习的研究和发展。在出现第一个专家学习系统之后，示例归纳学习系统成为研究的主流，自动获取知识成为机器学习应用的研究目标。1980 年，在美国卡内基梅隆（CMU）召开的第一届机器学习国际研讨会，标志着机器学习研究在全世界兴起。此后，机器学习开始得到大量的应用。1984 年，Simon 等 20 多位人工智能专家共同撰文编写的 *Machine Learning* 文集第二卷出版，国际性杂志 *Machine Learning* 创刊，更加显示出机器学习突飞猛进的发展趋势。这一阶段代表性的工作有 Mostow 的指导式学习、Lenat 的数学概念发现程序、Langley 的 BACON 程序及其改进程序。

第三阶段：机器学习是研究怎样使用计算机模拟或实现人类学习活动的科学，是人工智能中最具智能特征、最前沿的研究领域之一。自 20 世纪 80 年代以来，机器学习作为实现人工智能的途径，在人工智能界引起了广泛的兴趣，特别是近十几年来，机器学习领域的研究工作发展很快，它已成为人工智能的重要课题之一。机器学习不仅在基于知识的系统中得到应用，在自然语言理解、非单调推理、机器视觉、模式识别等许多领域也得到了广泛应用。一个系统是否具有学习能力已成为是否具有“智能”的一个标志。机器学习的研究主要分为两类：第一类是传统机器学习的研究，该类研究主要是研究学习机制，注重探索模拟人的学习机制；第二类是大数据环境下机器学习的研究，该类研究主要是研究如何有效利用信息，注重从巨量数据中获取隐藏的、有效的、可理解的知识。机器学习历经 70 年的曲折发展，以深度学习为代表借鉴人脑的多分层结构，神经元的连接交互、信息的逐层分析处理机制，自适应、自学习的强大并行信息处理能力，在很多方面收获了突破性进展，其中最有代表性的是图像识别领域。

机器学习经过多年的研究和发展，衍生出了很多种分类方法。在分类问题中，根据学习模式不同，将机器学习分为四种主要类型，即监督学习、半监督学习、无监督学习和强化学习，如图 3-25 所示。区别在于，监督学习需要提供标注的样本集，无监督学习不需要提供标注的样本集，半监督学习需要提供少量标注的样本，而强化学习则需要反馈机制。

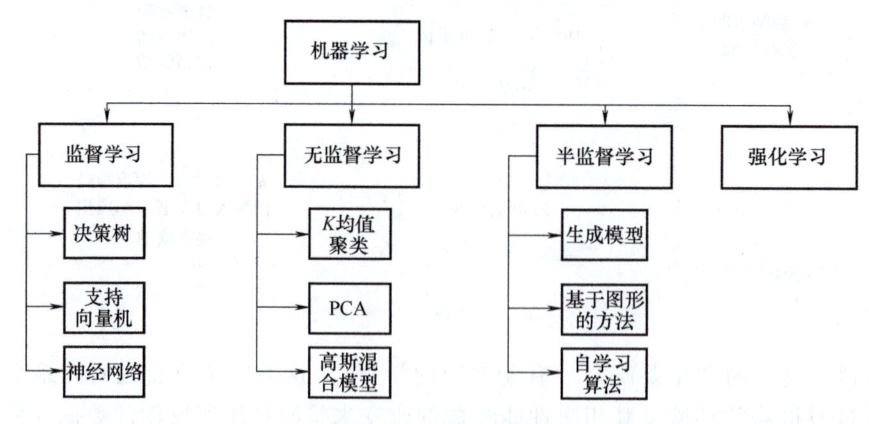

图 3-25 机器学习分类

监督学习主要用于回归和分类。监督学习有一个输入变量 P 和输出变量 Q。在分类问题中，数据被分为训练集和测试集，并且训练集中的样本需要依靠人工或机器来对其做标注处理，监督学习从有标签的训练数据中假设一个算法函数，从输入变量出发，研究 $Q=f(P)$ 的映射函数。然后对某个给定的新数据利用模型来判断它的标签。如经典的西瓜数据集，共有两个标签，即西瓜的好与坏，数据集中的每一个样本对应着两个标签中的任意一个。如果数据分类标签精确度够高，那么训练得到模型的准确度就越高，识别结果就越精确，所以监督学习对数据的质量要求很高。

无监督学习是机器学习的另一种方法，它不依赖于带标签的训练数据，而是尝试从输入数据中学习隐藏的模式和结构。在无监督学习中，算法会尝试探索数据中的相似性和差异性，从而执行诸如聚类、降维、异常检测等任务。典型的无监督学习算法包括聚类、主成分分析等。

半监督学习算法融合了监督学习和无监督学习算法的优势。该方法的核心思想是同时利用标记数据和大量未标记数据来训练模型，以提高模型的泛化能力和识别性能。相对于有监督学习而言，半监督学习可以利用更多的数据进行训练来提高模型性能，从而减少数据标注的成本。同时，相对于无监督学习，半监督学习可以使用少量的标记数据来指导模型学习，从而提高模型的性能。这种方法在许多领域（如文本分类、图像分类、视频分析等）都得到了广泛的应用。

作为一种机器学习方法，强化学习（Reinforcement Learning）在人工智能领域扮演着重要的角色。它涉及一个智能体（Agent）与环境（Environment）的交互。在这种交互中，智能体通过执行某些动作来影响环境，并通过从环境中接收反馈信号来学习如何最大化长期累积的奖励（Reward）。强化学习主要用于解决那些目标不确定或者没有明确的监督信号的任务，如棋类游戏、机器人控制和自然语言处理等。其与传统的监督学习和无监督学习不同，因为它不是在训练数据上进行学习，而是在与环境的交互过程中进行学习。强化学习是近年来受到广泛关注的研究方向之一，被认为是实现人工智能的重要途径之一。

2. 机器学习的应用

机器学习的发展不仅得益于科学技术的发展，更加得益于时代的进步。在互联网时代，每天产生无数的信息数据，对这些数据视而不见无疑是一种资源的浪费，将这些数据送给机器学习模型进行学习，有助于发现现实中数据的分布规律，从而帮助管理人员制订生产计划等。具体的，在公共卫生、金融业、智能交通、智能制造、自动驾驶汽车等领域，机器学习开展了许多探索，取得了较大的进步。

在公共卫生领域，机器学习在大规模公共卫生数据集的分析中具有独特的优势，可以用来预测疾病的发展趋势。Berke 等以加拿大安大略省 2005—2016 年的隐孢子虫病发病数据为训练集，采用季节性自回归滑动平均模型（SARIMA）和人工神经网络（ANN）方法预测 2017 年安大略省隐孢子虫病的月度发病率，发现 SARIMA 模型和 ANN 方法很好地捕捉到了隐孢子虫病的季节规律。以上研究表明，在流行病学研究方面，相比传统的统计方法，机器学习算法具有更高的准确度。机器学习还可以通过对大量医疗数据的分析和建模，发现高危人群。Ryu 等将 1324 名自杀未遂者和 1330 名非自杀未遂者分为训练集和测试集，在训练集中通过递归特征消除和 10 倍交叉验证对随机森林模型进行训练，并将拟合的模型用于预测测试集中的自杀企图者，测试准确率为 88.9%。Xu 等使用 2015—2018 年在墨尔本性健康中心进行 HIV 和 STL 检测的诊所咨询病例资料作为开发数据集，开发了 34 种机器学习模型，用于评估感染 HIV、梅毒、淋病和衣原体的风险，并创建了一个名为 MySTRisk 的风险预测工具，通过一份简单的自填式问卷就可以准确地预测门诊就诊者感染 HIV 和 STL 的风险，便于临床医生或公共卫生工作者识别高风险个体，以进行进一步干预。因此，机器学习利用网络大数据加强公共卫生监测，相较于传统的人工统计方法更加高效、准确。还可以通过改变算法来适应不同的情况，从而提高数据的准确性和可靠性。

在智能推荐领域，机器学习的盛行也为推荐算法的发展指明了新的方向，目前各种神经网络、自然语言处理，以及知识图谱等技术已经被运用到推荐算法领域。向志华等人针对短视频推荐的广告与视频内容无关而导致的投放收益低和用户体验差的问题，提出了一种基于机器学习的图片检测与内容推荐算法，基于相似度计算的关键帧提取算法从短视频中提取出关键帧，使用 Faster R-CNN 物体检测框架实时检测关键帧中包含的物品，并根据用户偏好的广告推荐算法实时更新用户的偏好权重。Yu 等人的研究主要针对社交推荐领域中的高阶协作信号的问题，提出了一种基于图神经网络的新型社交推荐模型。该模型采用 GNN 框架，通过递归聚合用户-项目交互图和社交网络图上的多跳邻域信息，捕获用户和项目的高阶协作信号。这种方法可以明确注入隐藏在交互图和社交网络图中的协作信号，从而提高推荐模型的准确性和效率。此外，他们还简化了该模型的训练过程，并采用轻量级 GNN 框架来缓解过度拟合的问题，提高模型的泛化性能。这项研究对于解决社交推荐领域中的重要问题具有重要意义，可为开发更准确和高效的社交推荐系统提供有力支持。Tang 等人提出了一种基于云模型的反向传播神经网络推荐算法。首先，该算法使用云模型定性和定量转换方法来处理用户评级，这为用户生成了多个云预测值，这些值构成了云层。然后，云层加入神经网络，可以提高评级预测的准确性，填写缺少的评分矩阵值，并生成目标用户的推荐列表。

3.3.3 计算机视觉

1. 计算机视觉的基础理论知识

计算机视觉（Computer Vision，CV）是一门研究如何使机器“看”的科学，更进一步，就是指用摄影机和计算机代替人眼对目标进行识别、跟踪和测量等，并进一步做图像处理，利用计算机处理成为更适合人眼观察或传送给仪器检测的图像。作为一门科学学科，计算机视觉研究相关的理论和技术，试图建立能够从图像或者多维数据中获取信息的人工智能系统。因为感知可以看作从感官信号中提取信息，所以计算机视觉也可以看作是研究如何使人工系统从图像或多维数据中“感知”的科学。计算机视觉就是用各种成像系统代替视觉器官作为输入敏感手段，由计算机来代替大脑完成处理和解释。

计算机视觉的最终研究目标就是使计算机能像人那样通过视觉观察和理解世界，具有自主适应环境的能力，这是要经过长期的努力才能达到的目标。因此，在实现最终目标以前，人们努力的中期目标是建立一种视觉系统，这个系统能依据视觉敏感和反馈的某种程度的智能完成一定的任务。例如，计算机视觉的一个重要应用领域就是自主车辆的视觉导航，还没有条件实现像人那样能识别和理解任何环境，完成自主导航的系统，因此，人们努力的研究目标是实现在高速公路上具有道路跟踪能力，可避免与前方车辆碰撞的视觉辅助驾驶系统。这里要指出的一点是在计算机视觉系统中计算机起代替人脑的作用，但并不意味着计算机必须按人类视觉的方法完成视觉信息的处理。计算机视觉可以而且应该根据计算机系统的特点来进行视觉信息的处理。但是，人类视觉系统是迄今为止，人们所知道的功能最强大和完善的视觉系统，对人类视觉处理机制的研究将给计算机视觉的研究提供启发和指导。

计算机视觉研究涵盖了数字图像处理、模式识别和机器学习等多个技术领域。计算机视觉领域的发展历程可以划分为五个主要阶段。自20世纪60年代初期开始，计算机视觉领域主要研究图像的基本属性，如图像增强、滤波、边缘检测和特征提取等。这个阶段的主要技术包括Sobel算子、拉普拉斯算子和Canny边缘检测等，研究者们通过识别和分析图像中的低级特征处理简单的计算机视觉任务。20世纪70年代，计算机视觉领域开始研究从图像中提取复杂的信息，以识别出纹理和形状等高级特征，并利用这些特征进行物体识别和分类。这个阶段的方法包括基于模式匹配、基于特征，以及结合几何和拓扑信息的方法等。20世纪80年代，计算机视觉领域研究重点转向物体的三维表示和建模，如物体的位置、大小、姿态等。一系列几何和视觉建模技术在这一时期出现，如立体匹配、光流估计、视差图计算和结构光等，这些技术有助于从二维图像中恢复三维场景信息。20世纪90年代，计算机视觉领域开始利用机器学习方法进行图像处理和分析。研究者们利用数据驱动的方法来学习图像中的模式和结构，以提高物体识别、分类和检测等任务的性能。这个阶段的技术包括支持向量机、人工神经网络、贝叶斯网络和决策树等。21世纪以来，深度学习技术的发展为计算机视觉领域引入了数据处理性能强大的DNN。现代DNN的进步使得计算机视觉在诸如图像分类、图像生成、图像预测和目标检测等任务上取得了革命性的成果。

DNN是一种由多层神经元构成的模型，它能学习和表示复杂的非线性映射关系。DNN的发展起始于20世纪60年代，初期的模型，如感知器模型，被用于处理简单的模式识别任务。然而，感知器模型只能处理线性可分的数据，对非线性问题的解决能力有限。20世纪80年代—90年代，研究者们在感知器模型的基础上发展了一些新的模型，这些模型能够处理更复杂的非线性问题。由于当时数据量和硬件算力的限制，这些模型的发展速度缓慢。自20世纪末以来，大规模数据集的不断涌现及计算机性能的巨大提升，推动了ANN向DNN急速进化。在这一进程中，涌现出了一系列具有里程碑意义的深度学习模型，包括深度信念网络（Deep Belief Networks）、卷积神经网络、循环神经网络（Recurrent Neural Network，RNN），以及长短时记忆网络（Long Short-Term Memory，LSTM）等。2012年，由Krizhevsky等人研发的一种名为AlexNet的DNN在ImageNet图像分类竞赛中实现了突破性的进展，引发了学术界和工业界对DNN的广泛关注。此后，DNN在计算机视觉领域的应用迅速普及，成为该领域的核心技术手段，有效解决了众多复杂的计算机视觉任务，推动了计算机视觉技术的应用普及。

近年来，基于DNN的计算机视觉技术在科学研究和技术实践中得到了高速推广，随着其应用需求的与日俱增，如何高效构建和优化DNN成为计算机视觉领域一个重要的研究议题。多年来，DNN的设计通常由研究者们通过反复尝试和验证来完成，这种人工设计DNN架构的方式依赖大量的专业知识和实践经验。一般而言，单次DNN人工设计实验首先选择合适的架构类型以应对目标任务，然后根据任务数据集的规模和计算资源的限制来确定DNN架构的层数和参数，最后训练并验证DNN的性能。人工设计DNN架构往往需要多次尝试并验证不同的设计方案，该过程耗费大量的时间和精力，尤其是在处理大规模的数据集和高维度特征的情况下。此外，人工设计的DNN受到人类认知和想象力的限制，因而可能无法充分挖掘目标任务数据集中的潜在模式和规律。为了克服DNN人工设计方式的低效性和局限性，研究者们开始探索自动设计和优化DNN的方法，由此开启了现代神经架构搜索方法的研究。神经架构搜索方法可以大幅降低DNN设计所需的人力和时间成本，且其设计范式可以突破人工思维的限制。神经架构搜索研究可以追溯到20世纪80年代末，受限于当时的硬件算力和ANN的性能，该领域并未获得持续的发展。近几年，得益于深度学习技术的大规模应用和硬件算力的显著提升，神经架构搜索研究得到了广泛的关注和快速发展，进一步发挥了神经架构搜索在计算机视觉领域的潜力，推动了计算机视觉技术的应用普及。

2. 计算机视觉的应用

计算机视觉领域研究的核心目标是让计算机高效分析与处理图像和视频数据中的内容与语义，进而根据内容和语义做出自主决策。计算机视觉领域涵盖诸多研究方向，涉及多种技术路径。其中，图像分类旨在让计算机自动辨别图像中的物体和场景等。图像分类技术已成熟应用于人脸识别、车牌识别和图像搜索等，且在工业质量检测和无人机侦察等领域中拥有广泛的应用前景。图像生成旨在让计算机自动生成特定场景的拟真图像。图像生成技术在游戏、电影、建筑、医学等领域有着广泛的应用前景，例如，创建虚拟现实环境、生成艺术作品、重构建筑设计，以及修复医学影像等。图像预测旨在让计算机自动预测图像序列的后续图像。图像预测技术在视频压缩、视频增强和自动驾驶等应用场景中发挥着重要作用；此外，该技术也可为天气预报、运动分析和医学诊断等领域提供数据分析支持。目标检测旨在让计算机自动检测图像或视频中目标物体的类别和位置。目标检测技术在视频监控和机器人导航等应用场景中发挥着重要作用，为智能交通和工业自动化等领域带来了新的发展机遇。除了上述研究方向，计算机视觉领域还涉及语义分割、立体视觉和姿态估计等。计算机视觉领域的研究为各行各业提供了强大的技术支持，推动了信息技术的发展革新和应用普及。

3.3.4 自然语言处理

1. 自然语言处理的基本理论知识

自然语言处理（Natural Language Processing, NLP）作为一门交叉学科，涉及计算机科学、人工智能、语言学等领域，旨在让计算机能够理解、处理和生成人类语言。这一技术的目标是实现对语言的深层次理解，使计算机能够像人类一样有效地处理和分析大量的自然语言数据，从而实现与人类进行自然对话的功能。通过自然语言处理技术，可以实现机器翻译、问答系统、情感分析、文本摘要等多种应用。随着深度学习技术的发展，人工神经网络和其他机器学习方法已经在自然语言处理领域取得了重要的进展。未来的发展方向包括更深入的语义理解、更好的对话系统、更广泛的跨语言处理和更强大的迁移学习技术。

自然语言处理的发展可追溯到20世纪50年代，当时计算机科学家开始尝试通过计算机程序来实现对自然语言的理解和生成。早期研究主要关注规则和基于知识的方法，如编写语法规则和词典来进行句子分析。20世纪80年代，随着计算能力的提高和大量语料库的出现，统计方法在自然语言处理领域逐渐占据主导地位。这一时期，许多基于统计的机器翻译、分词、词性标注等方法相继出现。进入21世纪，尤其是近10年来，深度学习技术的发展极大地推动了自然语言处理的进步。基于深度神经网络的模型，如循环神经网络（RNN）、长短时记忆网络（LSTM）和Transformer等，大大提高了自然语言处理的效率和准确性。在国内，自然语言处理研究和产业发展也取得了丰硕的成果。目前，国内的自然语言处理研究机构和企业有很多，如中国科学院计算技术研究所、清华大学、百度、腾讯等，其中百度的ERNIE、阿里巴巴的BERT等预训练模型在多种中文自然语言处理任务上表现出色。同时，许多国内公司也已经将自然语言处理技术应用于智能客服、搜索引擎、推荐系统等场景。在国际上，谷歌、Facebook、OpenAI 等科技巨头在自然语言处理领域也取得了一系列重要的突破。

自然语言处理的底层原理涉及多个层面，包括语言学、计算机科学和统计学等。它涉及对语言的结构、语义、语法和语用等方面的研究，以及对大规模语料库的统计分析和模型建立。在具体实现过程中，需要对自然语言进行多个层次的处理，主要包括语言模型、词向量表示和语义分析，以及深度学习三个方面：

1）语言模型。语言模型是自然语言处理中最重要的概念之一，它用于计算给定文本序列的概率。语言模型可以基于规则、统计或深度学习等方法构建。在语言模型中，通常会使用一些概率模型来表示文本的生成概率，如 N-gram 模型、隐马尔可夫模型（HMM）和条件随机场（CRF）等。

2）词向量表示和语义分析。词向量表示是将自然语言文本转换为计算机可以处理的向量形式。在词向量表示中，通常会使用词袋模型或者分布式表示等方法。分布式表示方法是一种通过在大规模语料库上训练神经网络来实现词向量的表示。语义分析关注句子的意义，其目标是将自然语言表示转换为一种计算机可以理解的形式，通常涉及实体识别、关系抽取和指代消解等任务。在语义分析中，通常会使用词向量的平均值、加权平均值或者递归神经网络等方法来表示句子的语义信息。

3）深度学习。深度学习是自然语言处理中的一种重要技术，它可以通过训练大量的数据来提高自然语言处理的准确性。在深度学习中，常用的模型包括卷积神经网络（CNN）、循环神经网络（RNN）和 Transformer 等。这些模型可以应用于自然语言处理中的各种任务，如文本分类、情感分析、机器翻译等。当然除了深度学习模型，还有机器学习等其他自然语言处理模型。

2. 自然语言处理的应用

自然语言处理技术在各个领域都有广泛的应用，包括搜索引擎、社交媒体分析、智能助手、医疗保健、金融，尤其在机器翻译领域的应用更为突出。

自然语言处理技术是机器翻译的基石，其进步直接提高了机器翻译质量，使得跨语言沟通更准确；它还为机器翻译提供理解语言的能力，学习语言的细微差别和模式，提高了翻译自然度和流畅度；它还影响了机器翻译的效率、处理多样化的语言和方言的准确性，以及翻译系统的可扩展性。自然语言处理技术在机器翻译中越来越重要，语言模型的构建是核心。模型通过深度学习捕捉词、短语、句子关系，预测下一个词，帮助生成流畅文本。语义理解的准确性影响翻译准确性，自然语言处理技术通过技术如语义角色标注、实体识别提升语义理解。词义消歧方面，自然语言处理技术通过上下文分析帮助机器翻译系统准确理解词义。自然语言处理技术通过句法分析和结构预测，帮助机器翻译系统理解长句和复杂句式中的结构关系。许多国家一直在大力开展自然语言处理技术的研究和应用，如我国在新一代人工智能发展规划中提出加强研究，欧盟在多语种翻译工具开发中支持应用。未来，自然语言处理技术将为机器翻译带来更多革命性的变革，如语音直接到文本的翻译将可能实现，这一切都离不开自然语言处理技术的深入应用和创新。下面介绍基于神经网络的机器翻译方法和基于深度学习的机器翻译方法。

1）基于神经网络的机器翻译方法。与传统的统计方法不同，神经机器翻译利用神经网络模仿人类大脑处理语言的方式，通过训练大量的双语数据集来执行翻译任务。这种方法的核心是一个编码器-解码器架构，编码器负责将源语言文本转换为中间语义表示，而解码器则将该表示转换为目标语言文本。神经机器翻译系统通常使用循环神经网络或更为先进的变体，如长短时记忆网络和门控循环单元，来处理序列数据的特点。这些网络模型特别适合处理变长的输入和输出序列，因此非常适合机器翻译任务。神经机器翻译的最大优势在于其能够端到端地学习翻译任务，从而捕捉到语言的细微差异，并在不需要任何明确规则的情况下生成流畅的翻译文本。另外，神经机器翻译模型通过学习大量文本数据，能够实现上下文敏感性，即相同的词或短语根据不同的上下文会被翻译成不同的目标语言表达。这种上下文敏感性是早期方法所缺乏的，也是神经机器翻译实现更自然翻译的关键因素。随着训练数据的增加，神经机器翻译模型的性能通常会得到提升，这表明其在学习语言模式方面具有巨大能力。

2）基于深度学习的机器翻译方法。深度学习模型，特别是卷积神经网络和自注意力机制（如 Transformer 模型）在神经机器翻译中的应用，极大地提升了机器翻译的性能和效率。深度学习方法使得机器翻译系统不仅能捕捉语言的表层特征，还能理解深层的语义和语境信息。Transformer 模型作为一种自注意力机制的实现，已成为基于深度学习的机器翻译的代表。与传统的循环神经网络和长短时记忆网络不同，Transformer 模型不依赖于顺序计算，因此在处理长序列时具有更高的效率，它通过自注意力层捕捉全局的依赖关系，解决了神经机器翻译在长距离依赖方面的问题。此外，Transformer 模型的并行化能力极大地加快了训练过程，使得在大规模数据集上训练成为可能。基于深度学习的机器翻译不断在性能上突破边界，提供了比以往任何时候都要流畅和准确的翻译。这些模型在处理复杂的语言现象和细微的语境差异方面显示出了前所未有的能力。然而，深度学习模型通常被视为“黑箱”，其内部工作机制不如基于规则的系统那样透明易懂。

3.4 人工智能与智能仿生

人工智能（Artificial Intelligence, AI），是研究、开发用于模拟和扩展人类智能的理论、技术及应用系统的新兴研究领域。“人工智能”这个词是马文·明斯基（Marvin L. Minsky）和麦卡锡（J. McCarthy）一起在1956年发起的“达特茅斯会议”上提出的。进入21世纪以来，各种高新技术快速发展，人工智能成为备受关注的前沿技术。人工智能包含了多个研究方向，如自然语言理解、自动定理证明、运动控制与图像识别，这些方向往往是人能够做得比机器更好的方向。以此为前提，在人工智能技术的研究中，策略的选择与转变一直占据重要的地位。研究人工智能的目的在于研究策略本身，有助于拓宽人类本身对于认知的进展和信息技术的进步思想。通过梳理人工智能研究的历史，可以发现，人工智能研究要解决的中心问题如下：①人类智能或其他生物智能拥有什么样的结构与特点，是否可以复制或模仿；②研究者应当从模仿人类智能或其他生物智能的哪些方面出发，以及实现仿生的具体技术路径；③根据前两点在实际装置或设备上人工智能达到了何种程度。因此，人工智能研究中体现的仿生学或仿生策略就是指研究者们对这三个问题采取的具体回应方式，而仿生学或仿生策略的差异反映出对这些问题做出回答时的不同选择。

作为传统仿生学概念，1960年，美国学者 J. E. Steele 最早提出 bionics（仿生学）一词，bio 是“生命”的意思，nic 是“具有相应性质”的意思。他提出，仿生学是研究以模仿生物系统的方式，或是以具有生物系统特征的方式，或是以类似于生物系统方式工作的科学，即了解生物体的特殊功能，它的结构与功能的关系，建构其结构功能的模型，以一定的技术原理为基础，通过设计特定的结构、材料等内容，实现其特殊功能，将该仿生功能模型用于仿生装置的设计和制造。仿生机器人就是通过模仿自然界中生物形态的仿生学实践例子。近年来，随着科学技术领域的发展和推进，传统的仿生学概念与方法已经无法满足人工智能、智能机器人等领域的思想指导要求，因此智能仿生的概念应运而生。智能仿生不同于传统仿生学中简单模仿生物体的结构、机能、机制，它允许更开放的可能和仿生效果，生物的器官、系统或者个体（甚至种群、生态）的某种结构与机能或者运作模式，进而实现“智能”在局部和整体上相对于原型的不同，甚至优于生物原型，实现仿生装置或设备从传统仿生学的“形似”到智能仿生的“神似”。

人工智能必然需要智能仿生，人工智能在一定意义上可以理解为把“人类智能”作为“仿生原型”来加以模仿一种仿生工程，受动物的感知系统、执行系统、神经系统等启发的其他生物智能用于帮助或改进人工智能系统的特定功能或性能。在传统的仿生学中，模仿生物不是为了完全和生物一样，而是为了实现人们需要的功能（人们发明飞机是为了实现飞行的功能，而不是为了和鸟类一样飞行）。而人工智能的研究中，常常需要面对的是研究者追求的功能本身，就与自然界中存在的人类智能有着分不开的关系。回顾人工智能仿生策略的历史可以发现，人工智能研究者对于仿生策略的使用，受到两个方面的局限：一方面是对于模仿对象的认识的局限；另一方面是人类自身模仿能力的局限。例如，在 20 世纪以前，人类的飞行器构想中就模仿了鸟类的双翅形态，但是直到莱特兄弟，固定翼飞行器才在可靠的内燃机的支持下成为现实。固定翼飞机和鸟类飞翔的原理是不一样的，但是空气动力学的大量知识却是从对鸟类的观察中总结出来的。不同时代人工智能研究中主要仿生策略的转变，主要是基于模仿对象的认识和人类模仿实现能力的不断变化。在过去的科学发展中，随着人们对自然和人类自身的认识不断进步，人工智能技术的发展也一直随之改变其仿生策略。从 1956 年“人工智能”概念诞生开始，人工智能学领域的主要仿生策略是运用符号系统来表示人类智慧。这一阶段，人们普遍认为人的思想就是一种可以符号化的软件系统，通过在人造的计算机上模拟符号化的人工意识，就可以达到人工智能的目的。在经过了几十年的发展后，研究者遇到的问题就是既发现自己对于智慧这一概念的认识还不够，又发现无法在现实中构造出完美的逻辑机器。不过早期的人工智能发展也积累了很多技术，在此基础上，人们改变了仿生策略，随着对人体神经网络模式认识的深入，多层神经网络被提出，人工智能的仿生策略进入了更深刻的历史阶段。

对于人类智慧及其运作模式的认识变化，带来了人工智能仿生策略的改变，可以以此把过去的人工智能研究分为两个阶段。第一个阶段是“莱布尼茨之梦”阶段，有代表性的指导思想是符号系统假设，将人看作逻辑机器，具体的仿生路径就是先抽象化人的意识及人类所处的世界，再对抽象化的人和世界进行模拟，代表形式就是自动定理证明机和语言翻译机等。这个历史时期开始于 1956 年，在 20 世纪 80 年代逐渐过渡到第二阶段，就是认为人类智慧的来源正是复杂神经网络的结果，对于人类神经网络的深度模拟才是实现人工智能合理的路径。尽管早在 20 世纪 40 年代，就有人工计算机神经元的提出，但是直到 20 世纪 80 年代以后，随着对人类神经网络认识的进步、计算机运算能力的提升和新算法的出现，联结主义采取对人类神经网络进行更加严肃的模拟才成为可能，这一时期开始，人工智能的仿生策略随着人工智能研究的深入一直在发生变化。

也就是说，在人工智能领域中，传统的仿生学概念和方法在面对人工智能领域的需求时存在一些局限性。随着科学技术的进步，人工智能系统变得越来越复杂和智能化，因此需要更加先进和灵活的思想指导。而智能仿生在人工智能中发挥着愈加重要的作用，智能仿生的概念强调将生物学中的原理和机制与人工智能相结合，以开发出更加智能和高效的人工智能系统。其中，相较于传统的仿生学，智能仿生更加注重以下几个方面与人工智能的紧密联系：

1）深度融合：智能仿生不仅仅是简单地模仿生物系统的外在特征，而是深度融合生物学和人工智能领域的知识，从而实现更加紧密的结合和创新。

2）跨学科合作：智能仿生倡导跨学科合作，吸引了生物学、计算机科学、工程学等多个领域的研究者共同参与，以促进人工智能领域思想和方法的交流和融合。

3）创新性：智能仿生不局限于传统的仿生学概念，更注重创新应用和技术转化。通过将生物学原理应用于人工智能系统的设计和优化，实现更加高效和智能的人工智能解决方案。

4）开创性：智能仿生强调开放性和灵活性，鼓励尝试新的想法和方法。与传统的仿生学相比，智能仿生更加注重灵活地应对不断变化的人工智能技术和应用需求。

虽然人工智能和智能仿生都涉及模仿和应用生物或自然系统的相关原理，但它们的关注点和方法有所不同。人工智能更专注于开发算法和技术，以使计算机系统能够执行智能任务，而智能仿生则更专注于利用生物系统的设计原则来改进人工系统的性能和功能。智能仿生的概念及应用不仅限于人工智能领域，它在其他领域也具有广泛的影响。智能仿生的核心思想是从生物系统中获取灵感，并将其应用于各种领域的技术和设计中，以实现相关领域或技术更加智能化、高效率、低功耗等优异性能。智能仿生在各类智能机器人、智能控制、产品设计等领域同样起到指导和技术路线的作用。在智能仿生机器人领域，通过借鉴生物系统中的运动控制、感知机制和学习能力，设计和开发具有更加灵活、自适应和智能化的机器人系统；在材料科学中，通过模仿生物体的结构和功能，设计新型材料，如仿生材料可以模拟鱼鳞的表面结构，实现减阻、防污或抗菌等功能；在医学生物工程中，通过模仿生物系统的结构和功能，设计和开发新型的医疗器械、组织工程材料和生物传感器，以改善医疗诊断、治疗和康复过程。

工业革命的发展历程不过短短的200多年，技术发明和工程创造也迎来了蓬勃发展，为了进一步加快人类文明的发展进程，人类必须学会在最短的时间内找到解决复杂工程问题的最佳方案。而师法自然是快速获取创新方法、解决棘手工程问题的有效途径之一。因为，面对关乎种群命运的“优胜劣汰”式残酷竞争，生物为了适应各种复杂的自然环境，已经进化出了近乎完美的功能，生物进化过程中面临的众多挑战性难题恰恰也是人类工程实践中亟待解决的。因此，生物优异功能背后的内在机理为工程技术难题的解决提供了天然的蓝本。智能仿生学则是将几十亿年生物进化优化的成果作为技术发明的参考，促进生物进化优化成果的转化与应用。

总之，作为引领未来的颠覆性、战略性技术，人工智能已成为国际竞争的新焦点和经济发展的新引擎。智能仿生作为人工智能技术发展的理论基础，已经成为人工智能与万物互联的必备条件，而智能仿生也必将促进人工智能技术的发展。

思考题

1. 你还了解哪些人工智能与智能仿生结合的实例？试举例说明。
2. 人工智能与智能仿生的结合，其优越性体现在哪些方面？

参考文献

[1] HINTON G E, SALAKHUTDINOV R R. Reducing the dimensionality of data with neural networks [J]. Science, 2006, 313 (5786): 504-507.

[2] 晏婕. 基于深度学习的视频帧序列预测算法研究 [D]. 长春：吉林大学，2023.

[3] KRIZHEVSKY A, SUTSKEVER I, HINTON G E. ImageNet classification with deep convolutional neural networks [J]. Communication of the ACM, 2017, 60 (6): 84-90.

[4] RASAMOELINA A D, ADJAILIA F, SINČÁK P. A review of activation function for artificial neural network [C] //2020 IEEE 18th World Symposium on Applied Machine Intelligence and Informatics. New York: IEEE, 2020: 281-286.

[5] CAO W G, ZHANG J N, CAI C X, et al. CNN-based intelligent safety surveillance in green IoT applications [J]. China Communications, 2021, 18 (1): 108-119.

[6] XIAO R, WAN Y, YANG B, et al. Towards energy-preserving natural language understanding with spiking neural networks [J]. IEEE/ACM Transactions on Audio, Speech, and Language Processing, 2022, 31: 439-447.

[7] ZHANG Q, QIAN X, NI Z, et al. A time-frequency attention module for neural speech enhancement [J]. IEEE/ACM Transactions on Audio, Speech, and Language Processing, 2022, 31: 462-475.

[8] 倪文晔. 基于深度学习的图像分割算法应用研究 [D]. 南京：南京邮电大学，2023.

[9] FU H Z, ZHAO Y T, YAP P T, et al. Guest editorial special issue on geometric deep learning in medical imaging [J]. IEEE Transactions on Medical Imaging, 2023, 42 (2): 332-335.

[10] 钟慧娟，刘肖琳，吴晓莉. 增强现实系统及其关键技术研究 [J]. 计算机仿真，2008，25 (1): 252-255.

[11] LONG J, SHELHAMER E, DARRELL T. Fully convolutional networks for semantic segmentation [J], IEEE Transactions on Pattern Analysis and Machine Intelligence, 2015, 39 (4): 640-651.

[12] CHEN L C, PAPANDREOU G, KOKKINOs I, et al. Semantic image segmentation with deep convolutional Nets and fully connected CRFs [J]. Computer Science, 2014 (4): 357-361.

[13] CHEN L C, PAPANDREOU G, KOKKINOS I, et al. DeepLab: semantic image segmentation with deep convolutional Nets, atrous convolution, and fully connected CRFs [J]. IEEE Transactions on Pattern Analysis and Machine Intelligence, 2018, 40 (4): 834-848.

[14] YURTKULU S C, ŞAHIN Y H, UNAL G. Semantic segmentation with extended DeepLabv3 architecture [C]//2019 27th Signal Processing and Communications Applications Conference. New York: IEEE, 2019: 1-4.

[15] 关其峰. 基于机器学习的复杂业务流高精度识别算法研究 [D]. 南京：南京邮电大学，2023.

[16] 张铝芳. 基于强化学习与课程学习的表情识别 [D]. 南京：南京邮电大学，2023.

[17] BERKE O, TROTZ-WILLIAMS L, MONTIGNY D S. Good times bad times: automated forecasting of seasonal cryptosporidiosis in Ontario using machine learning [J]. Canada Communicable Disease Report, 2020, 46 (6): 192-197.

[18] RYU S, LEE H, LEE D K, et al. Detection of suicide attempters among suicide ideators using machine learning [J]. Psychiatry Investigation, 2019, 16 (8): 588-593.

[19] XU X H, YU Z, GE Z Y, et al. Web-based risk prediction tool for an individual’s risk of HIV and sexually transmitted infections using machine learning algorithms: development and external validation study [J]. Journal of Medical Internet Research, 2022, 24 (8): e37850.

[20] 向志华，梁玉英. 基于机器学习的视频识别与自适应推送算法 [J]. 沈阳工业大学学报，2022，44 (3)：336-340.

[21] XIN M J, CHEN S C, ZANG C J. A graph neural network-based algorithm for point-of-interest recommendation using social relation and time series [J]. International Journal of Web Services Research, 2021, 18 (4): 51-74.

[22] TANG H, LEI M, GONG Q, et al. A BP neural network recommendation algorithm based on cloud model [J]. IEEE Access, 2019, 7: 35898-35907.

[23] 柴子怡. 基于计算机视觉的钢构件尺寸测量应用研究 [J]. 建筑施工，2024，46 (2)：186-189.

[24] ALFARAJ M, WANG Y C, LUO Y C. Enhanced isotropic gradient operator [J]. Geophysical Prospecting, 2014, 62 (3): 507-517.

[25] CANNY J. A computational approach to edge detection [J]. IEEE Transactions on Pattern Analysis and Machine Intelligence, 1986, 8 (6): 679-698.

[26] SZELISKI R, ZABIH R, SCHARSTEIN D, et al. A comparative study of energy minimization methods for markov random fields with smoothness-based priors [J]. IEEE Transactions on Pattern Analysis and Machine Intelligence, 2008, 30 (6): 1068-1080.

[27] PEARL J. Probabilistic reasoning in intelligent systems: networks of plausible inference [M]. San Francisco: Morgan Kaufmann, 1988.

[28] HINTON G E, OSINDERO S, TEH Y W. A fast learning algorithm for deep belief nets [J]. Neural Computation, 2006, 18 (7): 1527-1554.

[29] ABDEL-JABER H, DEVASSY D, SALAM A A, et al. A review of deep learning algorithms and their applications in healthcare [J]. Algorithms, 2022, 15 (2): 71.

[30] 杨朋波，桑基韬，张彪，等. 面向图像分类的深度模型可解释性研究综述 [J]. 软件学报，2023，34 (1)：230-254.

[31] 宋巍，朱孟飞，张明华，等. 基于深度学习的单目深度估计技术综述 [J]. 中国图象图形学报，2022，27 (2)：292-328.

[32] 张振伟，郝建国，黄健，等. 小样本图像目标检测研究综述 [J]. 计算机工程与应用，2022，58 (5) 1-11.

[33] 吴彤，岳莉莉. 自然语言处理技术背景下高校教育模式创新途径探究 [J]. 秦智，2024 (2)：123-125.

[34] 何俊. 自然语言处理在机器翻译领域的研究进展 [J]. 家电维修，2024 (2)：52-55.

[35] SILVER D, HUANG A, MADDISON C J, et al. Mastering the game of Go with deep neural networksand tree search [J]. Nature, 2016, 529 (7587): 484-489.

第4章 智能仿生结构

智能仿生结构不仅仅是对自然界生物形态的简单模仿，更重要的是其具备自适应、自修复和自我调节等智能特性。这些结构通过结合先进材料科学、信息技术和生物力学等多学科知识，实现了对环境的感知与响应，从而具备了高度的灵活性和适应能力。智能仿生结构的应用前景广阔，不仅在医疗领域表现出巨大的潜力，如智能假肢和仿生器官的开发，还在航空航天、建筑工程和环境保护等领域展现出重要的应用价值。例如，仿生翅膀的设计可以提高飞行器的效率和稳定性，而仿生建筑结构则能提升建筑物的抗震性和节能效果。智能仿生结构的研究和应用也面临诸多挑战。首先是材料的选择和制造技术。如何开发出兼具生物相容性和功能性的智能材料，是实现仿生结构的关键。其次是多学科的交叉与融合，涉及生物学、材料学、机械工程和计算机科学等多个领域，需要不同学科的研究者通力合作，才能取得突破性进展。此外，智能仿生结构的实际应用还需要考虑成本效益和社会接受度等现实问题。

智能仿生结构作为仿生学中最具创新性和挑战性的研究领域之一，正引领科技发展的新潮流。通过不断探索自然界的奥秘，并将其应用于工程实践中，智能仿生结构有望为人类社会带来更加智能、高效和可持续的解决方案。本章主要介绍智能仿生结构的基本定义、设计思想及应用等。

4.1 智能仿生结构概述

4.1.1 智能仿生结构的定义

智能仿生结构（Intelligent Bionic Structure）是通过模仿生物根据自然选择进化出的结构，结合现代智能技术，设计和开发出具有智能特性的工程结构和系统的方法。这种方法融合了生物学、材料科学、工程学和信息技术等多学科的知识，旨在开发出具有多功能的先进结构。

人类通过仿生途径进行发明创造已有悠久的历史，如古人模仿落叶浮水漂流而建造了船，从蜘蛛织网捕捉昆虫中受到启发而发明了渔网，原始人的“巢居”则是对鸟窝的模仿等。仿生学目前已在土木建筑、航空航天和机械等诸多领域得到广泛应用，几种典型的智能仿生结构设计如图 4-1 所示。生物在长期的进化过程中形成了最合理、最稳定的结构形态，这些结构形态对人类的生产生活启示良多。

图 4-1 几种典型的智能仿生结构设计

4.1.2 智能仿生结构的设计思想

智能仿生结构的设计理论和方法从微观材料和宏观结构两个角度，分别考虑材料分布和结构几何属性对结构力学性能的影响。材料分布和结构几何的一体化设计，体现了材料属性和结构几何的协同配合，由此可以建立材料设计和结构一体化设计的理论和方法，如图 4-2 所示。

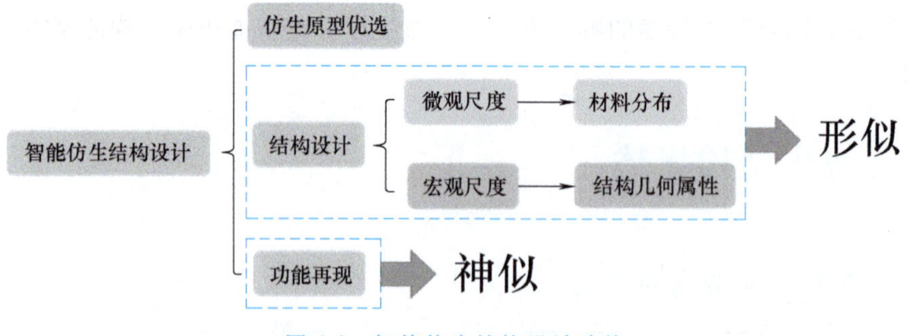

图 4-2 智能仿生结构设计路线

4.2 智能仿生吸附结构

自然界中，脚掌对地面的附着对于陆上动物的运动是至关重要的。如图 4-3 所示，蚂蚁、苍蝇、蜜蜂、蝗虫、甲虫、蜘蛛和壁虎等动物能在各种各样的表面上进行行走，依靠的就是强大的摩擦力和吸附作用，这为仿生增摩及吸附表面的研究提供了新思路。研究发现，上述动物的脚掌部位都具有刚毛结构，它们之间具有结构上的相似性。如图 4-4 所示，这些刚毛对于增摩及吸附具有关键性作用。刚毛在接触物体表面时，可充当黏性极高的“单向黏合剂”，但如果朝另一个方向移动，黏性便会消失。

图 4-3　自然界中具备增摩及吸附能力的生物

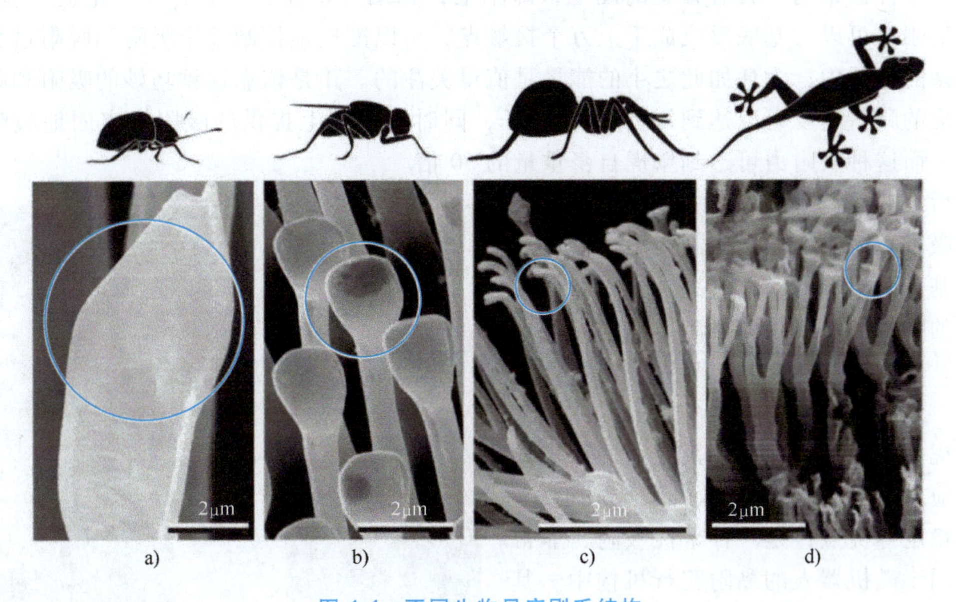

图 4-4　不同生物足底刚毛结构

a）甲虫　b）苍蝇　c）蜘蛛　d）壁虎

以壁虎为例，壁虎柔软的足垫上呈现出一条条弧状褶皱，长度为 1~2 mm。壁虎的黏附系统是一种多分级、多纤维状表面结构，壁虎的每个脚趾生有数百万根细小刚毛，每根刚毛的长度为 30~130μm，直径为数微米，约为人类头发直径的 1/10，刚毛的末端又分叉形成数百根更细小的铲状绒毛，每根绒毛长度及宽度方向的尺寸约为 200nm，厚度约为 5nm，如图 4-5 所示。

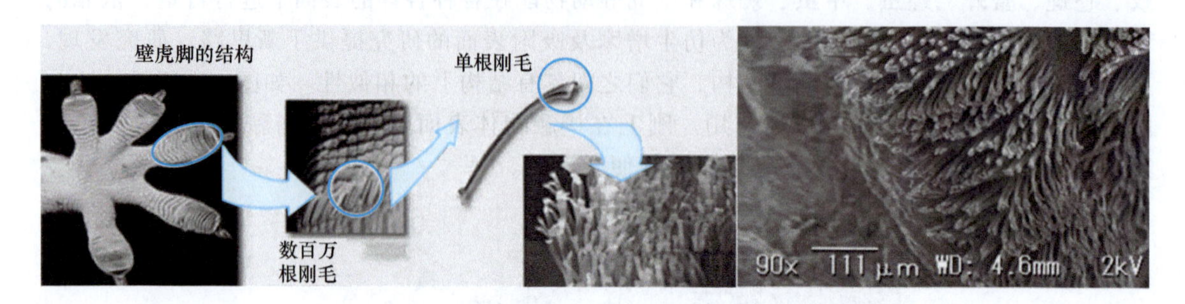

图 4-5 壁虎脚部刚毛显微结构

壁虎超强的黏附力源于脚掌上大量刚毛与物体表面的分子间作用力，即范德华力。范德华力是中性分子彼此距离非常近时，产生的一种微弱电磁力，大量范德华力的积累就足以支撑壁虎体重。壁虎这种特殊的多分级黏附系统结构，最小黏附单元达到纳米量级，保证能轻易地与各种表面达到近乎完美的结合，无论多粗糙的表面，由于壁虎最小黏附单元非常精细，微观上都接近理想光滑结构，因此两者能形成理想接触，进而保证大量范德华力积累产生超强黏附力。

2014 年，俄勒冈州立大学的研究人员构建了一个模型，发现壁虎的脚趾上具有特殊的结构——一种极细的、具有分支的硬毛，即刚毛，如图 4-6 所示。壁虎在天花板上爬行时，脚趾上的刚毛可以与基底形成成千上万个接触点，可以准确地控制整个吸附和脱附过程。在这个复杂的过程中，消耗如此之小的能量是值得关注的。正是依靠这种巧妙的吸附和脱附系统，壁虎的爬行速度可以达到每秒 20 倍身长，同时利用刚毛提供的吸附力牢固地吸附在天花板上，而这种吸附力可达到壁虎自身重量的 50 倍。

在后续的研究中，科学家们将围绕壁虎的这种吸附和脱附的运用机制开展储能复原及更多基于此机制的应用研究。例如，研发更先进的吸附技术或将此机制运用在机器人技术上，以提高其操作性能和克服极端环境条件。

图 4-6 壁虎脚部放大图

壁虎具有黏附力大、对接触面的形貌和材质适应性强、不会对物体表面造成损伤、自洁、稳定等优点，是一种干性吸附，非常适合应用于微机器人的黏附爬行机构中。其黏着机理对航天机器人脚掌的研制和开发具有重要的启发意义。目前，制作仿壁虎刚毛阵列的一些材料在航天领域的应用较为广泛。现有研究指出，仿壁虎刚毛材料有硅橡胶、聚亚胺酯、多壁碳纳米管、聚酯树脂、聚酰亚胺、人造橡胶、环氧树脂、聚二甲基硅氧烷、聚氨酯与对苯二甲酸乙二酯、聚甲基丙烯酸甲酯等。其中一些聚合物复合材料已经广泛应用于航空航天领域，且技术成熟。图 4-7 所示为由聚酰亚胺制成的仿壁虎刚毛阵列吸附脚。

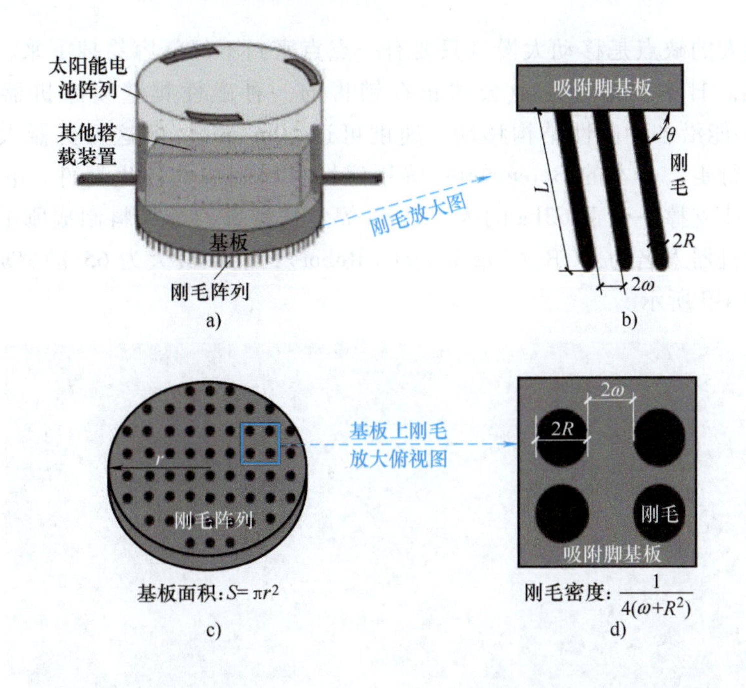

图 4-7　由聚酰亚胺制成的仿壁虎刚毛阵列吸附脚组成示意图

a）吸附脚示意图　b）刚毛放大图　c）基板俯视图　d）刚毛间距示意图

目前仿壁虎材料主要应用在机器人上。仿壁虎机器人的研究主要分为吸附技术与移动技术研究，吸附技术研究主要是围绕研制仿壁虎脚掌的吸附材料展开，移动技术则主要是模仿生物的灵巧移动方式。美国、日本等都在开展仿壁虎机器人的研究，且处在领先的位置。美国斯坦福大学的一个研究小组在 2006 年开发出一种仿壁虎机器人，名为 Stickybot，如图 4-8 所示。它从吸附原理、运动形式、机器人外形上都比较接近真实的壁虎。其他的仿壁虎机器人基本上是靠真空吸力或磁力进行吸附的。

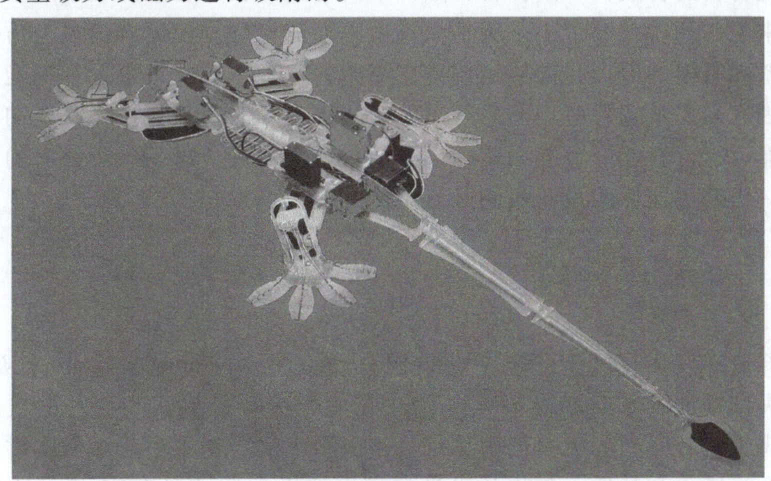

图 4-8　Stickybot 仿壁虎机器人

日本大阪府立大学的“忍者”机器人，我国北京航空航天大学的“蓝天洁士”、哈尔滨工业大学的 CLR-2 等就是靠自带一个真空泵，把脚掌的空气抽掉靠大气的压力将其吸附在墙上，这种机器人的缺点是移动太慢且只要有一点点密封不好就容易掉下来，在太空无大气条件下不能使用。日本三菱重工业公司正在销售的一种磁性爬壁喷涂机器人，磁力可达19600N左右，并能沿各种磁性结构移动，速度可达10m/min。但这种机器人只能在具有磁性材料的基体上行走。日本的Berengueres等用磁性材料制成的仿生器件，它的末端是很多细小的磁性管，能支撑一个重63kg的人。Carlo等尝试将聚乙烯材料制成刚毛，镶嵌于机器人脚底。他们的机器人名为RGR（Rigid Gecko Robot），能在最大为65°的斜坡以20mm/s的速度爬行，如图4-9所示。

图4-9　Rigid Gecko Robot

关于壁虎的研究涉及化学、生物、物理、工程、材料等诸多学科。目前虽然对壁虎的微结构有了较清楚的认识，但是还有很多问题有待进一步系统、深入地探究。例如，将不同材料运用于仿壁虎材料的合成，以期在各种条件下均可达到较为理想的吸附效果。特别是在仿生方面制造出来的各种壁虎胶带不是价格太高就是性能不好，使用寿命短。仿壁虎机器人大多运用的不是壁虎吸附的原理，即使运用壁虎吸附的原理，其效果也远远不能达到天然壁虎的吸附效果。因此需要从实际应用的角度出发，运用当今的新兴科技尤其是纳米技术，制备出一种价格低廉、综合性能好且能大规模生产的仿壁虎器件。这是人类面对的巨大挑战，也是重大的机遇，仿壁虎器件的成功研制具有广阔的应用前景。

4.3　智能仿生响应结构

植物通过释放挥发性有机化合物（Volatile Organic Compounds, VOCs）来吸引昆虫授粉。捕蝇草的捕虫夹同样散发着丰富的VOCs，其中的大部分都是果实和花香的典型成分。这些气味对饥饿的飞虫具有强烈的吸引作用。一旦被吸引来的猎物不小心触发陷阱，捕虫夹便会快速响应并闭合，昆虫和其他小猎物几乎没有逃出的机会。早在1875年，达尔文便在其专著*Insectivorous Plants*中描述了捕蝇草的捕食现象，并称之为世界上最奇妙的植物。捕蝇草基于叶片快速响应闭合的特殊捕食机制，引起了科研人员的广泛关注。

捕虫夹并不是一被触碰就会产生响应并闭合的。在捕虫夹的中间有3~5根小刺，当猎物第 1 次触碰到它们时，这个小刺会产生 1 个动作电位（Action Potential，AP），于是捕虫夹就被设置成了“准备捕捉模式”，但此时夹子并不会闭合。只有猎物在短时间内再次碰到任意一根触觉毛，产生了第 2 次 AP 时，夹子才会迅速闭合。在这个过程中，捕虫夹内触觉毛铰链区的感觉细胞负责把机械反应转换成电信号，产生 AP 和胞浆钙离子瞬变，表现为捕虫夹内表面电位在负方向上的短暂偏转。捕蝇草的捕食循环如图 4-10 所示。胞浆的钙离子浓度变化像时钟一样，为“计数”提供了分子基础。重复驱动钙离子钟会使钙离子浓度超过设定的阈值水平，并诱发捕虫夹细胞生理水平上的膨大，从而引起捕虫夹的关闭。捕虫夹的关闭力为 0.140~0.149N，两叶轮缘间压力为 38~41kPa。随后捕虫夹中昆虫的挣扎会触发更多的 APs，APs 的重复触发可促使分泌腺中细胞钙离子浓度持续上升，使得夹子闭合得更加紧密。此外，还有研究发现额外施加电压也能使捕虫夹关闭。如果没能在闭合后触发更多的 APs，那么捕虫夹将会在 15min 后重新张开。研究者推测这种计数闭合的机制是为了避免石子、落叶等静止的物体掉入捕虫夹时耗费大量的消化液而又不能获取营养物质而进化的。捕蝇草的捕食决策机制如图 4-11 所示。

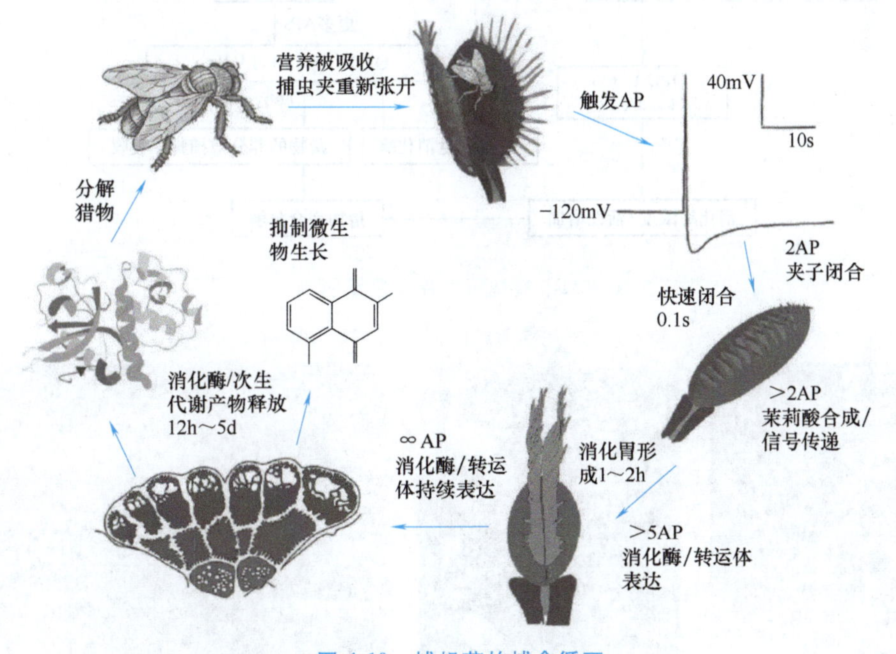

图 4-10　捕蝇草的捕食循环

植物的快速响应闭合是一种生物动态变形，这是仿生学领域很好的一种新兴模型系统。捕蝇草夹子的快速响应闭合使其成为仿生学领域的研究热点。

Darwin 发现捕蝇草的叶片在开放时向外弯曲，闭合时向内封闭，如图 4-12 所示。此后便提出了一系列解释捕蝇草运动的宏观机制的假说，包括运动细胞中的快速膨胀压力丧失引起捕虫夹闭合，以及捕虫夹闭合是由一种不可逆的、酸诱导的细胞壁松动引起的。Fortorre 等的研究则推翻了此前两种假说，通过记录捕蝇草夹子各部分在高速运动时的变化，他们发现夹子的快速闭合是由捕蝇草主动控制的快速屈曲失稳，而不是通过整个叶片的弯曲所引起的。叶片的双弯曲几何结构起到了储存和释放弹性能量的作用，一个用叶片厚度、叶片大小和观察到的开叶曲率来量化弯曲变形和拉伸变形的偶合常数“α”决定了闭合的性质：如果

$\alpha \leqslant 0.8$，叶片将缓慢闭合；如果 $\alpha > 0.8$，叶片迅速闭合。这种方法巧妙地实现了从细胞到器官水平运动速度的放大。但 Volkov 等则认为，由于捕蝇草计数闭合机制的存在及离子通道和水通道阻滞剂能抑制陷阱关闭等与此研究内容相悖的事实，此研究仍然存在漏洞。

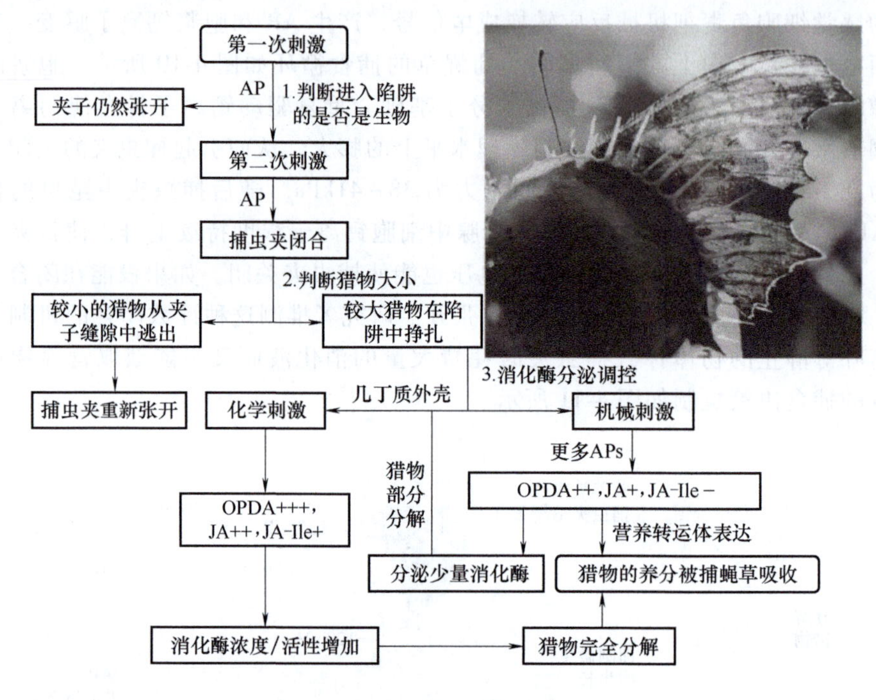

图 4-11　捕蝇草的捕食决策机制

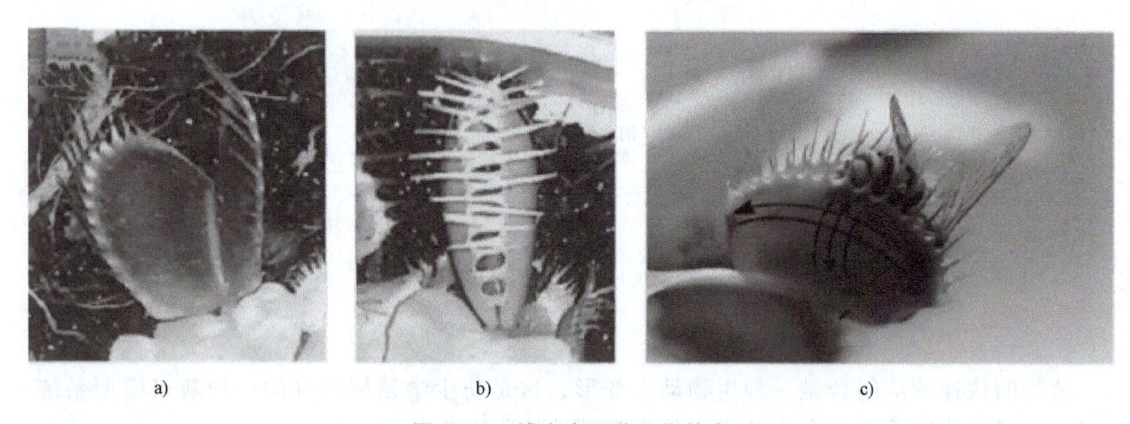

图 4-12　捕虫夹两种工作状态

还有人提出了一种水弹性模型，来解释捕蝇草的运动机理，通过这种结构可以快速改变形态以响应触发。虽然捕虫夹的快速闭合机制仍有待研究，但捕蝇草叶片的双弯曲结构与捕蝇草触觉毛快速感应特性成为一些新型特种材料和新型捕虫器的灵感来源。这样的应用包括：捕蝇草仿生机器人（图 4-13）、人工肌肉仿生结构的机翼、基于捕蝇草仿生结构的可编程复合材料、光驱动的人工捕蝇器、基于吸湿电纺纳米纤维的双稳态软激发结构等。

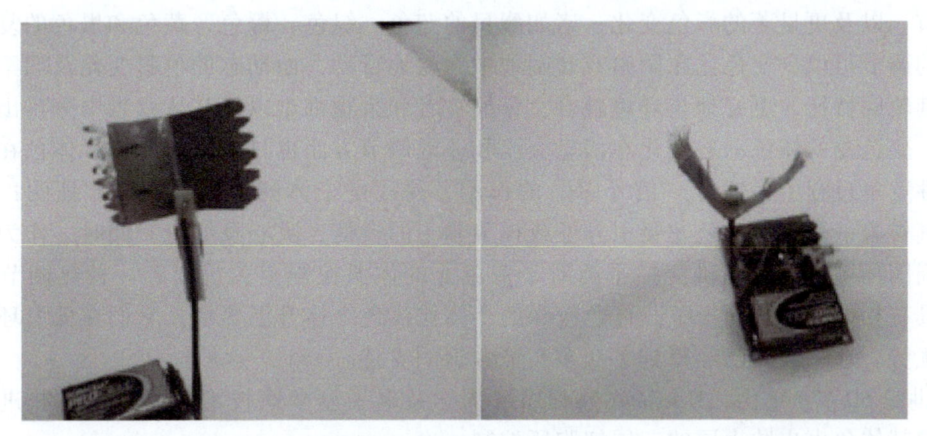

图 4-13　捕蝇草仿生机器人

4.4　智能仿生变色结构

4.4.1　变色龙变色原理

在自然界漫长的生物进化过程中，一些抗敌能力比较弱的动植物，常使自己的体色与周围环境混为一体，或随着温度、光线和生活环境的变化而变化，以便能更好地觅食，或将自己隐藏起来，防避天敌的伤害。在动物界中，变色本领最高的要算是蜥蜴中的避役这一科了。避役大多生活在马达加斯加岛和非洲的其他一些地方，它的形状很别致，人们常称之为变色龙。它可以依靠变色的本能使敌害“视而不见”。它能随着环境的变化在几分钟之内改变自身的颜色，始终使其肤色同环境颜色保持一致，天敌很难发现，而自己却可方便地捕捉猎物。在水里游泳时全身是淡绿灰色，同水色相似，当它爬到河岸上后变成褐色，同泥土颜色相仿，钻进草丛和树丛时变成草绿色。图 4-14 显示了变色龙与环境融合的情景，在不同的树干上可以变成不同的颜色，与树干颜色一致，其变色伪装本领让人惊叹。

图 4-14　变色龙与环境融合

自亚里士多德（公元前 384 年~公元前 322 年）首次在其《动物志》中介绍了变色龙快速变色的能力后，这类小动物就成为世俗文学、神话传说的宠儿，风靡至今。在避役科（即变色龙科，Chamaeleonidae）中，有超过 160 个物种具有体色变化的能力，包括了身体明暗的调节，以及更显著的彩色变化，诸如醒目的蓝色、绿色、橙色、黄色和黑色的复合。体色明暗的调节可以令变色龙在阴暗或开阔地中隐秘地行动，而动态的色彩变化及图案形成可以削弱其轮廓特征，更好地与环境融合，令捕食者和猎物都难以将其从背景中分辨出来。除此之外，变色龙的体色动态变化在信息交流和体温调节方面也具有突出作用。体色在异性吸引和同性竞争过程中发挥着“信号旗”的作用，往往是个体健康程度的可靠证明：华丽的体色，宣告着一只雄性变色龙吸引异性或捍卫领土的自信、决心及能力。同时，作为冷血动物，与周围环境进行的热量交换平衡对于变色龙的体温控制至关重要。一种热调节假说认为，在具有相似体型的前提下，体色较深的个体比浅色个体升温更快，它们在低温环境中具备个体优势。这一假说已经得到了众多实证数据的支持。

20 世纪 60~70 年代，Morrison 等利用解剖学及电子显微镜技术对变色龙皮肤进行了观察，发现其体色由皮肤表层的三层细胞所控制：

第一层是黄色素细胞（Xanthophores），根据细胞内所含色素物质的差异（多种嘌呤及类胡萝卜素）可呈现黄色或红色。该类细胞最初被认为是两类细胞，即黄色素细胞及红色素细胞（Erythrophores），后来又认为两者仅存在内含物比例的差异，故统称为黄色素细胞。

第二层是位于色素细胞下层的虹细胞（Iridophore），其细胞器内含有周期性排布的高折射率嘌呤颗粒，通过调节它们与低折射率细胞质之间的排列和间隔，能够对光线进行反射、衍射调节，进而产生不同的彩虹色体色效果。

最后一层是载黑色素体细胞（Melanophore），细胞内的黑色素体能够在皮肤深层的储囊及皮肤表层的杈状分支中转运，进而调节光线的总体吸收或反射。

此假说在避役科中高度保守，但上述三类色素细胞的种类和相对排布顺序存在种间差异。甚至在同一物种中，色素细胞的相对堆叠顺序都可能发生变化。这一问题尚未解析明了，规律性及效能还不清楚。因此，变色龙内色素细胞的组成、排列顺序仍有待更进一步的系统研究。

1. 黄色素细胞变色机理

黄色素细胞主要由吸收光线中短波成分的类胡萝卜素及嘌呤类物质组成。在吸收了紫外光和蓝光后，这些色素细胞分别呈现其补色的黄色和红色，并利用这两种原色组合出各种色彩及其变化。类胡萝卜素和嘌呤均来自于三磷酸鸟苷的原位合成过程，或是经肝脏的食物消化吸收并通过内分泌系统转运而来。值得注意的是，类胡萝卜素和嘌呤类物质含量的种间差异巨大。Saenko 等发现，在守宫蜥属（Phelsuma）中黄色素细胞内仅含有嘌呤类物质，说明类胡萝卜素在这个属中与变色功能无关。相反，Fitze 等人的研究却发现，胎生蜥蜴属（Lacerta Vivipara）中，体表的黄橙色来自于类胡萝卜素，而非嘌呤类物质。但是大部分情况下，类胡萝卜素和嘌呤类物质在黄色素细胞内都是共存的。对于变色龙而言，嘌呤类物质和类胡萝卜素的代谢过程受到了环境胁迫、日常饮食和性别选择的影响。此外，由于类胡萝卜素除了被当作色素使用外，还被广泛应用于体内的抗氧化剂、免疫强化类物质。因此，该类细胞内的类胡萝卜素含量变化慢，更倾向于是一种长效的、基因型相关的特征。然而，变色龙的色彩变化却常常发生于毫秒之间，基于此项考虑，黄色素细胞在变色伪装过程中的具体机制和作用仍有待考察。

尽管目前没有研究数据直接证明这类色素细胞参与了动物体色的快速变化，但它们却同样能够像载黑色素体细胞一样通过各种生理机制进行调节。Kotz 等人研究发现，钙离子浓度的降低对于色素的扩散是必要条件，然而，只有当 cAMP 的浓度同时增加时，扩散才会发生。因而，大多数情况下黄色素细胞内色素的迁移和黑色素体的响应一致。

2. 虹细胞变色机理

在某些变色龙物种中，体色的快速变化主要与虹细胞相关。这类反光细胞由周期性堆叠的嘌呤晶体构成，可以在紫光到红光区段对特定波长的光线进行可调控的反射和衍射。不同于黄色素细胞中所观察到的化学吸收、反射原理，虹细胞内的嘌呤晶体通过布拉格衍射的方式实现结构性变色。嘌呤晶体的高折射率（$n=1.83$）会令入射光线发生扰动，分裂为反射光线和折射光线两部分，后者又将再一次地进入低折射率（$n=1.34$）的细胞间质中。这一过程将循环往复直至光线被彻底减弱，如图 4-15 所示。同时，光线会产生与角度相关、波长特异的反射。因此，最终被反射和衍射的光线波长受到了嘌呤晶格间距和周期性排布的调控，实现变色。

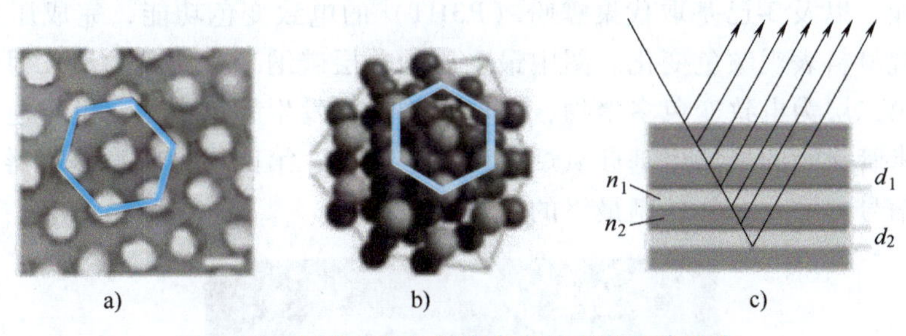

图 4-15 七彩变色龙虹细胞内的嘌呤晶体排布

因此，当遭遇环境变化、种内冲突或捕食胁迫时，变色龙通过调控自身虹细胞内嘌呤颗粒的空间、取向排布转变便可实现快速的色彩变化。相较于黄色素细胞内色素成分、比例的变化而言，这一过程的实现非常迅速，发生在分秒之间。虹细胞与黄色素细胞的协同作用可以为变色龙提供鲜艳、广谱的色彩特征。近年来，不少研究致力于虹细胞内无色嘌呤纳米晶体排布的研究，成功地利用机械压力和渗透压对其结构性色彩进行调控，但鲜有将之与其他色素细胞协同考察的仿生研究。

3. 黑色素体在载黑色素体细胞内的转运机理

真皮层中与变色相关的最下层细胞是载黑色素体细胞，负责产生不规则的黑色斑点、条纹，调节皮肤明暗特征。黑色素体聚集、转运至载黑色素体细胞底层囊腔内，会导致皮肤增亮；反之，黑色素体向皮肤表层的迁移会遮盖黄色素细胞及虹细胞的光信号，令皮肤变黑、变暗。变色龙体色的明暗动态变化过程可以在种内冲突、捕食者胁迫或环境刺激等多种情况下发生。部分变色龙种属可以在几秒或几分钟内通过载黑色素体细胞的调节实现体色明暗的快速变化。

尽管调节载黑色素体细胞内黑色素体迁移的具体因素存在种属差异，但黑色素体的转运机制大致相同：胆碱受体被证明广泛分布在爬行动物的载黑色素体细胞表面，通过乙酰胆碱等神经递质调节着皮肤的明暗特征。此外，G 蛋白偶联受体通过与肾上腺素、乙酰胆碱、组胺、血清素、内皮素和褪黑激素的感知与作用也参与了此过程。胆碱受体与 G 蛋白偶联受体一同激活驱动蛋白、肌球蛋白和细胞质动力蛋白等马达蛋白，完成黑色素体在载黑色素体细胞内的迁移转运。

综上所述，目前研究者已经清楚地知道，变色龙真皮层中与色彩产生相关的生物单元包括黄色素细胞（产生鲜艳的黄、红色）、虹细胞（产生高饱和度的彩虹色），以及载黑色素体细胞（调节体表整体明暗）。然而，在基础研究领域仍然存在一些尚待考察的疑点，例如，黄色素细胞是否在变色过程中具有“主动”作用，或其仅负责产生静态色彩；虹细胞内的嘌呤晶体排布在不同明暗、不同色彩的皮肤区域是否具有显著差异，在相同色彩特征区域是否具有可统计的排列规律；三层细胞在不同明暗、颜色皮肤区域的空间层叠顺序是否存在差异等。

4.4.2 变色龙启发的智能仿生变色结构

2015 年，斯坦福大学以变色龙体表色彩调节能力作为模拟目标，结合压电材料和电致变色分子，制作了基于仿生概念的压变色膜材料，如图 4-16 所示。该装置主要利用了碳纳米管的导电性能，以及 3-己基取代聚噻吩（P3HT）的电致变色功能，完成压力信号与电信号的转变，实现材料表观颜色变化。图中最上层为单层碳纳米管涂布的聚二甲基硅氧烷，作为上层电极；第二层为电致变色多聚物，在电场作用下发生颜色变化，模仿色素细胞；第三层为单层碳纳米管涂布的聚二甲基硅氧烷，为下层电极；第四层为压力传感器，将外界压力变化转变成电信号的变化，并控制最终的色彩效果。

图 4-16　斯坦福大学电控弹性电解质模型

新电子皮肤主要由两个部分组成：弹性微结构聚合材料和弹性电致变色聚合材料，前者能随压力改变电压，后者能随电压变化而变红或变蓝。研究人员用一个绒毛熊演示了电子皮肤是怎样变色的。他们给小熊掌上贴上压敏材料，并与放在小熊腹部的电致变色材料连接。电致变色材料先是暗红色，轻握小熊掌（压力约 50kPa）时变为蓝灰，放开后又变回暗红，用大力握时（约 200kPa）变为淡蓝色。这是一个多步骤的过程。握手的压力使压敏材料电阻下降，由此使电致变色材料的电压升高，氧化材料使其化学结构发生轻微改变，从而明显改变其吸收光谱。压力消除后这一过程会迅速逆转。虽然研究中所用的电致变色材料只能在红蓝之间转变，但研究人员希望其他电致变色材料能有更多颜色，这样就可以带来更广泛的应用。电子皮肤有可能与可穿戴或携带设备结合，如衣服、智能手机、智能手表等，把各种颜色整合到一种设备中，可作为一种互动式装饰或表达情绪方式。

电子皮肤颜色的改变还可用于分辨压力，这种系统能与任何想知道其表面压力的东西结合。此外，它还有伪装功能，可用于义肢和智能机器人。弹性系统能很好地贴附在曲面和动态表面上，传统的坚硬材料却做不到这一点。然而，目前该种材料仿生程度极低，并且只能在红、蓝两种颜色之间进行转换，不具备自适应匹配环境背景的潜力。

此外，一种新的生物智能柔性变色龙皮肤，具有电致变色和自愈合特性而被报道（图 4-17），这是通过整合电致变色和自愈合基团实现的。结果成功证明电致变色共聚物（DFTPA-PI-MA）薄膜具有独立、可拉伸、电致变色和自愈合特性，如智能“变色龙皮肤”。试验证明，“变色龙皮肤”已成功复制天然的自愈合特性，同时解决了与裂纹产生相关的重大问题，以提高长期稳定性和耐用性，延长其使用寿命，减少浪费。

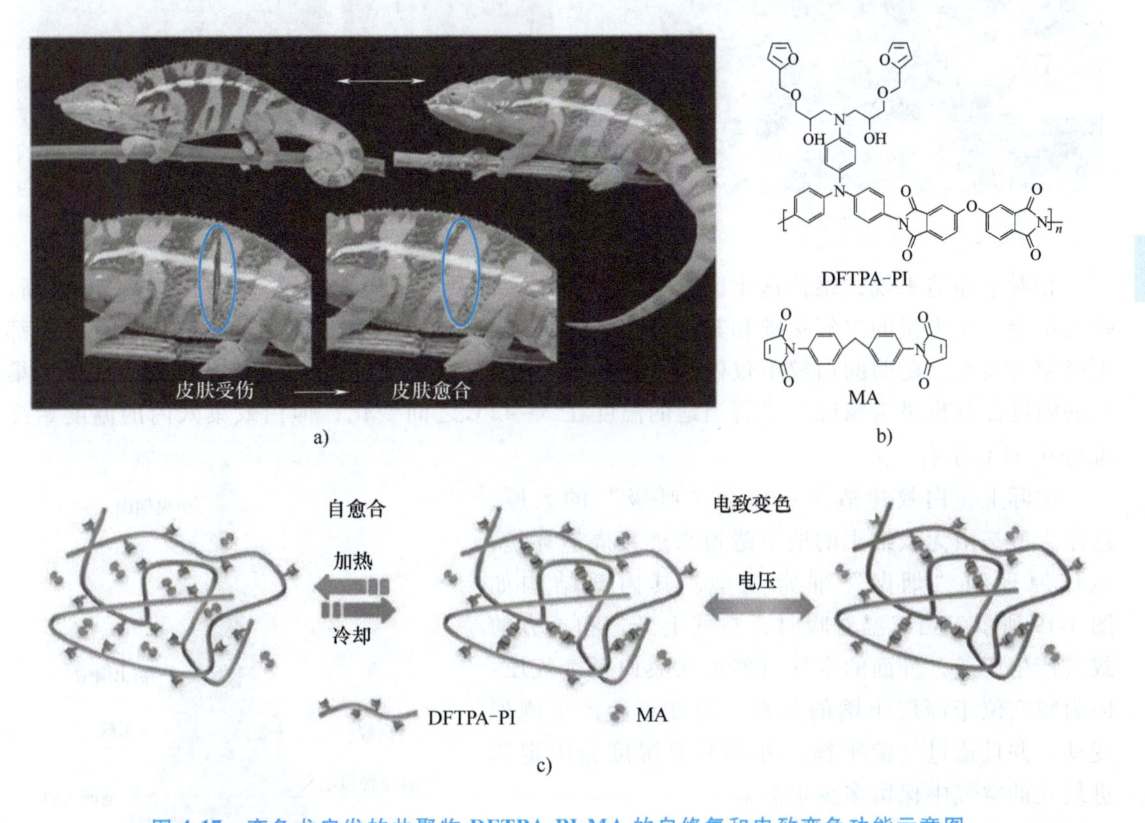

图 4-17　变色龙启发的共聚物 DFTPA-PI-MA 的自修复和电致变色功能示意图

受变色龙如何改变肤色的启发，Du 和同事们提出了一种通用仿生策略，用于制备具有快速可逆比色响应和可编程形状变换的智能光子晶体驱动器。通过将二氧化硅纳米颗粒自组装成胶体晶体阵列，渗透紫外光固化剂（聚三羟甲基丙烷三丙烯酸酯）（PTMPTA），最后是二氧化硅颗粒的化学蚀刻以形成反向蛋白石结构的 PTMPTA 薄膜。制备的 PTMPTA 薄膜由于特定波长的光的衍射而表现出明亮的结构色。此外，当暴露于有机蒸气时，由于有机分子的扩散，薄膜会膨胀，导致晶格间距增加，从而衍射波长的红移和感知颜色的相应变化。高孔结构的优点之一是溶剂蒸气的快速扩散，从而实现瞬时颜色变化（小于 1s）。

4.5 智能仿生温控结构

如果把白蚁放大到人类的尺寸，那整个白蚁巢穴（图 4-18）就有一万多米高，而珠穆朗玛峰也只有 8844.43m。这样一个庞大的巢穴竟然是白蚁口衔泥土混合唾液一点一点堆积起来的。

图 4-18　白蚁巢穴

相对于建造来说，维护这个庞大帝国的正常运转更具挑战性。巢穴中白蚁的密度很高，每天都会产生大量的二氧化碳和其他有害气体，如果不能及时排出污浊的空气，所有成员都可能窒息而死，聪明的白蚁不仅做到了巢穴内随时都有新鲜的空气，更让人惊叹的是整个巢穴的温度控制也极为精确，尽管当地的温度在 3~42℃之间变化，但白蚁巢穴内的温度始终维持在 31℃左右。

实际上，白蚁建造了一座会“呼吸”的大厦，这座大厦是由无数细小的地下隧道来连接周遭环境，运作原理和“烟囱”非常相似，其内部结构如图 4-19 所示。当气温变暖时，空气上升，和下方的蚁穴产生压差，外面的空气自然流入巢内平衡气压；因为蚁穴位于深层土壤的关系，温度不会产生剧烈变动，并且透过气流平衡，外部的温湿度会决定流进蚁穴的空气中保留多少水分。

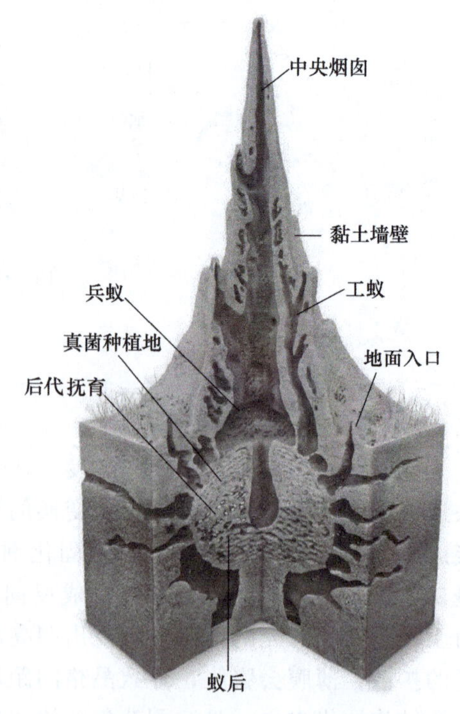

图 4-19　白蚁巢穴内部结构

白蚁巢穴应用在绿色建筑上是一个很有趣的案例，自然的通风系统完全省去了空调的用电，更因为自然空气的流动，让我们更健康。蚁穴构造非常奇特，世界上第一座模仿蚁穴兴建的多层建筑，就位于津巴布韦的首都哈拉雷。十层楼高的东门购物与办公中心（Eastgate Shopping and Office Centre），是由 20 世纪 80 年代末期英国奥雅纳工程团队（Arup）兴建的，如图 4-20 所示。靠自然气流调节室内温度的创新系统，完全不需要燃料；腾出了楼层间原本用来安装风道的空间，总面积相当于同一栋楼里多出了一层楼，节省了10%的投资成本（节省了350万美元）和15%的营运费用。与传统的建筑物相比，借鉴了白蚁巢穴构造的新型建筑具有优异的经济效益。

其实，早在20世纪50年代末期，瑞典建筑师本特·沃恩（Bengt Warne）观察白蚁，并公开发表气流图，但当时尚未应用到建筑物中；后来，另一位精明的建筑师安德斯·尼奎斯特（Anders Nyquist），发明了一套数学模式，把沃恩的见解写进模式后，大大超越了现有的自动控温系统。位于瑞典提姆拉的拉格堡学校（Laggarberg School），则是出自尼奎斯特的设计，他不仅参考白蚁巢穴，还有历代古文明在不耗能源、不用化学物质隔热，并维持室内空气干净的前提下，就能达到保暖或凉爽的天才设计。利用白蚁的巢穴原理，让房子不用冷、暖气就能维持室内的空气清新。应用在节能建筑上更可以轻松营造舒适的通风环境，不会让人处于有利细菌和微生物繁殖的空间，减少病毒互相传染的风险。

因为环保、高效，类似的通风设计层出不穷。我国第一幢生态建筑——上海生态示范办公楼也有类似的通风结构，如图4-21所示。此外，法属新喀里多尼亚的吉巴欧文化中心、德国新国会大厦和英国BRE环境楼等也是比较著名的类似建筑。

图4-20　东门购物与办公中心

图4-21　上海生态示范办公楼

万物生长，各取所需。尽管白蚁对人类生活造成了危害和困扰，但对于这个物种来说，它们的种种行为也只是为了自己的生存。白蚁倚靠真菌为生，而真菌依附树木获取营养，白蚁在分解真菌残屑的过程中，能让深层土壤在未来数十年内更加肥沃，同时，这些碎屑也会产生热量，为白蚁过冬保暖。

思考题

1. 智能仿生结构有哪些？以什么方式进行划分？
2. 你还了解哪些种类的智能仿生结构？试举例说明。
3. 智能仿生吸附结构和传统吸附结构相比，其优越性体现在哪些方面？
4. 列举3种智能仿生变色结构，并阐述其工作原理。
5. 请列举你所了解的智能仿生温控结构的主要应用领域及应用实例。
6. 什么是智能仿生结构？请谈谈你的理解和认识。

参考文献

[1] 李忠学. 结构仿生学与新型有限元计算理论［M］. 北京：科学出版社，2009.

[2] 杨文伍，何天贤，邓文礼. 壁虎的动态吸附与壁虎纳米材料仿生学［J］. 化学进展，2009，21（4）：777-783.

[3] 壁虎吸附力达自身重量50倍［N］. 宁夏日报，2014-08-19.

[4] 罗剑，王杰娟，于小红，等. 仿壁虎刚毛阵列对卫星表面吸附能力模型与计算［J］. 空间控制技术与应用，2021，47（3）：73-78.

[5] KIM S，SPENKO M，TRUJILLO S，et al. Smooth vertical surface climbing with directional adhesion［J］. IEEE Transactions on Robotics，2008，24（1）：65-74.

[6] LENTINK D，BIEWENER A A. Nature-inspired flight-beyond the leap［J］. Bioinspiration & Biomimetics，2010，5（4）：040201.

[7] KREUZWIESER J，URSEL S，KRUSE J，et al. The Venus flytrap attracts insects by the release of volatile organic compounds［J］. Journal of Experimental Botany，2014，65（2）：755-766.

[8] VOLKOV A G，HARRIS S L，VILFRANC C L，et al. Venus flytrap biomechanics：forces in the Dionaea muscipula trap［J］. Journal of Plant Physiology，2013，170（1）：25-32

[9] HEDRICH R，NEHER E. Venus flytrap：how an excitable，carnivorous plant works［J］. Trends in Plant Science，2018，23（3）：220-234.

[10] VOLKOV A G，CARRELL H，MARKIN V S. Biologically closed electrical circuits in Venus flytrap［J］. Plant Physiology，2009，149（4）：1661-1667.

[11] VOLKOV A G，ADESINA T，JOVANOV E. Closing of Venus flytrap by electrical stimulation of motor cells［J］. Plant Signaling & Behavior，2007，2（3）：139-145.

[12] HODICK D，SIEVERS A. On the mechanism of trap closure of Venus flytrap（Dionaea muscipula Ellis）［J］. Planta，1989，179（1）：32-42.

[13] VOLKOV A G，MURPHY V A，CLEMMONS J I，et al. Energetics and forces of the Dionaea muscipula trap closing［J］. Journal of Plant Physiology，2012，169（1）：55-64.

[14] ESCALANTE-PÉREZ M，KROL E，STANGE A，et al. A special pair of phytohormones controls excitability，slow closure，and external stomach formation in the Venus flytrap［J］. Proceedings of the National Academy of Sciences of the United States of America，2011，108（37）：15492-15497.

[15] VOLKOV A G，VILFRANC C L，MURPHY V A，et al. Electrotonic and action potentials in the Venus flytrap［J］. Journal of Plant Physiology，2013，170（9）：838-846.

[16] FLEISCHMANN A，SCHLAUER J，SMITH S A，et al. Evolution of carnivory in angiosperms［J］. Carnivorous Plants：Physiology，Ecology and Evolution，2018，1：22-42.

[17] SHI L W，GUO S X. Development and evaluation of a Venus flytrap-inspired microrobot［J］. Microsystem Technologies，2016，22（8）：1949-1958.

[18] HILL B S，FINDLAY G P. The power of movement in plants：the role of osmotic machines［J］. Quarterly Reviews of Biophysics，1981，14（2）：173-222.

[19] WILLIAMS S E，BENNETT A B. Leaf closure in the Venus flytrap：an acid growth response［J］. Science，1982，218（4577）：1120-1122.

[20] FORTERRE Y，SKOTHEIM J M，DUMAIS J，et al. How the Venus flytrap snaps［J］. Nature，2005，433（7024）：421-425.

[21] VOLKOV A G，FORDE-TUCKETT V，VOLKOVA M I，et al. Morphing structures of the Dionaea muscipula Ellis during the trap opening and closing［J］. Plant Signaling & Behavior，2014，9（2）：e27793.

[22] MARKIN V S，VOLKOV A G，JOVANOV E. Active movements in plants：mechanism of trap closure by Dionaea muscipula Ellis［J］. Plant Signaling & Behavior，2008，3（10）：778-783.

[23] SHAHINPOOR M. Biomimetic robotic Venus flytrap（Dionaea muscipula Ellis）made with ionic polymer

metal composites [J]. Bioinspiration & Biomimetics, 2011, 6 (4): 046004.

[24] BARRETT R M, BARRETT C M. Biomimetic FAA-certifiable, artificial muscle structures for commercial aircraft wings [J]. Smart Materials and Structures, 2014, 23 (7): 074011.

[25] SCHMIED J U, LE F H, ERMANNI P, et al. Programmable snapping composites with bio-inspired architecture [J]. Bioinspiration & Biomimetics, 2017, 12 (2): 026012.

[26] WANI O M, ZENG H, PRIIMAGI A. A light-driven artificial flytrap [J]. Nature Communications, 2017, 8 (1): 1-7.

[27] LUNNI D, CIANCHETTI M, FILIPPESCHI C, et al. Plantinspired soft bistable structures based on hygroscopic electrospun nanofibers [J]. Advanced Materials Interfaces, 2020, 7 (4): 1901310.

[28] MORRISON R L. A transmission electron microscopic (TEM) method for determining structural colors reflected by lizard iridophores [J]. Pigment Cell Research, 1995, 8 (1): 28-36.

[29] LIGON R A, MCCARTNEY K L. Biochemical regulation of pigment motility in vertebrate chromatophores: a review of physiological color change mechanisms [J]. Current Zoology, 2016, 62 (3): 237-252.

[30] SAN-JOSE L M, GRANADO-LORENCIO F, SINERVO B, et al. Iridophores and not carotenoids account for chromatic variation of carotenoid-based coloration in common lizards (lacerta vivipara) [J]. The American Naturalist, 2013, 181 (3): 396-409.

[31] SAENKO S V, TEYSSIER J, VAN DER MAREL D, et al. Precise colocalization of interacting structural and pigmentary elements generates extensive color pattern variation in Phelsuma lizards [J]. BMC Biology, 2013, 11 (1): 105.

[32] BAGNARA J T, TAYLOR J D, HADLEY M E. The dermal chromatophore unit [J]. The Journal of Cell Biology, 1968, 38 (1): 67-79.

[33] KOTZ K, MCNIVEN M. Intracellular calcium and cAMP regulate directional pigment movements in teleost erythrophores [J]. The Journal of Cell Biology, 1994, 124 (4): 463-474.

[34] ZHENG R, WANG Y, JIA C, et al. Intelligent biomimetic chameleon skin with excellent self-healing and electrochromic properties [J]. ACS Applied Materials & Interfaces, 2018, 10 (41): 35533-35538.

[35] LI Z, YIN Y. Creating chameleon-like smart actuators [J]. Matter, 2019, 1 (3): 550-551.

第5章
智能仿生材料

自然界中的动物和植物经过几十亿年优胜劣汰、适者生存的进化，形成了独特的结构与功能，其不仅适应了自然而且达到了近乎完美的程度，实现了结构与功能的统一，局部与整体的协调和统一。人们试图模仿动物和植物的结构、形态、功能和行为，并从中得到灵感来解决所面临的科学、技术难题。向自然学习，是原始创新科学研究的源泉，是创造新材料和新器件的重要途径，一直在推动着人类社会的发展和文明的进步。近年来，仿生材料飞速发展，仿生材料的研究范围非常广泛，包括生命体系从整体到分子水平的多层次结构，生物组织形成各种无机、有机或复合材料的制备过程及机理，材料结构、性能与形成过程的相互影响和关系，以及利用获取的生物系统原理构筑新材料和新器件。

如今智能仿生材料作为智能仿生学中重要的组成部分，是构建各种智能设备的核心硬件基础。在最终端的智能产品中，智能仿生材料是实现自主感知、自主判断、主动决策功能的重要组成部分。

5.1 智能仿生驱动材料

作为驱动材料的里程碑，第一代驱动材料主要包括压电材料、铁电材料等。然而，由于这一系列早期的驱动材料所表现出的应变和做功相对较小的缺陷，往往只在传感器中有少量应用。随着研究的深入，20世纪70年代后期，基于电活性聚合物材料的驱动器首先出现在军事及医疗领域。如由美国国家航空航天局开发的基于人工驱动材料的可用于外太空探测器的除尘刷，以及随后使用驱动材料驱动的自展开软垫、自折叠雷达天线及自伸缩望远镜等。

如今，随着仿生学的快速发展，众多的研究者逐渐开始将目光投向仿生智能驱动材料的开发，自然界中绝大多数生物都能够对外界刺激进行智能响应，意识到仿生智能驱动材料的巨大前景应用，依据不同生物响应机理的不同，又开发出了多种新型多功能智能仿生驱动材料。

驱动材料主要分为电驱动材料、热驱动材料、化学驱动材料、微流体驱动材料、磁驱动材料，以及辐射驱动材料等，如果具体到材料种类，其主要包括压电驱动材料、铁电驱动材料、形状记忆高分子等，如图 5-1 所示。

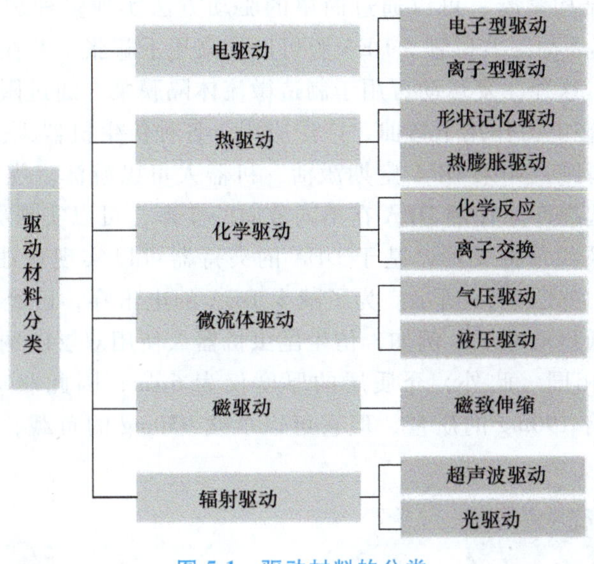

图 5-1　驱动材料的分类

5.1.1　智能仿生电驱动材料

智能仿生电驱动材料在暴露于电场时会变形，介电弹性体（DE）是其中的代表。DE 一般由两个柔性电极层和一个介电层组成，其中介电层夹在电极层之间，并可以由此制成介电弹性体驱动器。

介电弹性体驱动器工作原理首次由 Roentgen 在 1880 年提出，其所在团队偶然发现天然橡胶在外电压下会发生形变。其基本原理可简单归纳为在弹性体薄膜表面上下两侧施加电压，随即会产生麦克斯韦应力，会压缩弹性体薄膜发生形变，从而实现电能向机械能的转化。在施加外加电场时，介电弹性体两侧柔性电极被施加上反向电荷，反向电荷间吸引力产生的麦克斯韦应力导致了介电弹性体沿电力线方向产生收缩，同时在电力线垂直正交的平面内扩展延伸，而撤去外加电场后 DE 材料则恢复原状，在弹性体恢复的过程中会将机械能转化为电能，如图 5-2 所示。大多数介电弹性体是不可压缩的，因此任何厚度上的减小都会伴随着平面尺寸上的扩大。

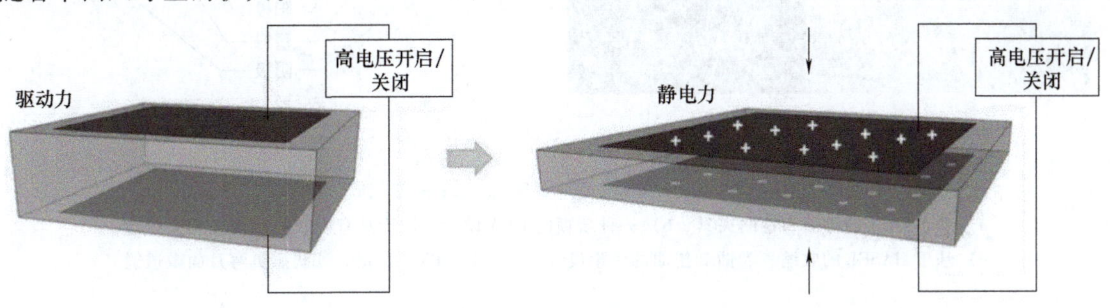

图 5-2　介电弹性体在外加电场刺激下的变化

介电弹性体驱动器（DEA）的电致伸缩效应被广泛用于软机器人的驱动。与电机等刚性执行器相比，DEA 结构紧凑，可以通过简单的驱动方法实现多种运动。例如，通过固定圆形 DE 的边缘并在其表面附着磁铁，DEA 膜可以在高压下膨胀，并在电压关闭时通过拉动磁铁恢复到初始形状。这种往复运动可用于制造微流体隔膜泵。通过限制一个电极层的可拉伸性，整个 DEA 可以在电力作用下弯曲，广泛应用于各种仿生机器人。例如，使用 DEA 作为青蛙机器人的腿和脚趾，如果 DEA 定期激活，机器人可以游泳。类似的方法可以用来驱动机器鱼游泳。通过选择性地控制 DEA 在不同方向的变形，可以实现更复杂的运动。例如，使用光纤分别控制水平和垂直变形，基于 DEA 的夹持器可以实现弯曲和卷曲等各种运动，用于包裹和抓取物体，如图 5-3a 所示。为了减少 DEA 的电击穿，已经努力通过减小介电层和电极层的厚度来降低驱动电压。例如，仿生昆虫机器人使用双层碳纳米管作为电极层，其厚度与分子碳纳米管相同。此外，介质层的厚度仅为 6μm，因此驱动电压可以降低到仅 450V。机器人虽然只有 190mg 的质量，但它可以承载 950mg 的负载，并以 30mm/s 的速度移动。

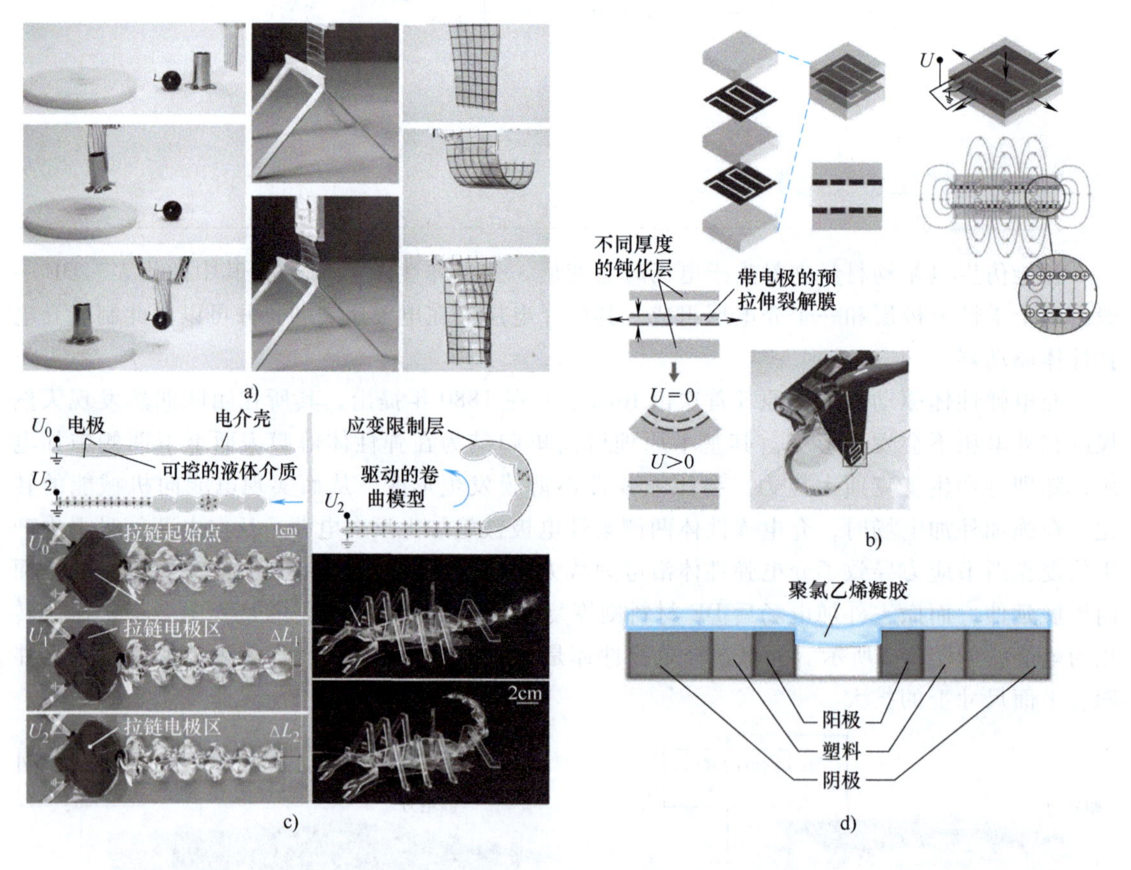

图 5-3 电响应执行器/设备在机器人中的应用

a）基于 DEA 的弯曲和卷曲夹具 b）一种新颖的 DEA 设计，用于具有内在电黏附性的夹持器
c）基于 HASEL 的收缩、卷曲和扭曲的仿生设计 d）带有 PVC 凝胶的可调焦负弯月面微透镜

高电场不仅可以产生麦克斯韦应力来驱动 DEA，还可以产生由边缘电场引起的电黏附

力（以下简称 EA 力）进行附着。当对两个叉指电极分别施加高电压和低电压时，相邻的电极可以产生交替的正负电荷；这会在物体的相邻表面感应出反极性电荷。因此，在电极和物体之间产生了 EA 力，与法向力相比，它可以显著增加剪切力。这种 EA 力被广泛用于机器人的抓取和附着中。如图 5-3b 显示了基于 DE 和 EA 力的特殊夹具。该种夹具是通过将预拉伸膜和电极夹在两个不同厚度的柔性层中来实现的。当电压关闭时，预拉伸膜和不同厚度的柔性层产生的内应力使整个结构弯曲。当施加电压时，膜在麦克斯韦应力的作用下延伸，导致整个结构拉伸和变平。同时，底部的叉指电极会产生 EA 力来吸引物体。EA 力也被广泛应用于仿生攀爬机器人。例如，机器人可以利用其 EA 脚附着在表面上，并使用 DEA 移动 EA 脚，从而实现爬墙功能。

最近的研究开始探索将除固体弹性体之外的绝缘液体作为介电层，这导致了 HASEL 驱动器的产生。HASEL 驱动器由夹在两个柔性电极之间的介电液体构成。在高电场下，电极可以在麦克斯韦应力的作用下将液体挤压到一侧。这种新的驱动器也可以部署在机器人中。通过将液体从中间向侧面挤出，使整个驱动器的高度增加，从而可以产生抓握物体的力。线性收缩和弯曲也可以通过将液体从储存区域挤出到具有不同几何结构的柔性腔室中来实现，如图 5-3c 所示。

除了 DE 之外，还有其他电响应材料可以通过在电场下传输离子或介电粒子而发生变形，如离子聚合物金属复合材料（IPMC），它由表面涂有导体的离子聚合物组成。在水化作用下，聚合物中的正离子可以自由移动，而负离子则与聚合物中的碳链键合。在电场作用下，正离子倾向于集中在阴极附近，导致阴极周围分子浓度更高，并产生局部应力使结构弯曲。IPMC 只能在水中工作，但它可以在较低的电压下产生较高的应变。因此，它在水下机器人中具有广阔的应用前景，如仿生机器鱼。

聚氯乙烯（PVC）也是一种离子驱动的智能材料。这些驱动器通常由夹在实心或网状电极之间的 PVC 凝胶组成。在电场作用下，PVC 凝胶可以被极化。产生的阴离子向阳极蠕变，从而产生力和变形。阴离子的蠕动方向可以通过结构的设计和电极的位置来控制，从而产生不同的运动。如图 5-3d 所示，通过驱动负离子移动到阳极的侧壁，可以改变透镜的焦点。

另外，电流变液（ER 流体）也是一种电响应材料。它是一种高介电常数颗粒悬浮在低介电常数油中形成的悬浮液。在正常情况下，ER 液的黏度较低。但在电场作用下，粒子沿电场方向排列，输出的电流随着黏度的增加而增加。ER 流体被广泛用于微流体阀。

5.1.2　智能仿生热驱动材料

智能仿生热驱动材料是对温度比较敏感的材料。当通过电流等直接加热或者紫外光等间接加热方式把材料加热到一定温度后，材料的分子间构成方式会发生改变，从而导致弹性模量下降或者变形收缩等。

典型的热驱动形状记忆材料的形状记忆循环如图 5-4 所示，一般分为以下步骤：

1）将材料加热到玻璃化转变温度 $T_{转变}$ 或融化温度 $T_{融化}$ 以上，并加载使其变形到特定形状。

2）保持变形并降温。

3）待降温过程结束后进行卸载。

4）将材料再次加热到玻璃化转变温度 $T_{转变}$ 或融化温度 $T_{融化}$ 以上，使材料自动恢复其初始形状。

由于整个形状记忆循环与荷载和温度密切相关，因此需要对形状记忆聚合物及其复合材料的热力学特性进行更加深入的认识，并将其引入力学本构模型，以更好地完成形状记忆聚合物及其复合材料结构和形态的设计，优化形状记忆聚合物及其复合材料的加工和应用。

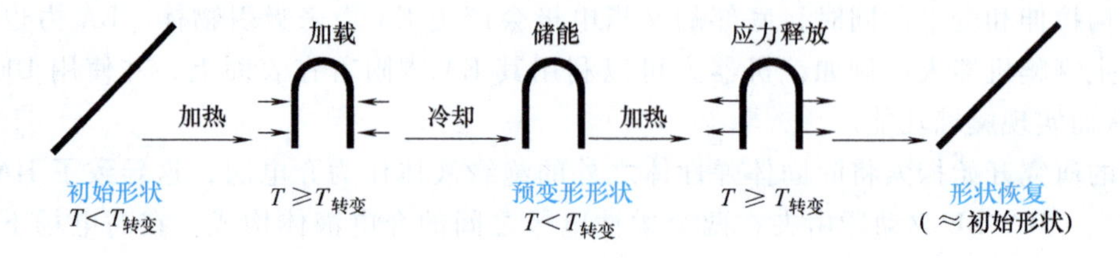

图 5-4　典型热驱动形状记忆循环示意图

形状记忆聚合物（SMP）在加热到玻璃转化温度以上时，其弹性模量急剧下降，是一种热驱动材料。它的弹性模量可以降低数百个数量级，因此被广泛用于变刚度机器人。SMP还可以通过温度程序产生形状记忆效应。首先，当温度超过玻璃化转变温度时拉伸SMP。然后在SMP冷却后解除张力，它可以保持在拉伸状态。再通过加热，可以使其恢复到原来的形状。这种形状记忆效应已广泛应用于自折叠或自重构机器人。通过在折纸机器人的关节处部署SMP，机器人可以在加热后自动从2D折叠到3D。SMP也可以通过编程从弯曲状态展开，因此可以驱动可重构机构从2D重构为3D。通过加热SMP，微型夹具还可以弯曲以包裹和抓取物体。由于夹持器的弹性模量在冷却后增加，它可以在不消耗任何额外能量的情况下锁定物体，如图5-5a所示。

虽然SMP具有可变刚度和形状记忆的优点，但在加热到初始状态后，如果没有外力，它们就无法回到编程状态。相比之下，液晶弹性体（LCE）可以在温度控制下实现双向变形。LCE通常由嵌入聚合物链中的介晶组成。介晶通常是一种极化的长条状分子，在电场作用下很容易改变方向。

在常温下，LCE的介晶有序。而加热时，介晶无序，因此LCE具有在各向同性并同时收缩的能力。同时在冷却后，介晶恢复到原来的顺序，LCE的形状也恢复了。LCE的热致收缩效应被广泛应用于软体微型机器人。例如，通过组装聚酰亚胺多层结构，使整个结构在受热收缩时LCE层可以向聚酰亚胺薄膜方向弯曲。并通过控制LCE不同位置的温度，可以实现整个结构的局部弯曲，从而使机器人可以像尺蠖一样移动，如图5-5b所示。更复杂的运动也可以通过结构设计限制LCE的收缩位置来实现。如图5-5c所示，通过在LCE的上下表面横向排列刚度较高的硅橡胶，使LCE在这些位置不能收缩，因此，当通过紫外线加热该结构时，可以使整体实现类似毛毛虫的运动。除了LCE外，PVC受热也会收缩，因此可以将其布置在关节处以驱动自折叠机器人。

另外，可以通过沿圆周和轴向布置形状记忆合金（SMA）线圈，制成“Meshworm”机器人，该种机器人可以像蠕虫一样蠕动，并且被锤子击中后仍然可以移动。由SMA制成的仿生章鱼的触须还可以通过控制SMA线圈沿圆周方向的收缩来弯曲和卷曲。此外，还可以将SMA线圈连接到仿生毛毛虫机器人的背面，以驱动它卷曲和弹跳。

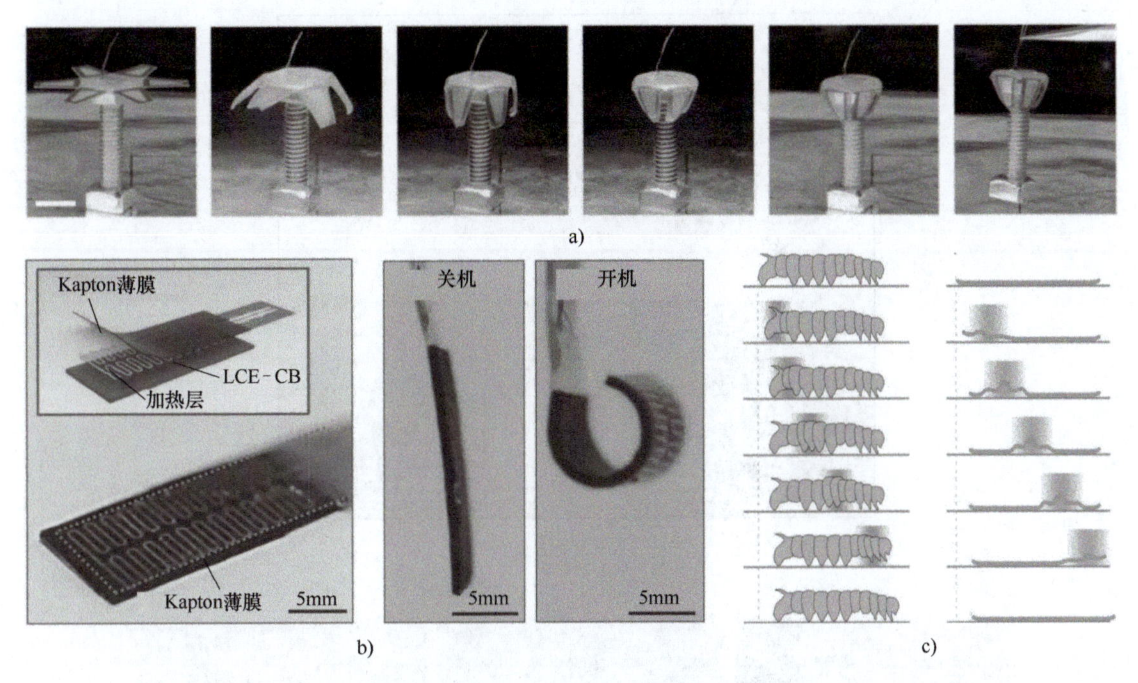

图 5-5　热响应执行器/设备在机器人中的应用

a）由热塑性聚苯乙烯片制成的夹具，用于在灯光下抓取物体　b）一个模仿尺蠖的全软机器人，可以感知环境并自适应爬行身体　c）一种模拟毛毛虫运动的 LCE 光驱动软机器人

5.1.3　智能仿生光驱动材料

与热驱动类似，光驱动也具有可远程控制、响应迅速、微小型化等特点。智能仿生光驱动材料通常是在硅胶、液晶弹性体等聚合物中添加对光比较敏感的填充物来形成，在光照的情况下，它们可以弯曲、收缩或者膨胀等，并且这些变形都是可逆的。通过改变光的波长、强度和照射时间，可以对由光驱动材料制成的驱动器进行编程，使其具有特定的响应并实现所需的运动。光还可以触发光化学反应，为驱动机器人提供能量。

智能仿生光驱动材料中的液晶弹性体是指非交联型液晶聚合物经适度交联，并在液晶态显示弹性的聚合物，其在介电、光学、绝缘性和力学性能上表现出各向异性。液晶弹性体具有响应性大、容易加工等优点，但是其极化和驱动电压较高。

图 5-6 展示的是以掺杂纳米金属的液晶弹性体（Nano-gold/LCE）为材料制备的光驱动器。Nano-gold/LCE 纳米复合材料具有良好的光诱导驱动形变特性。该驱动器在受到拟日光照射后几十秒内开始有明显的轴向收缩并达到最大收缩，在拟日光光源关闭后，驱动器在几十秒内恢复到最初的长度，展现出完全可逆的光驱动特性。

如图 5-7 所示，研究人员将热膨胀微球与石墨烯混合制备驱动活性层，将 PDMS 作为基底，形成双层结构。驱动活性层中的石墨烯具有良好的光热转换性能，因此在红外光的照射下该复合材料可以产生曲率高达 0.45 的弯曲变形。

图 5-8a 中的微型马达就是利用氯氧化铋（Bismuth Oxyiodide，BiOI）作为光催化剂引发

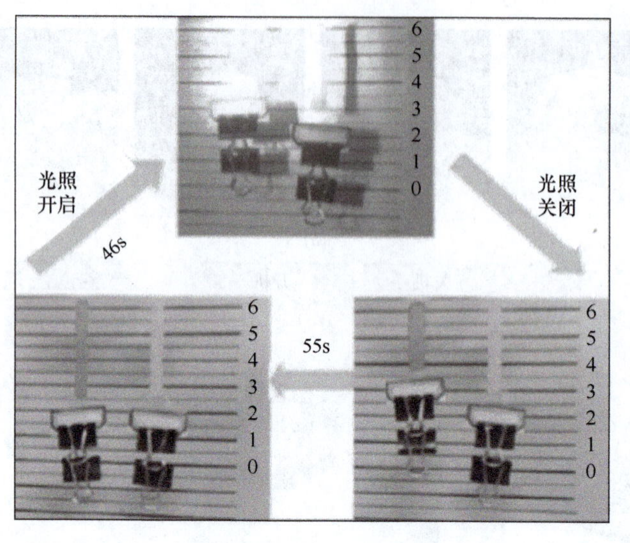

图 5-6　光驱动器

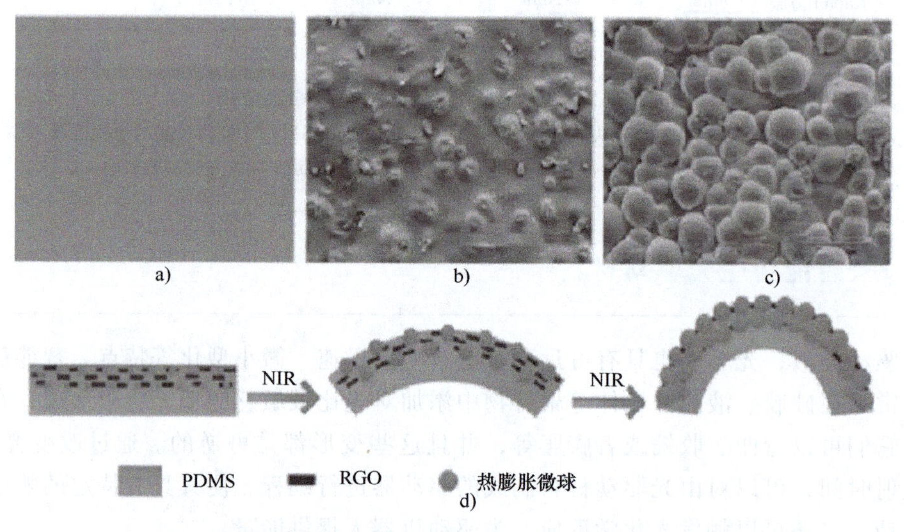

图 5-7　基于热膨胀微球与石墨烯混合的驱动活性层的双层光驱动薄膜

系列氧化和还原反应来驱动本体自发前进的。其中 BiOI 可以被包括蓝光和绿光等的系列可见光激活。微型马达由两个半球组成，一个半球外表面覆盖金属，另外一个半球外表面覆盖 BiOI，在可见光照射下，BiOI 中的电子被吸引到金属层，使负电荷在金属层聚集，而 BiOI 半球则聚集因水被氧化而产生的 H^+离子。为了平衡金属半球的负电荷，H^+则从 BiOI 半球迁移到金属半球，然后和电子发生还原反应。H^+的迁移伴随着水分子到金属半球的电渗透，从而推动微型马达前进。

将偶氮苯衍生物分散红 1 丙烯酸酯添加到液晶网格（Liquid Crystal Network, LCN）中，形成的聚合物在水中时内部的水分会在光热作用下解吸，结构消溶胀，利用这种原理可以实现类花朵的结构在光照的时候自动收拢，无光照时吸收水分溶胀自动绽开，如图 5-8b 所示。

将炭黑掺入 SMP 中，通过 3D 打印出的花朵经过编程后也可以在光热作用下使花朵遇光后自动绽放，如图 5-8c 所示。

将光热单丙烯酸偶氮苯衍生物掺入 LCN，它们会吸收特定波长的光，然后通过异构化作用释放热量，释放的热量会导致热膨胀。通过结构控制热膨胀部位，可以使弯曲的结构在光照下伸直。图 5-8d 就是利用这种原理制作的微型搬运机器人，通过光照控制腿和手的弯曲，机器人可以实现货物的抓取、搬运和投递等各种复杂的任务。

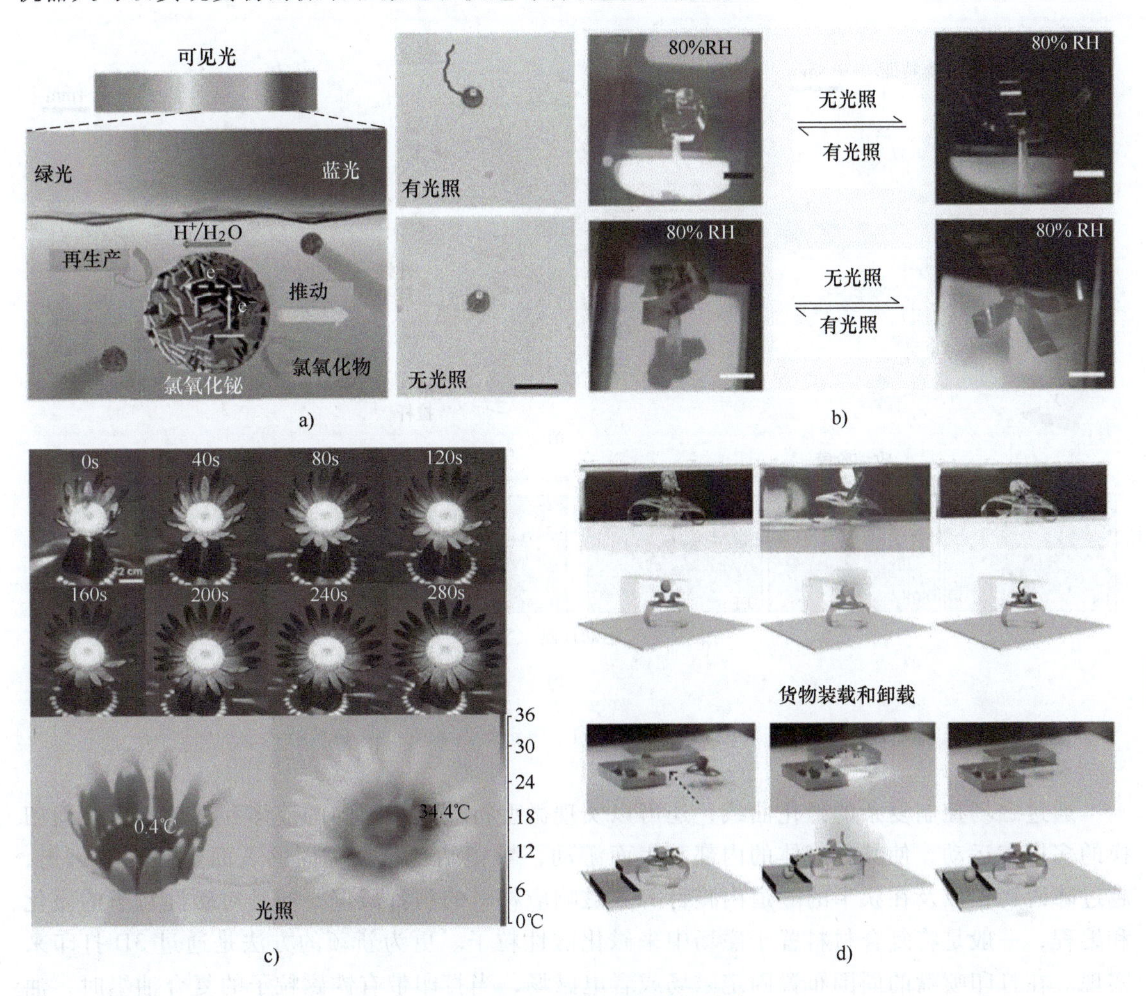

图 5-8　基于光响应材料的机器人

a）可见光驱动的 BiOI 微型马达　b）人工夜行花　c）3D 打印光驱向日葵　d）软搬运机器人由光驱动

另外还有光刺激响应薄膜，光刺激响应薄膜主要利用智能薄膜中的光致变色单元的异构化而产生宏观可逆的物理化学性质的变化，如润湿性、宏观形变等。

5.1.4　智能仿生磁驱动材料

智能仿生磁驱动材料大多混合了磁性颗粒和软材料，如硅树脂的复合材料。磁场可以使磁性粒子磁化，产生规律的磁化曲线，磁化曲线的方向和振幅可以改变。当将磁响应材料制成的驱动器置入磁场中时，空间分布的磁场将和磁性粒子相互作用，使磁性粒子的磁场和空间磁场对齐，从而产生扭矩，导致收缩、伸长和弯曲等变形。

由于磁场可以穿透许多介质，磁响应驱动器是在有限空间内操作的理想选择，广泛用于不受束缚的微型机器人中。不同种类、不同功能的驱动器可以通过改变驱动信号、磁化曲线，以及材料的形状和刚度来实现。如图 5-9 所示，在外部振荡磁场作用下，微型水母机器人可以驱动周围的流体向不同方向流动，因此机器人可以上下浮动。

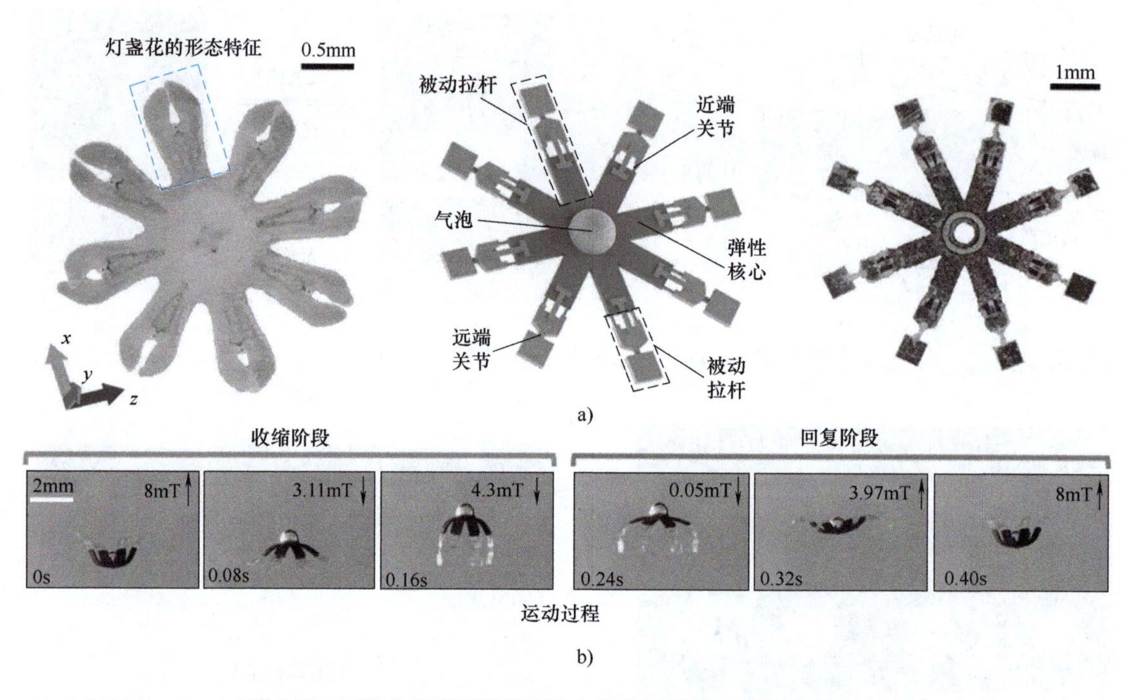

图 5-9 由磁响应驱动器驱动的水母造型的游动软微囊机器人

通过磁场控制复杂的磁化曲线，还可以实现微型机器人在不同的液体和固体地形之间切换的多模态运动，使其在液体的内部和表面游动，攀爬站台，在坚固的表面上滚动和行走，越过障碍物，以及在狭窄的隧道内爬行等。磁响应材料的制备最重要的是对磁性粒子的磁化和编程，一般是将复合材料置于磁场中来磁化磁性粒子。更为新颖的方法是通过 3D 打印来实现。在打印喷嘴的周围布置固定磁场或者电磁场，当打印带有铁磁粒子的复合油墨时，油墨经过喷嘴时便会磁化磁性粒子，使其沿磁场方向布置，通过这种方式可以打印各种复杂磁化曲线的机器人，使它们在磁场的作用下产生各种复杂的特定运动。通过这种方式打印出来的连续体机器人，尺寸可以达到亚毫米级别，并且可以在磁场的引导下沿任意方向运动。与线驱或气动的连续体机器人相比，这种磁驱动机器人不但可以实现无缆驱动，而且更灵活，这对于在狭窄空间中运行的机器人来说是一个很有前途的方向。

这些类型驱动器的一个缺点是它们的运动是专门设计的，并且在制造后不能改变。为了克服这个问题，毛国勇设计开发了一种新型的软体电磁驱动器（SEMA），通过在弹性壳体中嵌入液体-金属通道来取代固体金属线圈，使其可以通过洛伦兹力进行操纵，在受到强磁场作用时，软体电磁驱动器将具有高能量密度和高功率的优点。

5.2　智能仿生变色材料

智能仿生变色材料是一类在一定温度范围内，其颜色随温度改变而改变的特种材料，其颜色的改变可以从无色到有色，可以从有色变到无色，也可以从一种颜色变为另一种颜色，还有受外界刺激后会相继出现两种或两种以上颜色的变化。

而自然界至少支持两种着色机制：颜料的选择性吸收和透明的不均匀介质的干涉光过滤。在所谓的色素机制中，散射光谱是由染料分子中电子驻波的激发来调制的，而在光干涉机制中，重新辐射的光谱是由光子驻波在更大的结构中直接塑造的。后者的机理要求光在弱吸收结构中传播，如多层膜（在多次反射后产生干涉），或光栅（产生衍射）。在更罕见的情况下，当光遇到特定的三维结构（即周期性的“光子晶体”）时，这两种效应结合在一起，这种结构结合了二维或三维空间的折射率变化。

其中干涉染色，也被称为结构染色，已经在生物体内存在了相当长的时间，生物学家一直给予这个主题持续的关注，包括在最近几年，物理学家重新对这些天然光子结构的研究产生了一些兴趣，主要是因为这些介质恰好是光学超材料的例子，它们的光学特性来自高度可调谐的亚微米几何结构，而不是其材料本身的性质决定的。这些复杂的结构，被发现在许多现存物种，如鸟类、昆虫、蛇、鱼，甚至哺乳动物的体内，这为新的仿生智能变色材料研究提供了一个新思路，有望形成新的视觉效果，甚至是制造新的光学设备。

Hinton 和 Jarman 在赫拉克勒斯甲虫（Dynastes Hercules，也称为大力士甲虫，图 5-10）上发现了一种十分特殊的结构，该结构会因暴露在潮湿环境中而发生巨大的变化。他们发现这种特殊变化起源于由甲壳素和空气组成的多孔结构，其折射率变化与角质层表面垂直，本质上类似于简单的多层叠加。这种堆叠导致了这样一种假设：颜色的变化可以用多孔多层膜来控制，而多孔多层膜的反射率可以通过向该层注入液态水来控制。

图 5-10　大力士甲虫

甲虫鞘翅的多孔多层膜内部的反应与其表面宏观的视觉效果之间有密切的关系。多孔多层膜内部的多种反应叠加通常会使甲虫鞘翅产生明亮的类金属颜色，通常是明显的彩虹色，因为当入射角增加时，主要的反射颜色会发生蓝移。但有时这种现象无法被观察到，这是由于甲虫可以通过控制特定的多孔多层膜的相关参数或通过多层膜内部发生大量无序的反应来避免其鞘翅表现出彩虹色。

例如，当水穿透多层膜时，大力士甲虫的绿色会变成黑色（图 5-11）。在非常潮湿的条件下（湿度超过 80%），甲虫看起来完全呈黑色。

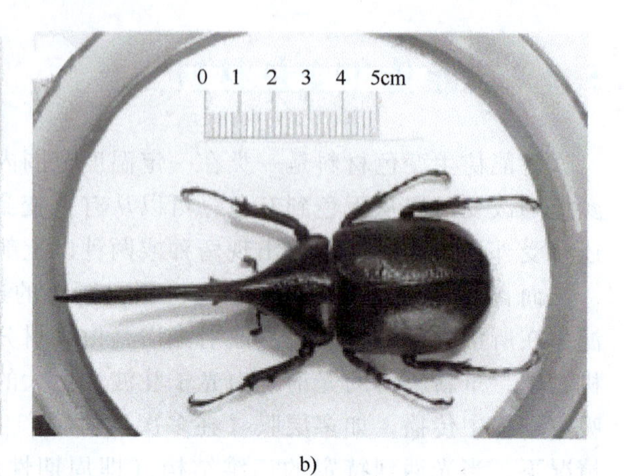

a) b)

图 5-11 大力士甲虫颜色变化

a）在正常湿度条件下，大力士甲虫是绿色的，最后有黑色的斑点

b）把甲虫放在沸腾的水上（为了使湿度达到80%以上），甲虫全身呈现黑色

5.3 智能仿生变刚度材料

智能仿生材料具有在某些刺激下改变其性质的能力。例如，刚度变化材料提供动态形状适应性和承载能力。在自然界中，改变刚度的行为对于生物体更好地适应各种条件至关重要。环境压力和捕食者与猎物之间的关系已经驱使生物体进化出独特的组织结构，这些组织结构可以改变以调节其身体的机械性能。例如，海参可以自主和可逆地改变其组织刚度（5~50MPa），以防止物理损伤。

Rowan、Weder和同事已经证明，这种变化源于真皮组织微结构的可变性。胶原纤维和原纤维间基质（包括氨基酸和多糖）形成松散、不连贯的组织结构，为海参提供适当的柔软度和日常活动的便利，如图 5-12a 所示。然而，当暴露于外部刺激或感知到危险时，它会通过调节超分子网络本能地切换到相互连接、致密的组织状态，以增加表皮的硬度。

借鉴大自然的智慧，研究人员已经通过一些方法生产了智能仿生变刚度材料，如构建拓扑网络、添加过冷盐或混合热诱导因子。然而，使其在不产生过早失效的情况下实现力学性能的可逆、极端可切换性仍然较为困难。因此，这些材料的特性和性能远远低于活的生物系统。

Rowan、Weder和同事的一项开创性研究提出了一种“化学-机械”响应机制，以该机制设计材料，使材料的性能不仅限于单一性和固定性，还具有可设计性和可逆性。这项研究作为一个很好的例子表明，在生命起源的分子尺度上设计可逆动态超分子网络是开发具有动态可切换特性的智能材料的有效方法。尽管在可设计性和可逆性方面取得了进展，但要获得具有极端力学性能的智能材料仍然具有挑战性。

通过独特的水-乙醇溶剂交换诱导的超分子重建策略，Jingyi Mo 等人开发了一种新型智能仿生材料，该材料在软凝胶状态下具有出色的成型性，在强化状态下具有极高的力学性能。这种策略能够从资源丰富的生物质材料（如纤维素）中大规模生产具有优异成型性和高机械强度的智能材料。使用纤维素（一种多糖大分子，命名为 Cel）和含有类似氨基酸分子的聚丙烯酰胺（PAAm）来逼真地模拟海参的可变形组织。Cel-PAAm 的超分子材料是通过结合两种成分的分子行为而设计的，如图 5-12b 所示。

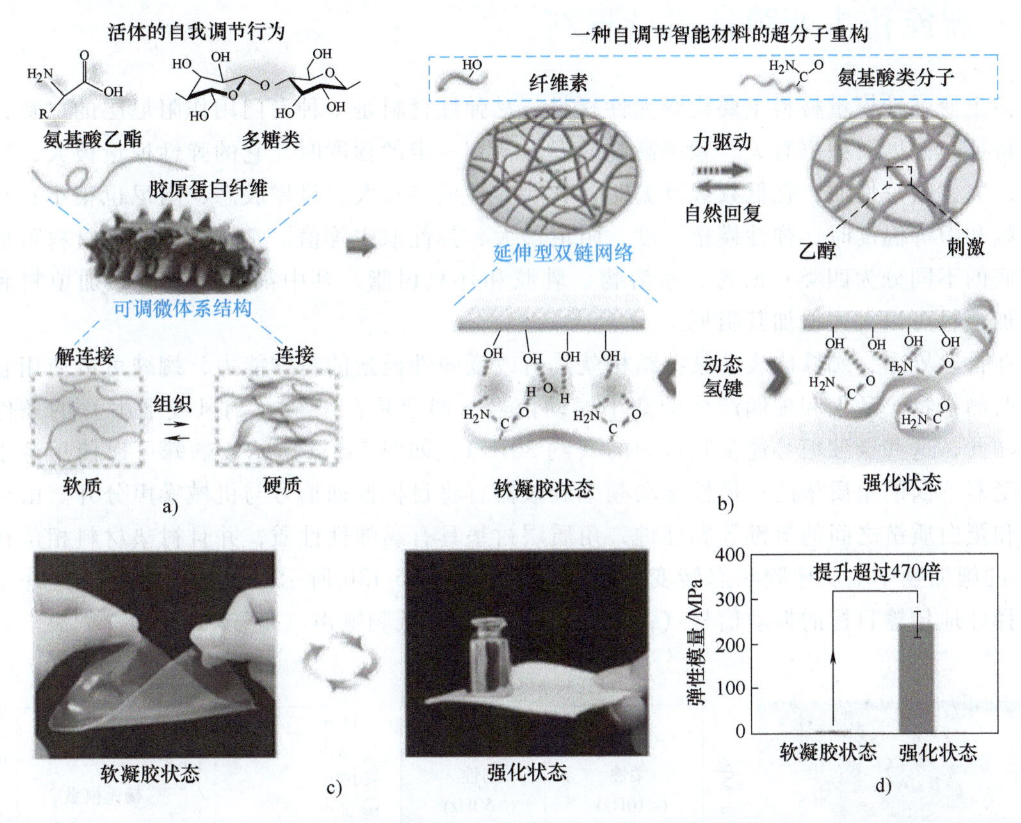

图 5-12 自调节智能材料的生物学灵感与设计

a）海参的照片及其组织强化行为示意图 b）用于开发自调节 Cel-PAAm 的可切换超分子构型策略
c）Cel-PAAm 在其两种极端状态下的光学图像 d）Cel-PAAm 在两种状态下的弹性模量比较

在水和乙醇中，纤维素分子呈线性拉伸结构。相比之下，PAAm 分子表现出可转换的行为，在水中拉伸并在乙醇中卷曲。这些特性使 Cel-PAAm 具有两种可互换的超分子状态，并展示了在柔软和坚硬这两种极端状态之间进行自我调节的可靠、有效和可扩展的能力，如图 5-12c 所示。特别是在其强化状态下，弹性模量和划痕硬度提高了几个数量级（分别超过 470 倍和 3000 倍）。此外，它可以支撑超过自身重 35000 倍的物体，展现出极强的承重能力。通过协调这两种状态的优势，将 Cel-PAAm 在其柔凝胶状态下塑造成各种形状，然后在乙醇刺激下通过硬化来固定这些结构。研究团队最终开发了一种由纤维素和 PAAm 组成的刚度变化材料。在这种智能仿生材料中，纤维素分子建立了稳定的框架，而原位聚合的 PAAm 分子分别在水和乙醇中表现出自我调节的响应性拉伸和卷曲行为，从而形成可切换的超分子构型。仿生细胞 PAAm 具有独特的自愈合行为，以及在软凝胶状态和强化状态之间的自调节能力，其力学性能的差异可达几个数量级。与铝相比，增强后的 Cel-PAAm 具有更高的比穿刺抗力和比冲击强度。即使暴露在-50℃的极端寒冷环境中，增强的 Cel-PAAm 仍然显示出 96.35kJ/m^2 的高冲击强度，可与商业上可用的抗冲击保护材料（如 D3O 和 Kevlar）相媲美。高成型性（在软凝胶状态）和机械强度（在强化状态）的结合使 Cel-PAAm 能够制成具有各种复杂 3D 形状的机械坚固产品。

5.4 智能仿生变弹性模量材料

仿生变弹性模量材料主要指黏弹性材料，黏弹性材料是一种专门用作阻尼层的材料，其主要特征与温度及频率有关。频率高到或温度低到一定的程度时，它的弹性模量极大，呈玻璃态，失去阻尼性质；在低频或高温时，它的弹性模量较大，呈橡胶态，阻尼也很小；只有在中频和中等温度时，弹性模量适度，阻尼最大，弹性取中等值。常用的黏弹性材料可根据其基底的不同分为四类：沥青、水溶物、乳胶和环氧树脂，其中都要适当地添加填料和溶剂。加填料可以大大增加其阻尼。

在自然界中，蜘蛛体表的某些结构就具有改变弹性模量的特殊能力，蜘蛛可以使用它的网来监测猎物、敌人和配偶产生的微小振动信号，即使是在嘈杂（刮风或下雨）的条件下也是如此，这些杂波信号通常是低频的（约 30Hz），如图 5-13a 所示。蜘蛛可以使用位于振动感受器下面的角质垫的选择性振动频率衰减器官将目标振动信号与机械噪声分开。由于甲壳素和蛋白质链之间的氢键等黏性键，角质层衬垫具有黏弹性性质，并且衬垫材料相位在近 30Hz 的施加频率上从橡胶状态转变为玻璃状态，如图 5-13b 所示。这种相位转换允许角质垫选择性地传输目标的振动信号（高于 30Hz）并过滤低频噪声（低于 30Hz）。

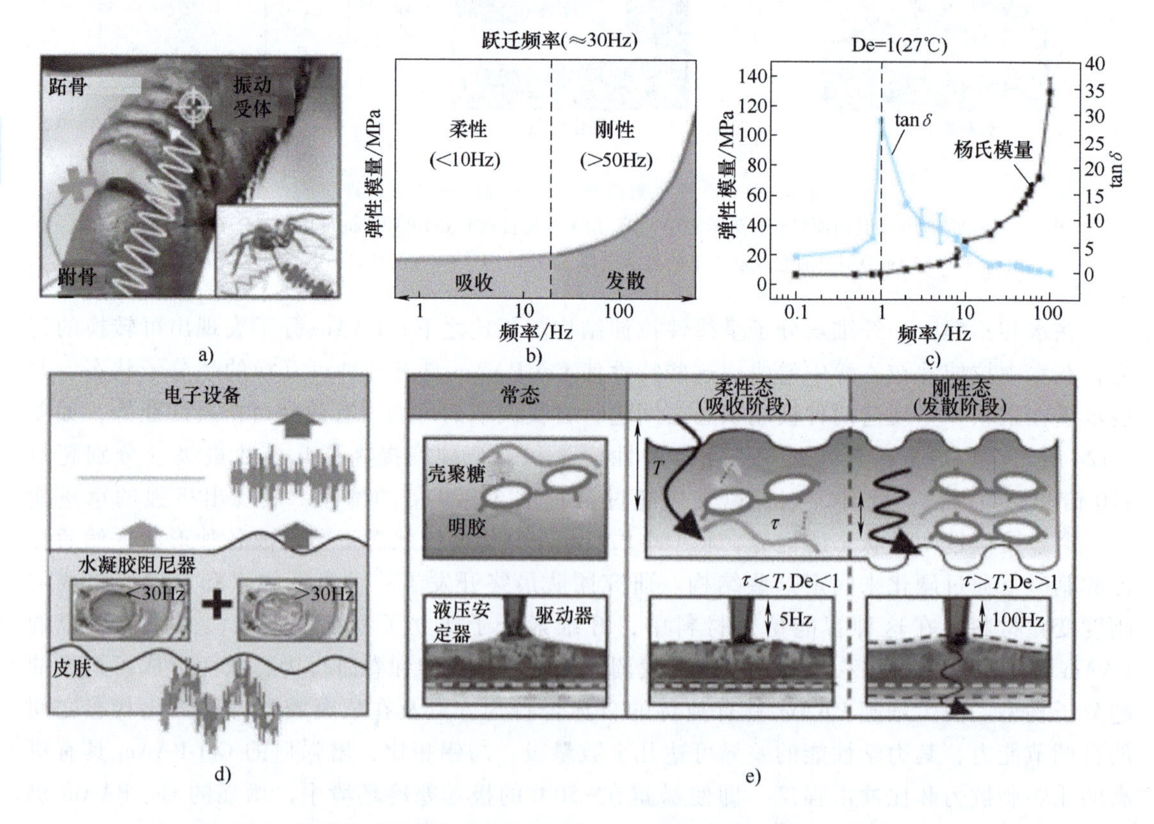

图 5-13 蜘蛛角质垫中的选择性噪声阻尼和生物启发的明胶水凝胶阻尼器

Byeonghak Park 仿照蜘蛛的黏弹性角质垫制成一种非传统的带通滤波材料：黏弹性明胶-壳聚糖水凝胶阻尼器，这种阻尼器能够选择性地去除动态机械噪声的伪影。

研究表明，水凝胶作为一种改变弹性模量的黏弹性材料，表现出与频率相关的相变，具有能够抑制低频噪声的橡胶状态和传输所需高频信号的玻璃状态。可以利用水凝胶的这种性质制成一种可调整的滤波器，以获取高质量的电信号，同时最大限度地减少生物电子设备信号处理部分的体积。

水凝胶的动态力学性能类似于蜘蛛的角质垫，其弹性系数随着频率的增加而增加，如图 5-13c 所示。这种材料能够在过渡频率以下实现黏性阻尼。在过渡频率以上，材料损耗因子 $\tan\delta$ 值随频率的增加而减小，而弹性模量随频率的增加而增大，因此振动是弹性传递的。

由于其低频衰减，水凝胶可用于消除 30Hz 以下的动态噪声，如图 5-13d 所示。其选择性减振的关键机制是基于黏弹性材料的弛豫时间，进而确定材料的转变频率，如图 5-13e 所示。

商用聚合物阻尼器-D3O、Alphagel（Theta 7）、硅橡胶（PDMS）和剪切增稠玉米淀粉悬浮液，这些材料都是用于减振的黏弹性剪切增稠材料。当在不同频率下测量每个阻尼器的单位体积吸收能量以研究能量吸收能力时，水凝胶阻尼器在 27℃ 和 45℃ 下的峰值阻尼能至少是性能第二好的阻尼器材料的 6.7 倍（27℃ 时为 113.04mJ/mm^3，45℃ 时为 108.62mJ/mm^3）。虽然调节温度可以改变阻尼曲线，但其吸收的能量数值只表现出极小的变化。

由于水凝胶阻尼器的表观相变引起的弛豫时间发生变化，转变频率在温度下最终显示出剧烈的变化。水凝胶阻尼器的吸收能量比较表明，在噪声和目标信号之间具有良好的选择性（27℃ 时为 338.73，45℃ 时为 282.39），是其他阻尼器材料的 20 多倍。水凝胶阻尼器的阻尼系数也是其他阻尼材料的 35 倍以上（27℃ 时为 22mJ · s/m^3，45℃ 时为 5.7mJ · s/m^3）。因此，在使用水凝胶阻尼器的情况下，阻尼器的带宽较窄（27℃ 时为 80.59 Hz，45℃ 时为 169.3 Hz），而其他阻尼器显示出较宽的带宽。

使用黏弹性材料的选择性频率阻尼可最大限度地减少机械噪声，并能够在嘈杂条件下检测具有高信噪比（SNR）的生物生理信号。与机械噪声中断后的信号处理相比，材料本身的选择性频率阻尼将更有效地获取清晰的信号。与刚性可穿戴电子产品相比，可以用黏弹性软材料加速不需要信号处理步骤的软生物电子设备的实时应用。

5.5　智能仿生形状记忆材料

智能仿生形状记忆材料（Intelligent Bionic Shape Memory Materials）是指在一定条件下改变初始形状并固定后，通过外界条件（如光、电、磁、热等）的刺激，又可以恢复到初始形状的材料，同时兼具塑料和橡胶的特性。这类材料通常表现出与生物体的形状记忆性质相似的特点。智能仿生形状记忆材料主要分为金属合金和聚合物两大类。金属合金包括镍钛合金（NiTi 合金）等，而聚合物则包括聚氨酯和聚丙烯等。目前存在的形状记忆聚合物一般都由具有硬链段结构（固定相）和软链段结构（可逆相）共存的共聚物构成。

1. 基于生物自愈机理的天然仿生智能形状记忆水凝胶材料

如图 5-14 所示，Balasubramanian Kandasubramanian 等人阐述了基于生物创口自愈机理的用于生物医学供能的天然仿生智能形状记忆水凝胶材料，形状记忆水凝胶（SMHs）因其固有的生物相容性、生物降解性，以及在暴露于外界刺激（如温度）下经历物理形状转变的能力而受到了业界和学术界的共同关注，具有形状记忆特性的水凝胶是智能的、适应性强的软凝胶，具有在暴露于外界刺激（如热、pH、光等）的情况下倾向于修复程序化或永久性物理结构的倾向。

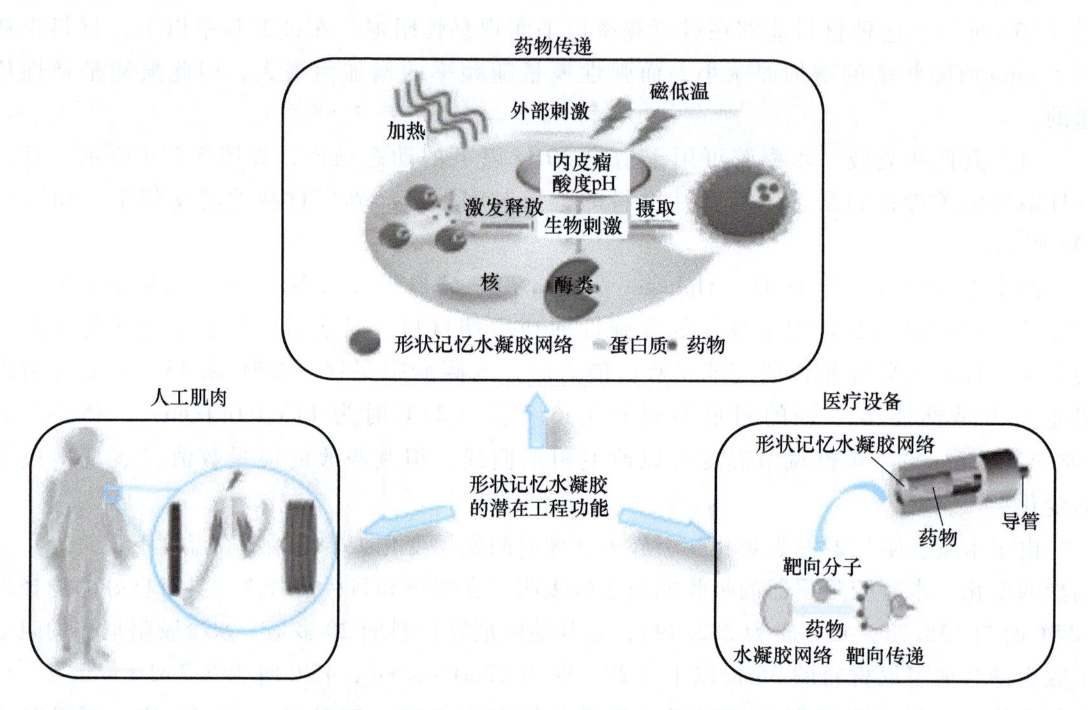

图 5-14　4D 形状记忆水凝胶的潜在工程功能

2. 多尺度定向结构的肌肉启发形状记忆取向水凝胶

如图 5-15 所示，Zhanhiu Li 等人提出了一种具有多尺度定向结构的肌肉启发形状记忆取向聚乙烯醇（PVA）-天然乳胶（NR）水凝胶（OPNH）策略。形状记忆功能来源于天然乳胶（NR）的拉伸诱导结晶，而 PVA 与天然橡胶颗粒表面的蛋白质和磷脂形成强烈的氢键相互作用。同时，PVA 和 NR 的可重构相互作用在拉伸干燥过程中产生了多尺度定向结构，改善了材料的力学性能和形状记忆性能。所得水凝胶显示出优异的界面相容性，表现出优异的力学性能（拉伸强度为 3.2MPa）、高形状固定性（约 80%）和形状恢复率（约 92%）、极短的响应时间（102s）、低响应温度（28℃）和智能热响应性。它甚至可以在举起相当于其体重 372 倍的负荷时保持肌肉般的工作能力，为智能仿生肌肉和多刺激响应装置的应用提供了一类新的智能仿生形状记忆材料。

在过去的几十年中，形状记忆水凝胶已被有效地用于生物医学工程功能，例如药物输送、外科密封胶和组织工程。因为它们的适应性、丰富的生物相容性和预期的生物降解性以及与人体组织类似的湿润和柔软特性，形状记忆水凝胶已被广泛探索和探究。

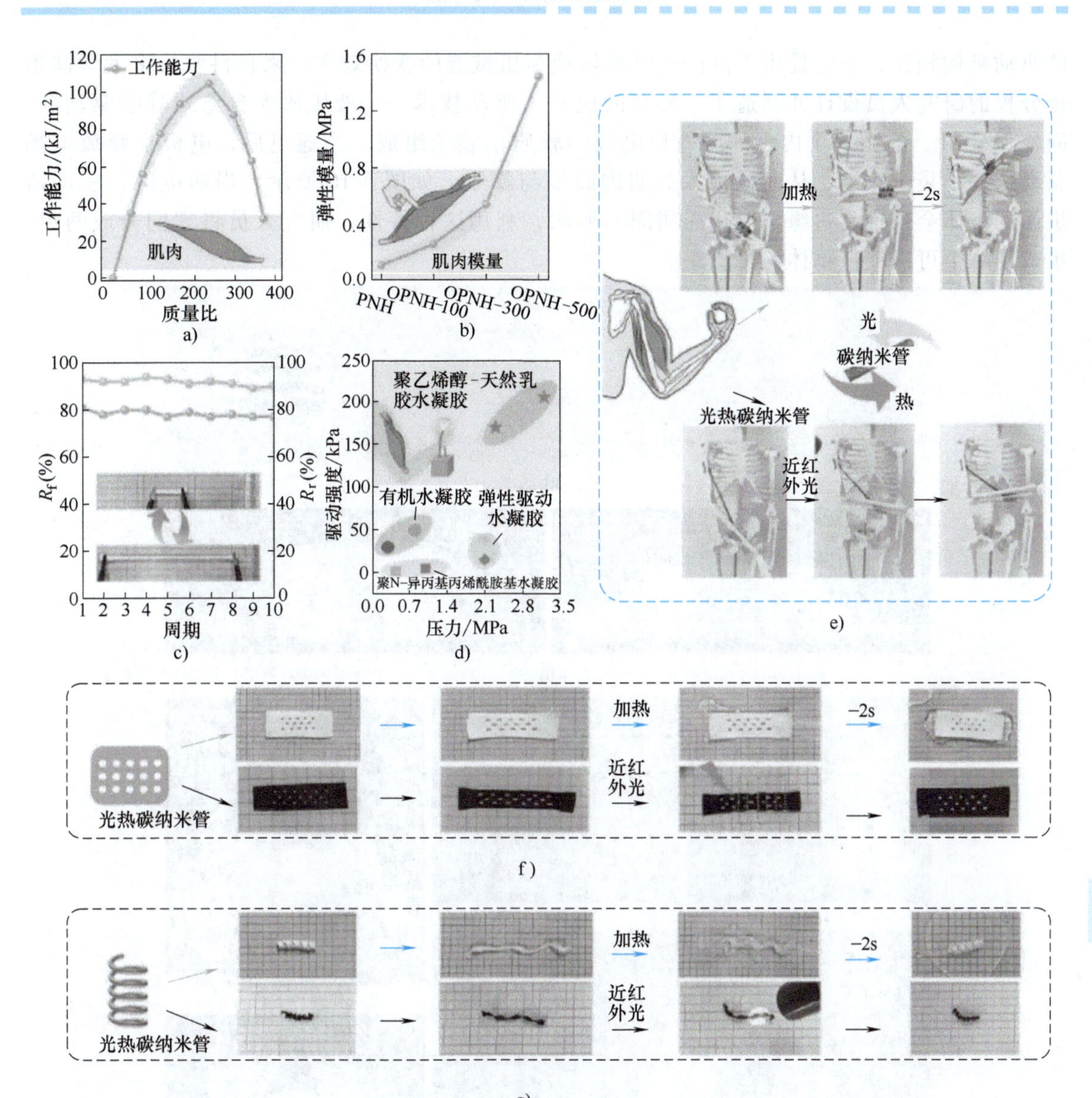

图 5-15　仿生多尺度取向 PVA/NR 水凝胶多刺激响应智能形状记忆驱动器

5.6　智能仿生人工肌肉材料

天然肌肉具有将化学能等温高效地直接转换为机械能的功能。人工肌肉在软体机器人、仿生机器人、康复机器人等领域具有很高的应用价值。近年来，有科学工作者一直想用人工肌肉来代替天然肌肉。电驱动高分子材料具有弹性，材质柔软而且可以产生较大的形变，同时，电驱动高分子材料的机械动作与天然肌肉相似，很多科学家都非常看好它在人工肌肉中的发展前景。如离子交换膜金属复合材料（IMPC）的驱动性能非常类似于生物肌肉，是一种适合于开发仿生机器人的材料。人们利用这种材料，可制作出具有高度的可操纵性、无噪声、动作灵活、可类似模仿人体手臂、鱼类、昆虫等动作的仿生机器人。与由常规材料构成的驱动机构相比，它能提供很高的化学能转换为机械能的变换效率。来自科罗拉多大学博尔德分校的研究人员设计并制造了一种新的机器人驱动技术——液压放大自愈式静电驱动器，简称 HASEL，它由多个内含油液外包电极的软质小袋子组成，当通电后，电极会释放电场驱动这些小袋子收缩，从而模拟人类肌肉收缩与膨胀。如图 5-16 所示，当通电时，驱动器里面的液体会被推到边缘，形成甜甜圈的形状，利用这种特性，研究人员将它们分成两组，组成了一个可以夹持物体的机械手。

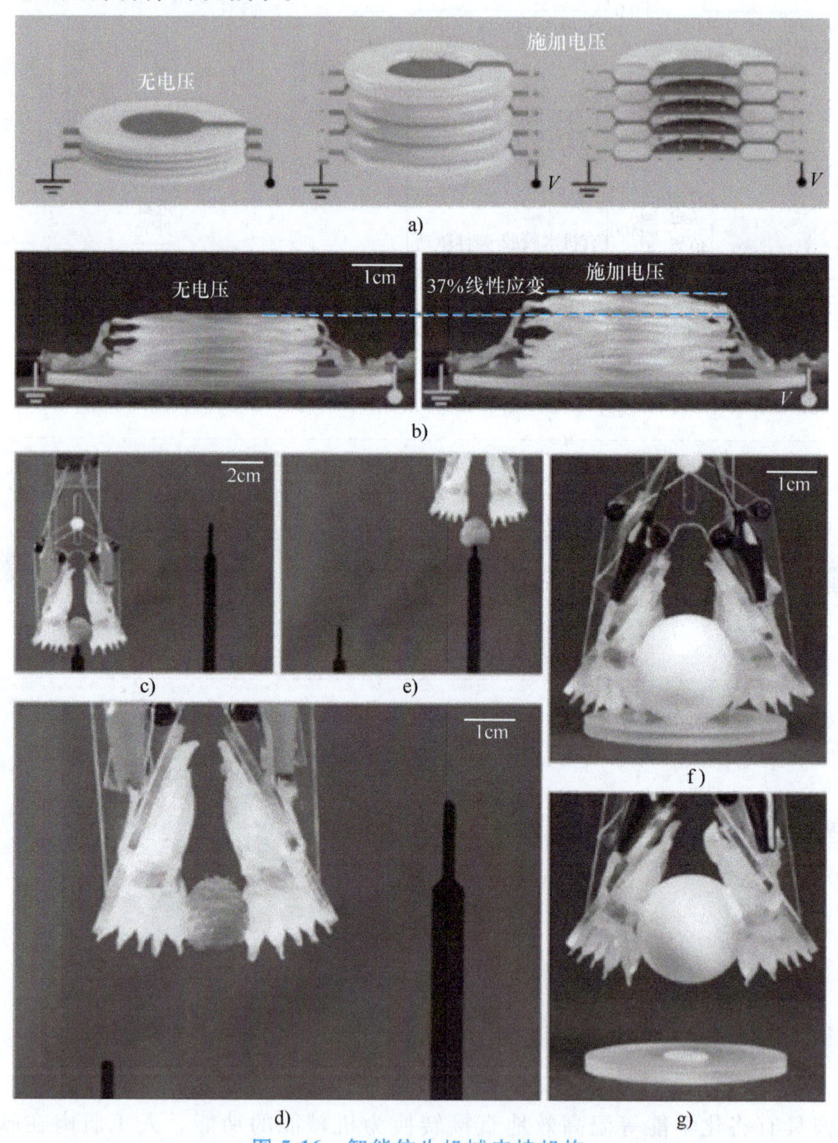

图 5-16　智能仿生机械夹持机构

德克萨斯大学达拉斯分校的 Haines 等人研制出了一种基于聚合物纤维（鱼线）扭转后螺旋卷绕而成的人工肌肉智能仿生柔性驱动器，如图 5-17 所示。这种人工肌肉的制作方式非常简单，单根人工肌肉直接由一段尼龙 66 鱼线扭转螺旋而成，同时将多根人工肌肉以不同的方式编织到一起可以组成多种复合型结构的人工肌肉，在环境温度发生变化时人工肌肉会产生收缩或伸长变形。

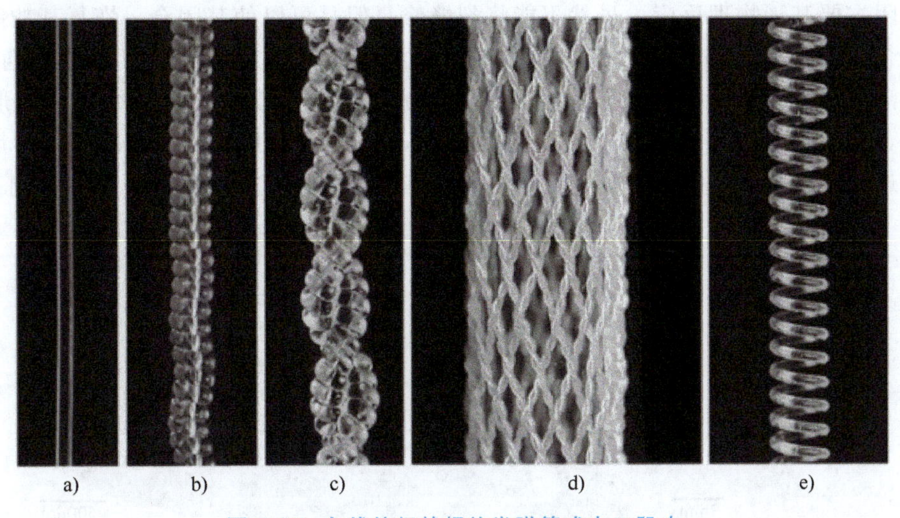

图 5-17　鱼线编织的螺旋卷弹簧式人工肌肉

5.7　智能仿生自修复材料

“自修复”由“自我”和“修复”两个词组成，表达了一种不可想象的现象，即损坏的修复不是借助适当的工具进行的，而是由材料本身自主进行的。有趣的是，对于生物来说，“自修复”则是必备的能力，在生物学领域，“自修复”这一通用术语可以进一步细分为初始快速的自我封闭阶段、随后较慢的伤口和损伤自愈阶段。仿照生物的“自修复”能力，制成具有自修复能力的智能仿生材料。

伤口反应可以看作是生命自然的基本功能。在几十亿年的生物进化过程中，各种自我修复机制在植物、动物和所有其他生物群落中独立并多次进化。然而，自我修复材料并不是大自然的特权。即使自我修复的灵感以不同的方式与自然相关联，但大多数现有的自我修复材料都是由工程师、化学家或材料科学家开发的，没有刻意选择生物角色模型。

基于不同标准的自修复材料的定义和分类有许多，下面介绍三种。第一种分类是根据所涉及的基本过程类型进行的，从而区分化学和物理自我修复过程；第二种分类区分了内在的自我修复（即由于材料的固有能力而发生愈合）和外在的自我修复（即愈合化学物质嵌入微胶囊、中空玻璃纤维或血管系统中并在损伤时释放）；第三种分类是根据表征自愈过程性质的触发因素进行的，因此要区分是否为自主自愈材料，需要有适度的外部触发条件及自主自愈材料本身，并使其损伤作为刺激。

图 5-18 显示了气管植物自我修复机制的一些示例。图 5-18a 和 b 中显示整个叶片在损伤后内弯曲并封闭伤口，随后伤口在较长时间（数天或数周）内愈合，叶片通过伤口边缘的真皮组织（表皮与角质层）的卷入减小了伤口开口的大小；图 5-18c 和 d 显示薄壁细胞变形并挤入厚壁和木质化的厚壁细胞的（微）裂隙中，伤口立即被伤口区域被破坏的黏液细胞释放的黏液封闭；图 5-18e～g 表示包括细胞分裂的伤口周皮的发育，叶片的伤口周围形成木质素化边界层，在封闭阶段发生覆盖伤口表面的黏液排出，伤口区域未木质化的细胞壁木质化的过程；图 5-18h 表示受伤后植物在伤口处立即释放乳胶，在几分钟内形成凝固的乳胶

塞。自封闭主要基于物理反应，虽然不能将裂缝修复但是可以使其闭合，恢复其功能，如表面伤口闭合，覆盖内外伤口表面。自封闭包括分泌植物汁液来填充密封间隙（通过胶乳、树脂、黏液等汁液分泌将损伤部分黏合填充）和通过机械驱动使伤口边缘发生变形（重叠伤口部位、伤口表面的紧密接触、伤口边缘的卷入等）。而自我修复主要基于化学反应和生物反应，进一步使裂缝的结构修复，直至不再存在裂缝（恢复力学性能、防御机制）。

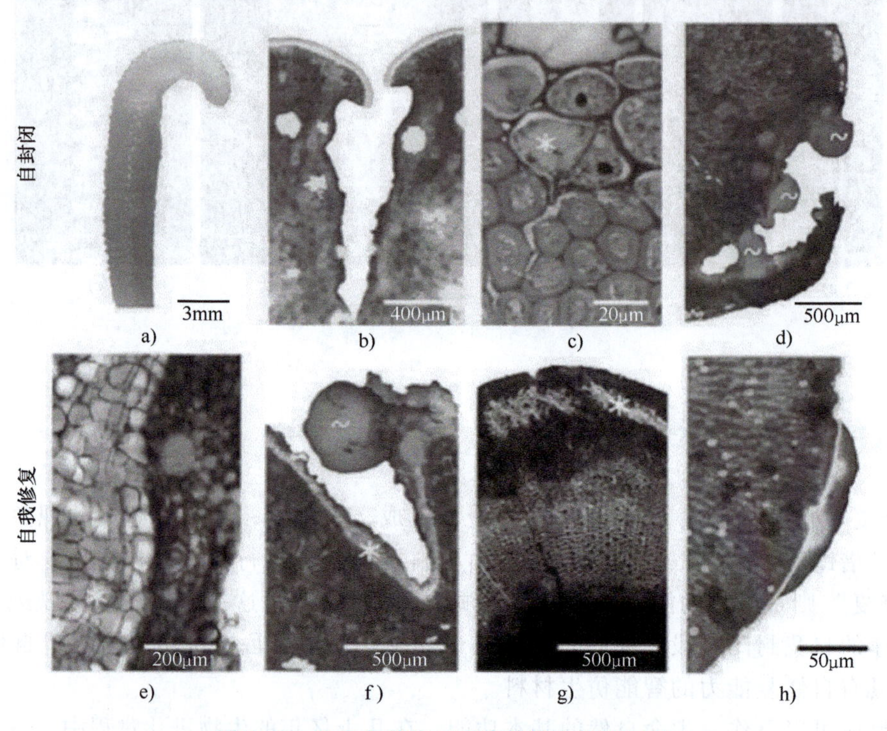

图 5-18　显示各种伤口反应的植物物种示例

a）整个叶片弯曲并封闭伤口　b）伤口边缘的真皮组织卷入减小了伤口开口的大小
c）薄壁细胞变形挤入厚壁的（微）裂隙中　d）伤口立即被黏液细胞释放的黏液封闭
e）伤口周皮的发育　f）伤口处形成木质素化边界层，封闭阶段黏液排出
g）伤口区域韧皮纤维细胞壁木质化　h）伤口处释放的乳胶凝固形成乳胶塞

Yang 等人开发了一种仿生自修复聚合物。该种自修复材料是基于由具有固有应力和应变的各种组织组成的植物叶片模型，开发出的一种商品微相分离共聚物，并在其有意识地引入了促进形状记忆效应（SME）的形态，从而使该种材料能够在受到机械损伤时进行自修复。

与气管植物不同，不同的动物具有不同的运动方式，如步行、游泳或飞行等，而在运动过程中不可避免地会对动物自身造成损害，这也就导致了自修复能力是动物必须具备的能力之一。尽管不同动物的自修复过程有相似之处，但不同类型生物的伤口修复过程仍然表现出巨大的差异。

多个研究小组受贻贝独特的外壳结构启发，将功能原理转化为具有自愈效果的各种合成材料。Ahn 等人开发了一种受贻贝启发的聚合物，可在潮湿的条件下治愈受损部位。

2013 年，Kogsgaard 等人介绍了一种受贻贝黏附蛋白启发的自我修复多 pH 响应水凝胶的开发，制成一种具有受 pH 控制的双稳态凝胶体系的自修复高强度水凝胶。

5.8　智能仿生剪切增稠材料

智能仿生剪切增稠流体（Shear Thickening Fluid，STF）是由纳米粒子分散在高聚物中或长链高分子聚合而形成的一种混合流体。利用 STF 与高分子纤维材料进行复合所制备的各类型先进体育材料具有极为优异的力学性能，因而逐渐成为抗外力防护领域最重要的材料之一，具有广阔的应用前景。

STF 的黏度随着剪切速率的增加而急剧变化，在剪切稀化阶段、剪切增稠阶段和回到剪切稀化阶段之间转换。STF 具有出色的能量吸收性能，其会在剪切增稠阶段耗散大量能量，在与多种仿生结构结合后可以制成多种智能仿生剪切增稠材料，并可以被广泛应用于各种场景中。

剪切增稠机理主要分为 ODT 原理和水合粒子簇理论（Hydro-cluster）。

其中 ODT 原理最早由 Hoffmanp 证实，该学者通过对纳米粒子/聚合物悬浮体系 STF 材料开展光散射实验，证明了材料体系中的粒子在受到较小外力作用时，有序程度得到提高；当外力较大时粒子的有序结构被破坏，从而分别表现出剪切变稀和剪切增稠的两种现象。水合粒子簇理论则解释为，当颗粒与颗粒之间的距离减小时，流体润滑力增大。在高剪切速率状态下，流体润滑力将颗粒拉近，聚集的颗粒形成水离子团簇。由于团簇中颗粒浓度较高，流体所受应力较大，颗粒间相互流动困难，导致能量耗散率增加，黏度增大。

早期最为典型的 STF 增强高分子纤维材料应用案例可追溯至 2006 年都灵冬季奥运会上部分冰雪运动选手所使用的 D3O 材料，该材料常态下为松弛状态，柔软而富有弹性，能够为运动员提供良好的穿着舒适感；一旦遭到外界剧烈撞击，分子间粒子相互锁定，材料硬化后形成一层紧致的防护层为运动员提供防护，降低运动损伤。

南京航空航天大学的郭策教授团队提取螳螂虾附足结构形态，根据螳螂虾附足几丁质纤维的螺旋排列结构，设计出一种新型双螺旋排列编织结构，通过引入剪切增稠体系，设计并制备出了一种新型抗冲击复合材料结构。

思考题

1. 阐述智能仿生材料的概念。
2. 举 3 个生活中常见的仿生驱动材料实例。
3. 试对驱动材料进行分类。
4. 阐述一种典型电驱动材料的工作原理。
5. 阐述智能仿生材料之间的共通之处。
6. 智能仿生驱动材料应用有哪些?

参考文献

[1]　穆九柯. 多维度结构致动材料的设计制备与性能研究［D］. 上海：东华大学，2017

[2]　RÖNTGEN W C. Ueber die durch electricität bewirkten form-und volumenänderungen von dielectrischen körpern［J］. Annalen der Physik，1880，247（13）：771-786.

[3]　吴森强. 高介电常数丙烯酸酯弹性体基复合材料的制备及性能研究［D］，南京：南京航空航天大学，2018.

[4] LIU S, FAN X W, YUAN F, et al. Enabling thermally enhanced vibration attenuation via biomimetic Zr-fumarate MOF-based shear thickening fluid [J]. Composites Part B (Engineering), 2022, 239: 109964.

[5] TANG Y, QIN L, LI X, et al. A frog-inspired swimming robot based on dielectric elastomer actuators [C] //2017 IEEE/RSJ International Conference on Intelligent Robots and Systems. New York: IEEE, 2017: 2403-2408.

[6] SHINTAKE J, CACUCCIOLO V, SHEA H, et al. Soft biomimetic fish robot made of dielectric elastomer actuators [J]. Soft Robotics, 2018, 5 (4): 466-474.

[7] SHIAN S, BERTOLDI K, CLARKE D R. Dielectric elastomer based "grippers" for soft robotics [J]. Advanced Materials, 2015, 27 (43): 6814-6819.

[8] JI X, LIU X, CACUCCIOLO V, et al. An autonomous untethered fast soft robotic insect driven by low-voltage dielectric elastomer actuators [J]. Science Robotics, 2019, 4 (37): eaaz6451.

[9] SHINTAKE J, ROSSET S, SCHUBERT B, et al. Versatile soft grippers with intrinsic electroadhesion based on multifunctional polymer actuators [J]. Advanced Materials, 2016, 28 (2): 231-238.

[10] MITCHELL S K, WANG X, ACOME E, et al. An easy-to-implement toolkit to create versatile and high-performance HASEL actuators for untethered soft robots [J]. Advanced Science, 2019, 6 (14): 1900178.

[11] CHENG X, YANG W, CHENG L, et al. Tunable-focus negative poly (vinyl chloride) gel microlens driven by unilateral electrodes [J]. Journal of Applied Polymer Science, 2018, 135 (15): 46136.

[12] GU G Y, ZOU J, ZHAO R, et al. Soft wall-climbing robots [J]. Science Robotics, 2018, 3 (25): eaat2874.

[13] ACOME E, MITCHELL S K, MORRISSEY T G, et al. Hydraulically amplified self-healing electrostatic actuators with muscle-like performance [J]. Science, 2018, 359 (6371): 61-65.

[14] SHEN Q, WANG T M, LIANG J H, et al. Hydrodynamic performance of a biomimetic robotic swimmer actuated by ionic polymer-metal composite [J]. Smart Materials and Structures, 2013, 22 (7): 075035.

[15] LI Y, GUO M, LI Y. Recent advances in plasticized PVC gels for soft actuators and devices: a review [J]. Journal of Materials Chemistry C, 2019, 7 (42): 12991-13009.

[16] ZATOPA A, WALKER S, MENGUC Y. Fully soft 3D-printed electroactive fluidic valve for soft hydraulic robots [J]. Soft Robotics, 2018, 5 (3): 258-271.

[17] LENG J S, LAN X, LIU Y J, et al. Shape-memory polymers and their composites: stimulus methods and applications [J]. Progress in Materials Science, 2011, 56 (7): 1077-1135.

[18] HAO Y F, LIU Z M, LIU J Q, et al. A soft gripper with programmable effective length, tactile and curvature sensory feedback [J]. Smart Materials and Structures, 2020, 29 (3): 035006.

[19] FELTON S, TOLLEY M, DEMAINE E, et al. A method for building self-folding machines [J]. Science, 2014, 345 (6197): 644-646.

[20] CHEN T, SHEA K. An autonomous programmable actuator and shape reconfigurable structures using bistability and shape memory polymers [J]. 3D Printing and Additive Manufacturing, 2018, 5 (2): 91-101.

[21] HUBBARD A M, LUONG E, RATANAPHRUKS A, et al. Shrink films get a grip [J]. ACS Applied Polymer Materials, 2019, 1 (5): 1088-1095.

[22] WANG C, SIM K, CHEN J, et al. Soft ultrathin electronics innervated adaptive fully soft robots [J]. Advanced Materials, 2018, 30 (13): 1706695.

[23] ROGÓŻM, ZENG H, XUAN C, et al. Light-driven soft robot mimics caterpillar locomotion in natural scale [J]. Advanced Optical Materials, 2016, 4 (11): 1689-1694.

[24] AN B, MIYAHSITA S, ONG A. An end-to-end approach to self-folding origami structures by uniform heat [J]. IEEE Transactions on Robotics, 2018, 34 (6): 1409-1424.

[25] SEOK S, ONAL C D, CHO K J, et al. Meshworm: a peristaltic soft robot with antagonistic nickel titanium coil actuators [J]. IEEE/ASME Transactions on Mechatronics, 2012, 18 (5): 1485-1497.

[26] MAZZOLAI B, MARGHERI L, CIANCHETTI M, et al. Soft-robotic arm inspired by the octopus: Ⅱ. from artificial requirements to innovative technological solutions [J]. Bioinspiration & Biomimetics, 2012, 7 (2): 025005.

[27] LIN H T, LEISK G G, TRIMMER B. GoQBot: a caterpillar-inspired soft-bodied rolling robot [J]. Bioinspiration & Biomimetics, 2011, 6 (2): 026007.

[28] PETSCH S, RIX R, KHATRI B, et al. Smart artificial muscle actuators: liquid crystal elastomers with integrated temperature feedback [J]. Sensors and Actuators A: Physical, 2015, 231: 44-51.

[29] 许娇娇. 掺纳米金属液晶弹性体光频选择性光致动研究 [D]. 哈尔滨: 黑龙江大学, 2020.

[30] MA Y, ZHANG Y, WU B, et al. Polyelectrolyte multilayer films for building energetic walking devices [J]. Angewandte Chemie, 2011, 123 (28): 6378-6381.

[31] HAN S T, HU L, WANG X, et al. Black phosphorus quantum dots with tunable memory properties and multilevel resistive switching characteristics [J]. Advanced Science, 2017, 4 (8): 1600435.

[32] DONG R, HU Y, WU Y, et al. Visible-light-driven BiOI-based Janus micromotor in pure water [J]. Journal of the American Chemical Society, 2017, 139 (5): 1722-1725.

[33] WANI O M, VERPAALEN R, ZENG H, et al. An artificial nocturnal flower via humidity-gated photoactuation in liquid crystal networks [J]. Advanced Materials, 2019, 31 (2): e1805985.

[34] YANG H, LEOW W R, WANG T, et al. 3D printed photoresponsive devices based on shape memory composites [J]. Advanced Materials, 2017, 29 (33): 1701627.

[35] PILZ DA CUNHA M, AMBERGEN S, DEBIJE M G, et al. A soft transporter robot fueled by light [J]. Advanced Science, 2020, 7 (5): 1902842.

[36] REN Z, HU W, DONG X, et al. Multi-functional soft-bodied jellyfish-like swimming [J]. Nature Communications, 2019, 10 (1): 1-12.

[37] HU W, LUM G Z, MASTRANGELI M, et al. Small-scale soft-bodied robot with multimodal locomotion [J]. Nature, 2018, 554 (7690): 81-85.

[38] KIM Y, YUK H, ZHAO R, et al. Printing ferromagnetic domains for untethered fast-transforming soft materials [J]. Nature, 2018, 558 (7709): 274-279.

[39] KIM Y, PARADA G A, LIU S, et al. Ferromagnetic soft continuum robots [J]. Science Robotics, 2019, 4 (33): eaax7329.

[40] MAO G, DRACK M, KARAMI-MOSAMMAM M, et al. Soft electromagnetic actuators [J]. Science Advances, 2020, 6 (26): eabc0251.

[41] MICHELSON A A. LXI. On metallic colouring in birds and insects [J]. The London, Edinburgh, and Dublin Philosophical Magazine and Journal of Science, 1911, 21 (124): 554-567.

[42] Rayleigh L. Ⅶ. On the optical character of some brilliant animal colours [J]. The London, Edinburgh, and Dublin Philosophical Magazine and Journal of Science, 1919, 37 (217): 98-111.

[43] RAYLEIGH L. Studies of iridescent colour, and the structure producing it. Ⅳ. Iridescent beetles [J]. Proceeding of the Royal Society A, 1923, 103 (721): 233-239.

[44] BANCROFT W D, CHAMOT E M, MERRITT E, et al. Blue feathers [J]. The Auk, 1923, 40 (2): 275-300.

[45] MASON C W. Structural colors in insects. Ⅱ [J]. The Journal of Physical Chemistry, 2002, 31 (3): 321-354.

[46] GENTIL K. Elektronenmikroskopische untersuchung des feinbaues schillernder leisten von morpho-schuppen [J]. Zeitschrift für Morphologie und Ökologie der Tiere, 1942, 38 (2): 344-355.

[47] TAYLOR R L. The metallic gold spots on the pupa of the monarch butterfly [J]. Ent. News, 1964, 75: 253.

[48] NEKRUTENKO Y P. ' Gynandromorphic effect ' and the optical nature of hidden wing-pattern in gonepteryx rhamni L. (lepidoptera, pieridae) [J]. Nature, 1965, 205 (4969): 417-418.

[49] LAND M F. A multilayer interference reflector in the eye of the scallop, pecten maximus [J]. Journal of Experimental Biology, 1966, 45 (3): 433-447.

[50] BERNHARD C G, GEMNE G, MOELLER A R. Modification of specular reflexion and light transmission by biological surface structures [J]. Quarterly Reviews of Biophysics, 1968, 1 (1): 89-105.

[51] VUKUSIC P, SAMBLES J R. Photonic structures in biology [J]. Nature, 2003, 424 (6950): 852-855.

[52] PARKER A R. 515 million years of structural colour [J]. Journal of Optics A (Pure and Applied Optics), 2000, 2 (6): R15.

[53] YIN H, SHI L, SHA J, et al. Iridescence in the neck feathers of domestic pigeons [J]. Physical Review E, 2006, 74 (5): 051916.

[54] PRUM R O, TORRES R H. Structural colouration of mammalian skin: convergent evolution of coherently scattering dermal collagen arrays [J]. Journal of Experimental Biology, 2004, 207 (12): 2157-2172.

[55] PARKER A R, TOWNLEY H E. Biomimetics of photonic nanostructures [J]. Nature Nanotechnology, 2007, 2 (6): 347-353.

[56] HINTON H E, JARMAN G M. Physiological colour change in the Hercules beetle [J]. Nature, 1972, 238 (5360): 160-161.

[57] VIGNERON J P, RASSART M, VANDENBEM C, et al. Spectral filtering of visible light by the cuticle of metallic woodboring beetles and microfabrication of a matching bioinspired material [J]. Physical Review E, 2006, 73 (4): 041905.

[58] VIGNERON J P, COLOMER J F, VIGNERON N, et al. Natural layer-by-layer photonic structure in the squamae of hoplia coerulea (coleoptera) [J]. Physical Review E, 2005, 72 (6): 061904.

[59] DEPARIS O, VANDENBEM C, RASSART M, et al. Color-selecting reflectors inspired from biological periodic multilayer structures [J]. Optics Express, 2006, 14 (8): 3547-3555.

[60] KERTÉSZ K, BÁLINT Z, VÉRTESY Z, et al. Gleaming and dull surface textures from photonic-crystal-type nanostructures in the butterfly cyanophrys remus [J]. Physical Review E, 2006, 74 (2): 021922.

[61] RUOKOLAINEN J, MAKINEN R, TORKKELI M, et al. Switching supramolecular polymeric materials with multiple length scales [J]. Science, 1998, 280 (5363): 557-560.

[62] HE X, AIZENBERG M, KUKSENOK O, et al. Synthetic homeostatic materials with chemo-mechano-chemical self-regulation [J]. Nature, 2012, 487 (7406): 214-218.

[63] ENGLISH M A, SOENKSEN L R, GAYET R V, et al. Programmable CRISPR-responsive smart materials [J]. Science, 2019, 365 (6455): 780-785.

[64] YOU Y, PENG W L, XIE P, et al. Topological rearrangement-derived homogeneous polymer networks capable of reversibly interlocking: from phantom to reality and beyond [J]. Materials Today, 2020, 33: 45-55.

[65] SANO K, IGARASHI N, EBINA Y, et al. A mechanically adaptive hydrogel with a reconfigurable network

consisting entirely of inorganic nanosheets and water [J]. Nature Communications, 2020, 11 (1): 1-9.

[66] CHANG D, LIU J R, FANG B, et al. Reversible fusion and fission of graphene oxide - based fibers [J]. Science, 2021, 372 (6542): 614-617.

[67] MAO L B, GAO H L, YAO H B, et al. Synthetic nacre by predesigned matrix-directed mineralization [J]. Science, 2016, 354 (6308): 107-110.

[68] HOBDAY C L, KIESLICH G. Structural flexibility in crystalline coordination polymers: a journey along the underlying free energy landscape [J]. Dalton Transactions, 2021, 50 (11): 3759-3768.

[69] XU C, STIUBIANU G T, GORODETSKY A A. Adaptive infrared-reflecting systems inspired by cephalopods [J]. Science, 2018, 359 (6383): 1495-1500.

[70] HUANG W, SHISHEHBOR M, GUARÍN-ZAPATA N, et al. A natural impact-resistant bicontinuous composite nanoparticle coating [J]. Nature Materials, 2020, 19 (11): 1236-1243.

[71] SHANMUGANATHAN K, CAPADONA J R, ROWAN S J, et al. Stimuli-responsive mechanically adaptive polymer nanocomposites [J]. ACS Applied Materials & Interfaces, 2010, 2 (1): 165-174.

[72] MO J Y, PRÉVOST S F, BLOWES L M, et al. Interfibrillar stiffening of echinoderm mutable collagenous tissue demonstrated at the nanoscale [J]. Proceedings of the National Academy of Sciences of the United States of America, 2016, 113 (42): E6362-E6371.

[73] CAPADONA J R, SHANMUGANATHAN K, TYLER D J, et al. Stimuli-responsive polymer nanocomposites inspired by the sea cucumber dermis [J]. Science, 2008, 319 (5868): 1370-1374.

[74] SHAH D S, YANG E J, YUEN M C, et al. Jamming skins that control system rigidity from the surface [J]. Advanced Functional Materials, 2021, 31 (1): 2006915.

[75] WANG W, TIMONEN J V I, CARLSON A, et al. Multifunctional ferrofluid-infused surfaces with reconfigurable multiscale topography [J]. Nature, 2018, 559 (7712): 77-82.

[76] YANG F K, CHOLEWINSKI A, YU L, et al. A hybrid material that reversibly switches between two stable solid states [J]. Nature Materials, 2019, 18 (8): 874-882.

[77] FRATZL P. Biomimetic materials research: what can we really learn from nature's structural materials? [J]. Journal of the Royal Society Interface, 2007, 4 (15): 637-642.

[78] FAN H, GONG J P. Fabrication of bioinspired hydrogels: challenges and opportunities [J]. Macromolecules, 2020, 53 (8): 2769-2782.

[79] JIN H J, WEISSMÜLLER J. A material with electrically tunable strength and flow stress [J]. Science, 2011, 332 (6034): 1179-1182.

[80] ZHAO D W, ZHU Y, CHENG W K, et al. A dynamic gel with reversible and tunable topological networks and performances [J]. Matter, 2020, 2 (2): 390-403.

[81] YANG Z G, YANG Y, WANG M, et al. Dynamically tunable, macroscopic molecular networks enabled by cellular synthesis of 4-arm star-like proteins [J]. Matter, 2020, 2 (1): 233-249.

[82] GILBERT C, TANG T C, OTT W, et al. Living materials with programmable functionalities grown from engineered microbial co-cultures [J]. Nature Materials, 2021, 20 (5): 691-700.

[83] NONOYAMA T, LEE Y W, OTA K, et al. Instant thermal switching from soft hydrogel to rigid plastics inspired by thermophile proteins [J]. Advanced Materials, 2020, 32 (4): 1905878.

[84] LIU C, MORIMOTO N, JIANG L, et al. Tough hydrogels with rapid self-reinforcement [J]. Science, 2021, 372 (6546): 1078-1081.

[85] CHEN X, DAM M A, ONO K, et al. A thermally re-mendable cross-linked polymeric material [J]. Science, 2002, 295 (5560): 1698-1702.

[86] BARTH F G. A spider' s world: senses and behavior [M]. Berlin: Springer Science & Business Media,

2002.

[87] YOUNG S L, CHYASNAVICHYUS M, ERKO M, et al. A spider' s biological vibration filter: micromechanical characteristics of a biomaterial surface [J]. Acta Biomaterialia, 2014, 10 (11): 4832-4842.

[88] PARK B, SHIN J H, OK J, et al. Cuticular pad - inspired selective frequency damper for nearly dynamic noise-free bioelectronics [J]. Science, 2022, 376 (6593): 624-629.

[89] VINCENT J F V. Arthropod cuticle: a natural composite shell system [J]. Composites Part A (Applied Science and Manufacturing), 2002, 33 (10): 1311-1315.

[90] XU L J, WANG C, CUI Y, et al. Conjoined-network rendered stiff and tough hydrogels from biogenic molecules [J]. Science advances, 2019, 5 (2): eaau3442.

[91] PLAIZIER-VERCAMMEN J A, LECLUSE E, BOUTE P, et al. Rheological properties of topical fluoride gels [J]. Dental Materials, 1989, 5 (5): 301-305.

[92] SCALET G. Two-way and multiple-way shape memory polymers for soft robotics: an overview [J]. Actuators, 2020, 9 (1): 10.

[93] MENG H, LI G Q. A review of stimuli-responsive shape memory polymer composites [J]. Polymer, 2013, 54 (9): 2199-2221.

[94] KORDE J M, KANDASUBRAMANIAN B. Naturally biomimicked smart shape memory hydrogels for biomedical functions [J]. Chemical Engineering Journal, 2020, 379: 122430.

[95] LI Z H, LI Z W, ZHOU S, et al. Biomimetic multiscale oriented PVA/NRL hydrogel enabled multistimulus responsive and smart shape memory actuator [J]. Small (Weinheim an der Bergstrasse, Germany), 2024, 20 (25): e2311240.

[96] MIRFAKHRAI T, MADDEN J D W, BAUGHMAN R H. Polymer artificial muscles [J]. Materials Today, 2007, 10 (4): 30-38.

[97] YANG Y, WU Y X, LI C, et al. Flexible actuators for soft robotics [J]. Advanced Intelligent Systems, 2020, 2 (1): 1900077.

[98] ACOME E, MITCHELL S K, MORRISSEY T G, et al. Hydraulically amplified self-healing electrostatic actuators with muscle-like performance [J]. Science, 2018, 359 (6371): 61-65.

[99] HAINES C S, LIMA M D, LI N, et al. Artificial muscles from fishing line and sewing thread [J]. science, 2014, 343 (6173): 868-872.

[100] SPECK T, MÜHAUPT R, SPECK O. Self-healing in plants as bio-inspiration for self-repairing polymers [J]. Self-healing Polymers, 2013, 1: 61-89.

[101] SPECK T, BAUER G, FLUES F, et al. Bio-inspired self-healing materials [M] //Materials Design Inspired by Nature. London: RSC, 2013: 359-389.

[102] HARRINGTON M J, SPECK O, SPECK T, et al. Biological archetypes for self-healing materials [J]. Advances in Polymer Science, 2016, 273: 307-344.

[103] DÖHLER D, MICHAEL P, BINDER W. Principles of self-healing polymers [J]. Self-healing Polymers, 2013, 5 (8): 5-60.

[104] DIESENDRUCK C E, SOTTOS N R, MOORE J S, et al. Biomimetic self-healing [J]. Angewandte Chemie International Edition, 2015, 54 (36): 10428-10447.

[105] BEKAS D G, TSIRKA K, BALTZIS D, et al. Self-healing materials: a review of advances in materials, evaluation, characterization and monitoring techniques [J]. Composites Part B (Engineering), 2016, 87: 92-119.

[106] HAGER M D, GREIL P, LEYENS C, et al. Self-healing materials [J]. Advanced Materials, 2010, 22 (47): 5424-5430.

[107] ANANDAN S, RUDOLPH A, SPECK T, et al. Comparative morphological and anatomical study of self-repair in succulent cylindrical plant organs [J]. Flora, 2018, 241: 1-7.

[108] ERB M. Plant defenses against herbivory: closing the fitness gap [J]. Trends in Plant Science, 2018, 23 (3): 187-194.

[109] YANG Y, DAVYDOVICH D, HORNAT C C, et al. Leaf-inspired self-healing polymers [J]. Chem, 2018, 4 (8): 1928-1936.

[110] GURTNER G C, WERNER S, BARRANDON Y, et al. Wound repair and regeneration [J]. Nature, 2008, 453 (7193): 314-321.

[111] AHN B K, LEE D W, ISRAELACHVILI J N, et al. Surface-initiated self-healing of polymers in aqueous media [J]. Nature Materials, 2014, 13 (9): 867-872.

[112] KROGSGAARD M, BEHRENS M A, PEDERSEN J S, et al. Self-healing mussel-inspired multi-pH-responsive hydrogels [J]. Biomacromolecules, 2013, 14 (2): 297-301.

[113] 韩铖. 仿生轻质抗冲击结构材料的设计，制备与性能研究 [D]. 南京：南京航空航天大学，2018.

第6章 智能仿生传感

智能传感技术是智能仿生学的重要研究领域之一，通过借鉴生物体的感知机制，研发出先进的传感器，以实现对外界环境的精确感知和响应。智能仿生学与智能传感的关系紧密，二者相辅相成，共同推动了现代科技的进步。在智能仿生学中，生物感受器的研究为智能传感技术的发展提供了重要的理论和技术支持。例如，人类的视觉、听觉、嗅觉和触觉等感官系统，能够对外界环境信息进行高效、精准的感知和处理。仿生学研究人员通过模仿这些感官系统，开发出一系列高性能的仿生传感器。这些传感器不仅在感知精度和灵敏度上达到了新的高度，还具备了一定的智能化特性，能够根据环境变化进行自我调整和优化。智能仿生传感技术在多个领域中得到了广泛应用。在医疗健康领域，仿生传感器可以用于监测人体的生理参数，如心率、血压、血糖等，帮助医生进行精准诊断和治疗。仿生电子皮肤则通过模仿人类皮肤的触觉感知功能，应用于假肢和机器人技术中，使其具备类似人类的触觉能力，提升了人机交互的自然性和灵活性。智能仿生学不仅为智能传感技术的发展提供了新的思路和方法，也推动了传感技术向更高层次的智能化迈进。通过引入人工智能算法，智能仿生传感器能够实现对感知信息的自主分析和决策，具备了更高的自适应性和自主性。这种智能化的传感技术，不仅在传统的应用领域中表现优异，还在新兴领域中展现出了广阔的应用前景。

6.1 智能仿生变阻传感器

通过改变传感器电路中电阻值的大小，将物体的物理量或机械量转化为电阻变化量。传感器电路中阻值发生改变的元件是主要工作元件，在此元件中加入仿生元素来提高传感器的性能指标就是智能仿生变阻传感器。

6.1.1 仿生变阻式传感器原理

1. 通过电阻的参数调节电阻值

电阻值由其本身的材料、结构决定，传感器受到外界的物理量或机械量作用后通过改变材料参数、结构参数来改变电路中的阻值从而实现对外界物理量或机械量的测量。

对于由某种材料制成的柱形均匀导体，其电阻 R 与电阻率 ρ 和长度 L 成正比，与横截面面积 S 成反比，即

$$R=\rho\frac{L}{S} \tag{6-1}$$

式中　R——电阻（Ω）；

ρ——电阻率（Ω·m）；

L——导体长度（m）；

S——导体横截面面积（m^2）。

常温下一般金属的电阻率与温度的关系为

$$\rho=\rho_0(1+\alpha t) \tag{6-2}$$

式中　ρ_0——0℃时的电阻率（Ω·m）；

α——电阻的温度系数（10^{-6}/℃）；

t——温度（℃）。

半导体和绝缘体的电阻率与金属不同，它们与温度之间不是按线性规律变化的。当温度升高时，它们的电阻率会急剧地减小，呈现出非线性变化的性质。

传感器受到外界物理量或机械量后，材料参数、结构参数发生改变，以此为原理进行传感器的设计与制造。从式（6-1）来看，当导体长度 L 和导体横截面面积 S 一定时，电阻值 R 与电阻率 ρ 成正比；当电阻率 ρ 和导体横截面面积 S 一定时，电阻值 R 与导体长度 L 成正比；当电阻率 ρ 和导体长度 L 一定时，电阻值 R 与导体横截面面积 S 成反比。但在实际应用中参数的变化更为复杂，在一定温度下导体长度变化的同时导体横截面面积也会随之变化，当温度改变时电阻率会变化但导体受到热胀冷缩影响结构参数也会发生变化。

2. 通过宏观、微观结构调节电阻值

变阻式传感器能通过宏观和微观结构的调节来改变电阻值。宏观调节方面，传感器的几何形状和尺寸是关键因素，改变传感器的长度、宽度和厚度可以直接影响电阻值。例如，根据式（6-1）可得，增加传感器的长度或减小横截面面积都会增加电阻。此外，传感器材料在受到拉伸或压缩时，其电阻值也会相应变化，拉伸通常增加电阻，而压缩可能减小电阻，这种效应在应变计中尤为常见。表面结构的变化，如制作波纹或褶皱等特定图案，可以通过改变电流路径来调节电阻值。在微观调节方面，材料组成和结构的选择与调整是关键。不同材料或材料的微观结构（如晶粒大小、缺陷密度等）的变化会显著影响电阻值。通过掺杂不同元素或改变合金成分，可以调整材料的电阻率。纳米结构的引入，如纳米线或纳米颗粒，能够改变电子传输路径，从而调节电阻值，使用碳纳米管或石墨烯等材料可以显著影响传感器的电导特性。此外，多层薄膜结构或改变层间界面的性质，也可以有效调节电阻，例如，通过界面效应改变整体电阻值。微纳加工技术，如光刻和蚀刻，可以在微观尺度上精确调控传感器的结构，从而调节电阻值。这些调节机制使得变阻式传感器在各种应用中表现出色。

在应变计中，变阻式传感器通过材料的拉伸或压缩来改变其电阻值，通常采用金属箔或半导体材料，通过机械应力引起的形变来调节电阻。在柔性电子器件中，柔性传感器常常利用聚合物基底与导电材料的结合，通过宏观和微观结构的调节实现电阻变化，例如，将导电

碳纳米管嵌入聚合物中，通过弯曲或拉伸来改变电阻。在压力传感器中，传感器通过外界压力引起材料的变形，进而改变电阻值，微观结构如微孔、微柱等的设计可以显著影响传感器对压力的响应。

综上所述，变阻式传感器通过宏观和微观结构的精确调节，实现了广泛的应用前景，从应变检测到压力感知，再到柔性电子设备中，都表现出了优异的性能。

6.1.2 仿生裂纹结构提高变阻传感器性能

1. 仿生原型

蜘蛛通过其在跖骨和跗骨之间的腿关节附近的超灵敏振动响应器官狭缝进行狩猎或躲避天敌。基于狭缝的传感器嵌入外骨骼中，可以测量极其微小的表皮应变。感受器由黏弹性基底和坚硬的外骨骼组成，近似平行的神经胶质细胞被组装在机械坚硬的外骨骼中，如图 6-1 所示。这些缝隙直接连接到神经系统以收集外部振动。

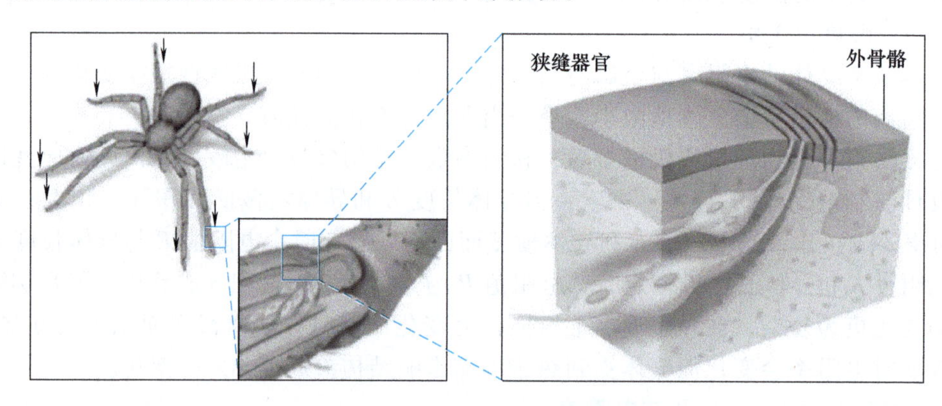

图 6-1　超灵敏蜘蛛狭缝感受器

2. 制造方法

模仿缝器官的几何结构在黏弹性聚合物聚氨酯丙烯酸酯（PUA）上沉积一层 20nm 厚的刚性铂（Pt）层来设计传感器。类比于蜘蛛缝器官的狭缝结构在铂薄膜上产生了可控的裂缝，通过这些裂缝可以测量电导（$S=R_0/R$）。采用不同的曲率半径对 PUA 上的 Pt 薄膜进行机械弯曲（1mm、2mm 和 3mm），通过弯曲不同曲率半径的试样来控制裂纹间距（或密度）。传感器性能受裂纹密度影响。在 PUA 基底上的被撕裂的 Pt 如图 6-2 所示，在 10μm 厚的 PUA 基底上有侧面尺寸为 5mm×10mm 被撕裂的 Pt。图 6-2 表明，在弯曲曲率半径为 1mm 的情况下施加拉伸力，裂纹在横向上形成。裂纹穿透 Pt 膜并延伸至 PUA 基底，总裂纹深度为 40~50nm。如图 6-2 所示，裂纹间隙会随应变增大。即使在 0%应变下，在相应的裂纹边缘之间也存在一个小间隙（约 5nm），表示并非所有这些边都彼此接触。

3. 原理

为了研究传感器的机理，研究了标准化电导 $S=R_0/R$ 作为应变的函数。这揭示了一个有趣的波动行为。导数 $\mathrm{d}S/\mathrm{d}\varepsilon$ 显示有负值和正值的较大波动，尤其是在应变小于 1%（图 6-3）时。这些波动远远超过了无裂纹裸膜的噪声级（图 6-3）。将这些有趣的波动归因于裂纹边缘的断开-重连事件。当 $-\mathrm{d}S/\mathrm{d}\varepsilon$ 值为正时表示断开，而当 $-\mathrm{d}S/\mathrm{d}\varepsilon$ 值为负时表示重新连接。

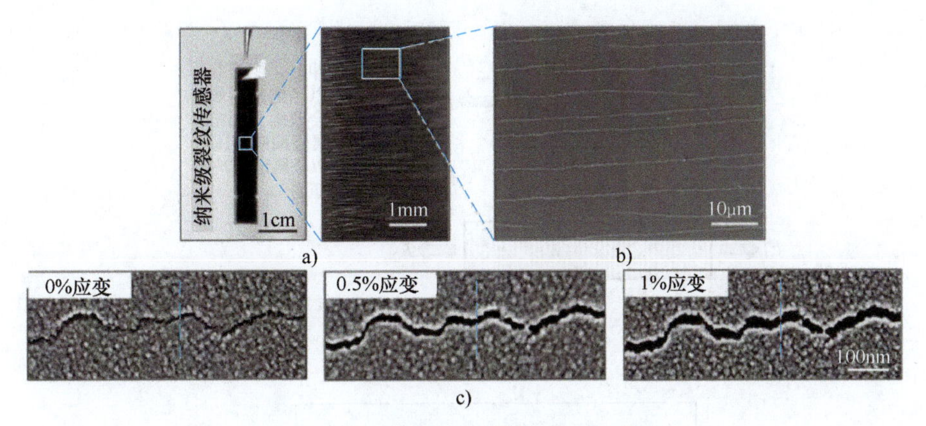

图 6-2　仿蜘蛛缝传感器宏观、微观图

a）仿蜘蛛缝传感器整体示意图　b）缝结构局部放大图　c）不同应变下缝结构形态变化

带有裂纹的上层 Pt 层为坚硬结构，它被沉积在 PUA 弹性基底上，当弹性基底轴向被拉伸时横向被压缩。

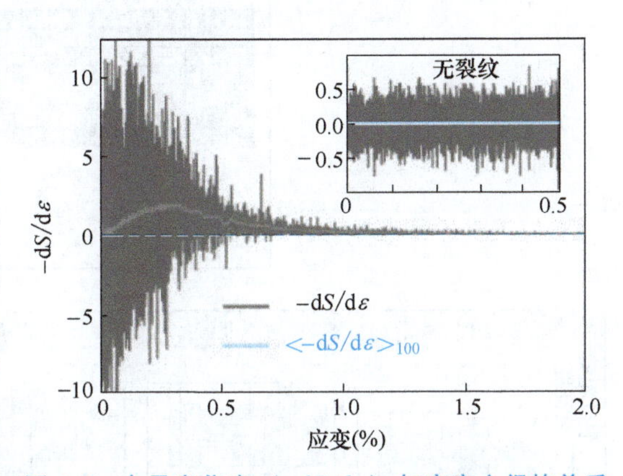

图 6-3　电导变化率（-dS/dε）与应变之间的关系

如图 6-3 所示，有两个明显的应力区域，应变区较大的区域只具有正波动的特征。这表明裂纹边缘的阶梯状锯齿在较大荷载下更倾向断开。在较低应变下，波动既有正，也有负，表明裂纹边缘有许多阶梯状锯齿在不断地断开和重新连接。$-dS/d\varepsilon$ 的整体趋势与裂纹粗糙度分布有关，因为断开-重连事件取决于裂纹粗糙度的分布。

对于单轴应变，弹性体的应变会被横向压缩，小的阶梯状锯齿边缘会保持接触直到应变完全断开为止。这个过程发生在间隙距离超过裂纹粗糙度高度的情况下（在简化图 6-4 中，两个蓝色晶粒的高度被定义为裂纹粗糙度高度，每个晶粒代表一个小台阶）。间隙距离与应变成正比：$d=k\varepsilon$，其中 $k\approx70\text{nm}$，ε 以百分比表示。裂纹部件的电导与裂纹粗糙度（也就是阶梯状锯齿边缘）有关，据此可以推导出电导 S 的简化表达式，这个 S 的简化表达式也解释了当间隙 $d=k\varepsilon$ 超过某条裂纹的粗糙度峰值的高度时接触突然终止的原因。

考虑到上述过程，归一化电导的简化形式可以写成：

$$S=\frac{\sum_i N_i\theta(\varepsilon_i-\varepsilon)}{\sum_i N_i} \tag{6-3}$$

其中 $\theta(\varepsilon_i-\varepsilon)$ 是 Heaviside 阶跃函数，N_i 是高度为 $K_{\varepsilon i}$ 的裂纹粗糙度个数。对于裂纹粗糙度 $p(y)$ 的标准化概率分布函数，将式（6-3）改写为

$$S=\int_{\varepsilon}^{\infty}p(y)\,\mathrm{d}y \tag{6-4}$$

由晶粒移动引起的裂纹粗糙度的小变化与由晶粒堆积引起的大变化以相同的方式分布，这里提出了一个作为对数正态分布函数 $p(\varepsilon)$，见式（6-5），其中 μ 为泊松比：

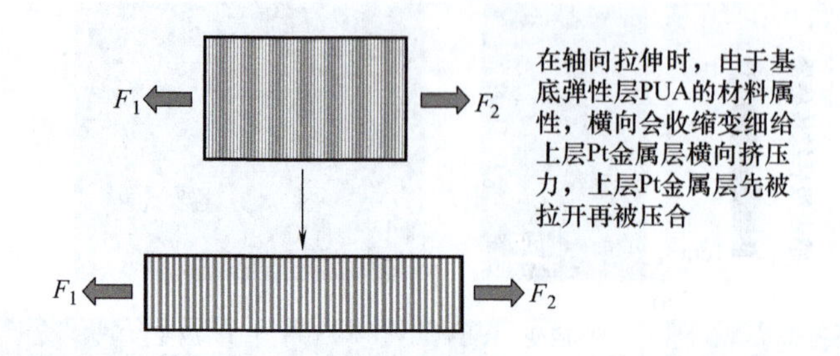

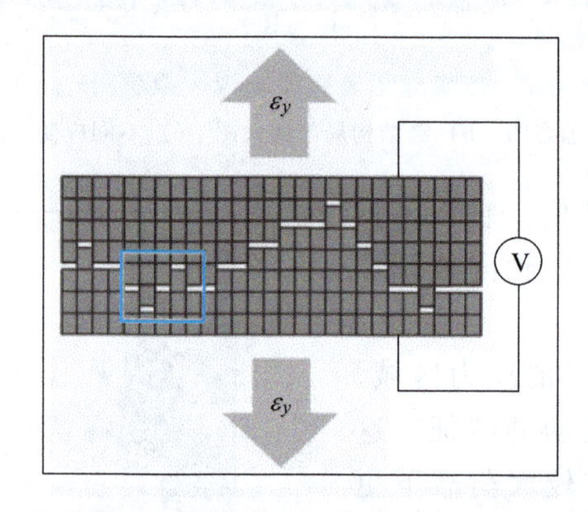

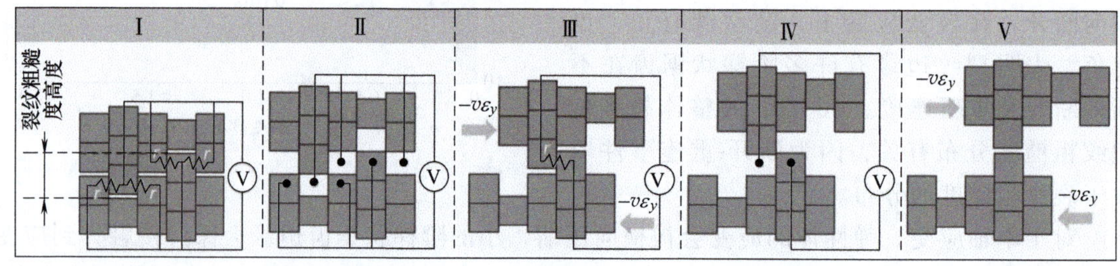

图 6-4 裂缝微观阶梯状锯齿模型表示的裂缝通断原理图

$$p(\varepsilon)=\frac{\exp[-\ln(\varepsilon/\varepsilon_0)^2/\mu^2]}{\varepsilon\mu\sqrt{\pi}} \tag{6-5}$$

裂纹粗糙度高度以前用对数正态分布近似。结合式（6-4）和式（6-5）得出

$$S=\frac{1}{2}\left[1-\mathrm{erf}\frac{\ln(\varepsilon/\varepsilon_0)}{\mu}\right] \tag{6-6}$$

其中 erf(x) 是误差函数。其很好地符合图 6-5c 中所示的试验数据。

4. 测试与应用

对于弯曲半径为 1mm 的裂纹试样，在扫描速度为 1mm/min 时，当传感器加载时产生 2%的应变并且卸载回程 0%应变，电阻变化大，重复性高，如图 6-5a 所示。图 6-5b 显示了不同峰值应变下电阻的周期性变化，与几乎平坦的无裂纹裸铂薄膜（黄色曲线）形成鲜明对比。在相同的循环测量中，以 0. 1mm/min 的慢速扫描速度执行数据采集。图 6-5c 显示，加载和卸载是可恢复原状的。当与无裂纹进行对比（图 6-5c 中插图），样品在 0. 5%应变时显示 450 倍的高电阻变化（ΔR）。耐久性通过 5000 次循环试验得到确认。

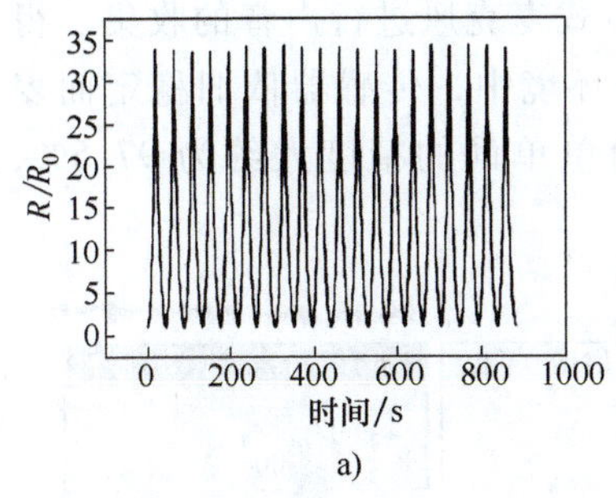

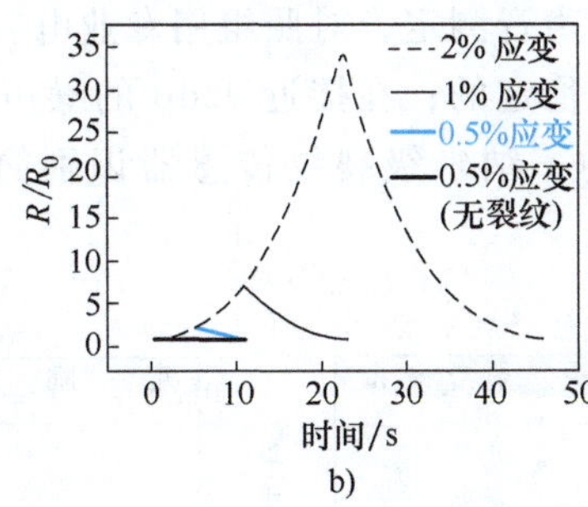

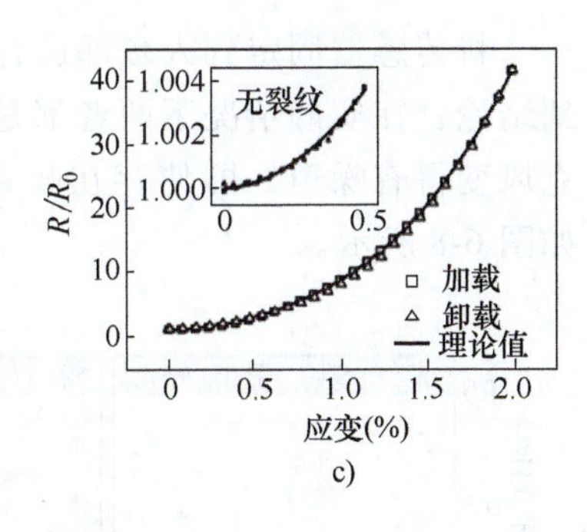

图 6-5 加载与卸载试验

a）循环加载、卸载试验结果 b）不同应变下加载、卸载电阻变化对比

c）有裂缝结构与插图中无裂缝结构在相同应变循环下电阻改变值试验结果对比

为了测试设备的伸缩性、检测机械振动和压力的能力，使用了一个 64 像素（8 像素×8 像素阵列）的传感网络，其尺寸为 5cm×5cm，如图 6-6 所示。使用 PDMS 零件施加的 5Pa 静压并且模拟一只扑翼的瓢虫（5Pa 的压力和一个频率为 200Hz 的振幅为 14μm 的振动）对传感网络另一个位置施加动压力。在图 6-6 中的黑框区域放置一块 PDMS 作为静压输入，并将压电振动器放置在图 6-6 的蓝框区域作为模拟瓢虫拍打的振动源。两个刺激器施加压力的分布可以在两个位置被检测到。但是，只有在施加振动输入的位置才有选择地检测振动信号。说明了两个位置上这些像素的现场信号（原位信号）都有巨大变化，也说明此传感器可以同时检测振动信号和压力信号，也可以将振动信号或压力信号单独提取出来。

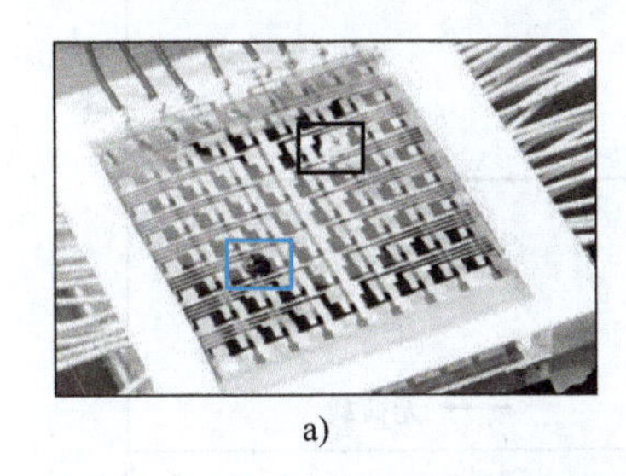

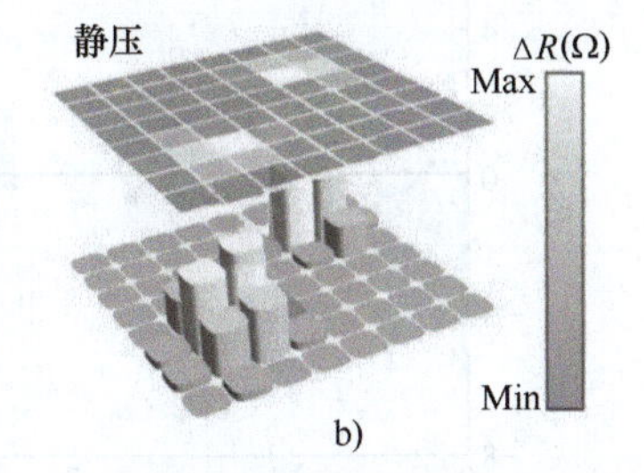

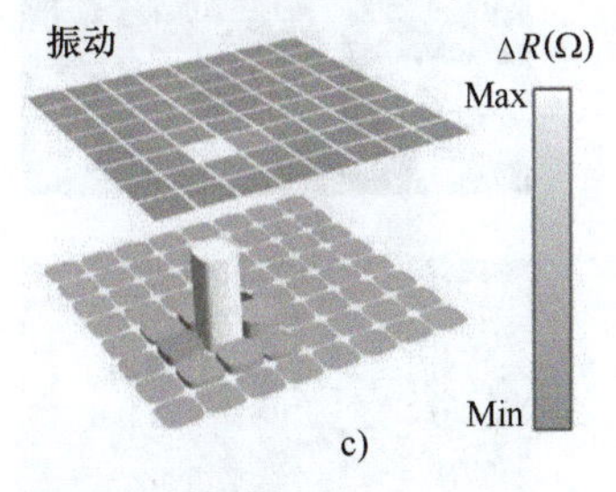

图 6-6 传感网络对振动信号和压力信号的检测

a）64 像素（8 像素×8 像素阵列）的传感网络 b）一块 PDMS 作为静压输入 c）压电振动器作为振动源

将传感器固定在小提琴上在播放爱德华 · 埃尔加（Edward Elgar）的“爱的礼赞”（Salut D′ Amour）时，测量了与时间相关的电阻变化，并将其转换为数字信号，获得了实时峰谱图。传感器正确记录每个音符的谐波频率，如图 6-7 所示。

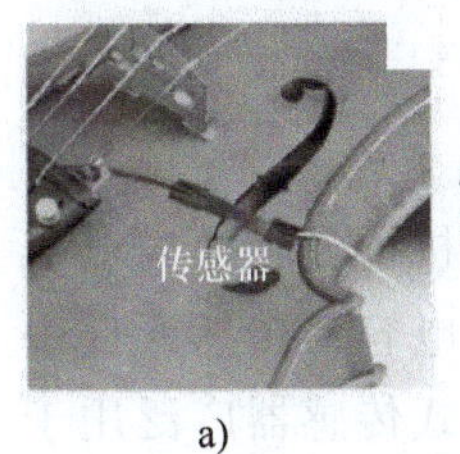

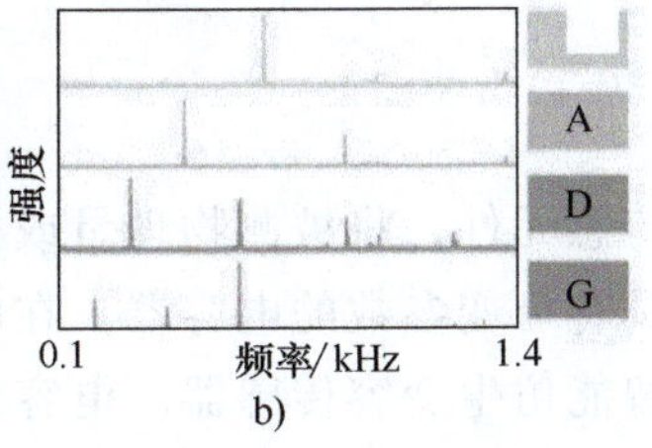

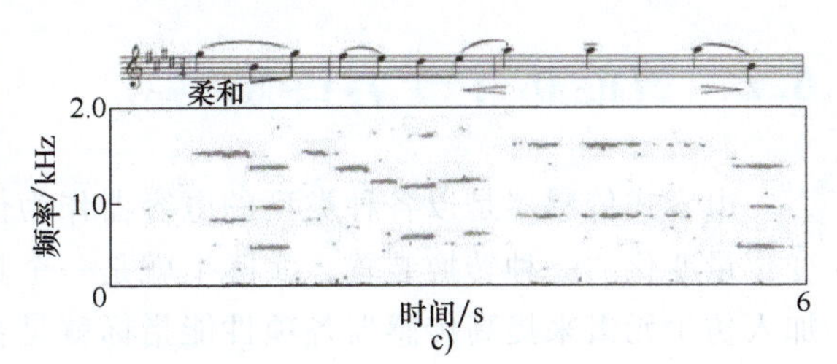

图 6-7 传感器在音符识别方面的应用

a）传感器固定在小提琴上 b）信号的实时峰谱图 c）信号的谐波频率

将传感器固定到人颈部进行声音测定，对照组用专业电容式麦克风进行声音的收集。得到结论：在安静情况下两者都是稳定的；在接近 92dB 的噪声环境中，传感器依旧稳定而麦克风变得有噪声。即使存在噪声，纳米级裂纹传感器识别简单单词的精度大约为 97.5%，如图 6-8 所示。

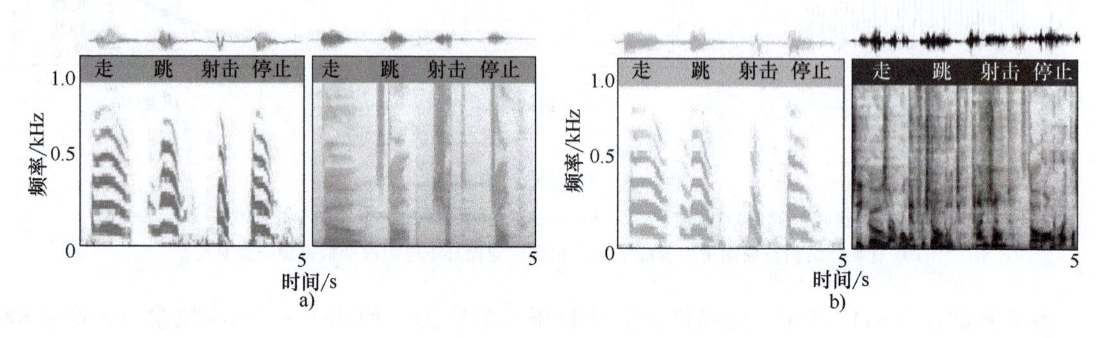

图 6-8　传感器在语音识别方面的应用

a）安静情况下的声音测定　b）92dB 噪声环境下的声音测定

传感器在生理信息监测方面的应用如图 6-9 所示。传感器成功地监测原位信号并提供可靠的心脏生理信息，如心脏的舒张和收缩运动。

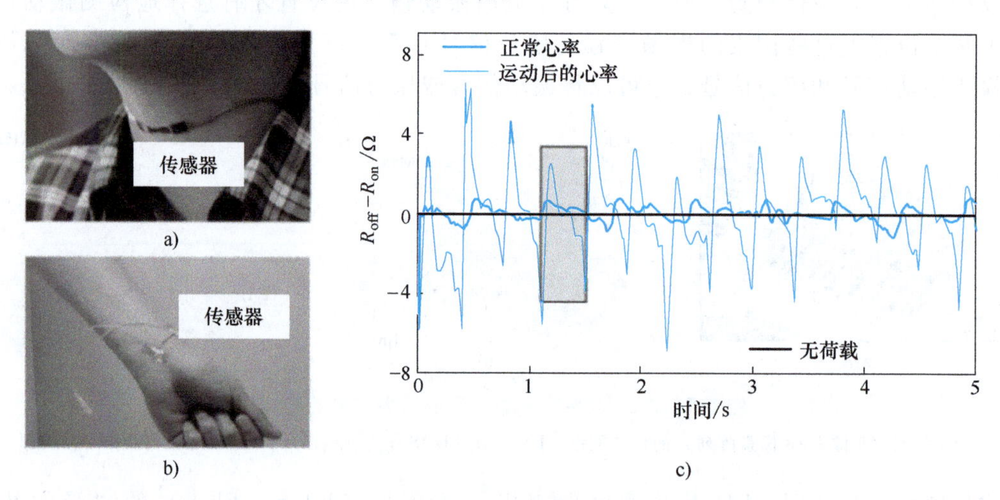

图 6-9　传感器在生理信息监测方面的应用

a）传感器测量颈部压力　b）传感器测量脉搏压力　c）正常心率与运动后心率的对比

6.2　智能仿生变容传感器

电容式传感器是以各种类型的电容器作为传感元件，将被测物理量或机械量转换成电容变化量变化的一种转换装置，实际上就是一个具有可变参数的电容器。在电容器传感元件中加入仿生元素来提高传感器各项性能指标就是智能仿生变容传感器。电容式传感器广泛用于位移、角度、振动、速度、压力、成分分析、介质特性等方面的测量。最常用的是平行板电容器或同轴圆筒电容器。

6.2.1　仿生变容传感器原理

1. 平行板电容器原理

电容的决定式为

$$C=\frac{\varepsilon_r S}{4\pi kd} \tag{6-7}$$

式中　C——电容（F）；

ε_r——相对介电常数，真空的介电常数 $\varepsilon_0=8.85419\times10^{-12}\text{F/m}$（近似值），相对介电常数 $\varepsilon_r=\frac{\varepsilon}{\varepsilon_0}$，$\varepsilon$ 是某介质的介电常数；

S——电容极板的正对面积（m^2）；

d——电容极板的距离（m）；

k——静电常数，为 $8.988\times10^9\text{N}\cdot\text{m}^2/\text{C}^2$，它表示真空中两个相距为1m、电荷量都为1C的点电荷之间的相互作用力为 $8.988\times10^9\text{N}$。

2. 同轴圆筒电容器原理

$$C=\frac{2\pi eL}{\ln\frac{D}{d}} \tag{6-8}$$

式中　C——电容（F）；

L——两筒相互重合部分的长度（m）；

D——外筒电极的直径（m）；

d——内筒电极的直径（m）；

e——中间介质的介电常数（F/m）。

在实际测量中，D、d、e 基本不变，测得 C 即可知道两筒相互重合部分的长度 L。

6.2.2　仿荷叶微结构提高变容传感器性能

1. 仿生原型

使用荷叶作为软模具来完成柔性微图案 PDMS 基板的制造。根据扫描电子显微镜（SEM）观察荷叶（图6-10a、b），在叶片表面可以找到平均直径为（6.61±1.06）μm、高度为（11±0.93）μm 的规则微圆柱图案，这为制造微图案 PDMS 薄膜提供了一种独特且廉价的成型模板。该微圆柱体的形态在新鲜或干燥状态下没有差别，这可以通过干燥前后相同荷叶的 SEM 图像得到证明，如图6-10所示。

2. 变容传感器微结构的制造方法

将荷叶的微结构复制下来后，微结构 PDMS 薄膜基材的典型形貌通过顶视 SEM 表征观察，结果表明通过复制荷叶模具的微结构形成了均匀的洞穴。甚至荷叶上的小凸起也可以成功复制。此外，一个模具可以多次重复使用，多次使用同一模具所制备的薄膜在形态、结构和数量上绝大多数是相似的，甚至在同一位置都得到了均匀的微小细节结构，这表明模具的重复使用是切实可行的。相比于传统的复杂的MEMS制造工艺来制备硅模具，本工作中新颖的自然模板和复制方法也可以获得相同的效果，不需要昂贵复杂的仪器，该策略也可以应用于其他自然模板，制造流程如图6-11所示。

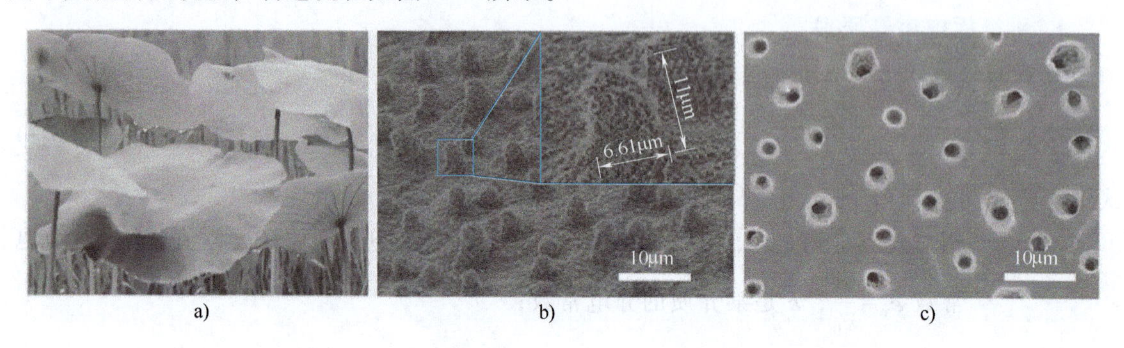

图6-10 荷叶宏观、微观图

a）荷叶的照片图像 b）45°视角SEM图像 c）微图案化PDMS薄膜顶视图SEM图像

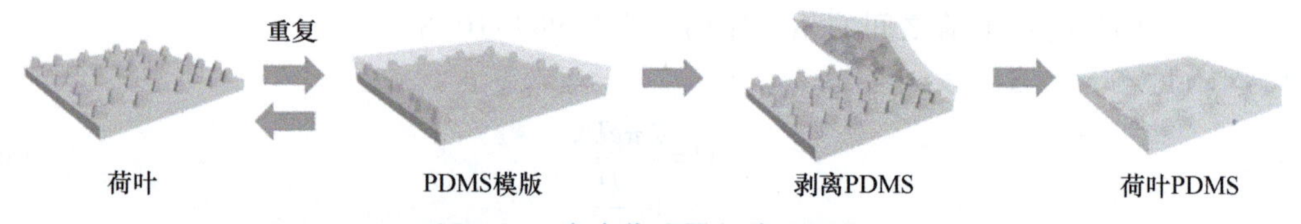

图6-11 变容传感器制造流程图

3. 微结构提升变容传感器性能的原理

图6-12a展示了基于微图案PDMS/Au基板的柔性电容式触觉传感器的示意图，图6-12b展示了4×4传感器矩阵的照片，每个传感器的面积为（0.8×0.8）cm^2。与传统的电容式压力传感器不同，这种新型触觉传感器是一种平行板电容器，由两个微图案PDMS/Au柔性基板作为板电极和PS微球作为中间介电层组成。SEM图像（图6-12c、d）的PS微球表明它们具有良好的均匀性，每个HEYEPS微球的平均直径为670nm。该尺寸小于微图案PDMS/Au基板中的洞穴，因此介电层中的PS微球在旋涂过程中很容易落入这些微洞穴中。并且为了研究基于PS的介电层的可重复制备，将等效质量的PS微球从一个模具中旋压到上述具有几何特征的薄膜上，然后检查样品的横截面，所制备的介电层具有相似的厚度（7.86μm、7.86μm、7.78μm和7.84μm），这有利于在相同的制备过程中获得一致的传感器初始电容值（约14pF）。

该设计的关键创新是通过控制介电层的动态变化来提高灵敏度和响应范围，这可以通过荷叶图案复刻的微图案，即提高PDMS孔隙率和表面积来实现。已知平行板电容器的电容值$C=\varepsilon S/d$，其中ε是介电常数，S是相对板面积，d是板距离。如图6-12e所示，当施加外部压力时，存在于柔性基板中的微孔变形扩展，从而导致相对板面积S扩大。再加上压力造成的距离d减小，会导致电容C的变化。此外，从微洞穴中挤出的PS微球会参与介电材料的重新排列，进一步增强电容变化。PS微球在压缩后填充了原本由空气占据的空间。相应的，除了距离d的变化，基于非图案化PDMS薄膜的器件很难通过几何结构和额外的重排来增强电容。

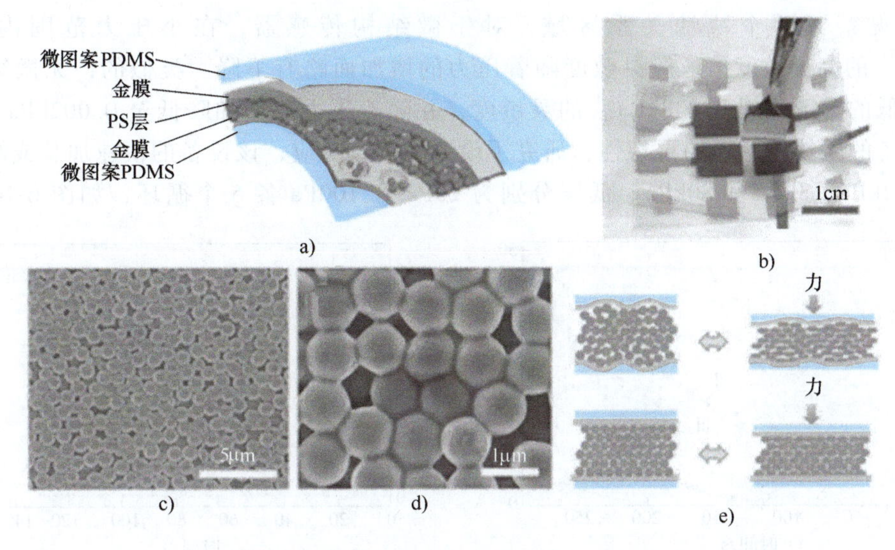

图 6-12 基于微图案 PDMS/Au 基板的柔性电容式触觉传感器

a）柔性电容式触觉传感器示意图 b）4×4 电容式触觉传感器矩阵的照片图像，每个传感器的尺寸为（0.8×0.8）cm^2
c）、d）PS 微球的低放大和高放大 SEM 图像
e）带有和不带有微图案 PDMS/Au 电极的电容式触觉传感器的变形示意图

4. 测试与应用

根据上述分析，比较了由 PS 微球介电层构成的电容式触觉传感器在有和没有微图案 PDMS/Au 电极的情况下的性能，这些传感器被定义为微结构传感器和无微结构传感器。它们的初始电容值分别为 14pF 和 10pF，由电容计（AgilentE4981A）测量。在相同的制备条件下，有和没有微图案电极的 PS 介电层的厚度分别为 7.89μm 和 8.23μm，这是由于介电层中的 PS 微球很容易落入那些微洞穴。并根据电容值 C 的上述公式模式，减少距离 d 将导致较大的 C 值。在这里，微结构传感器的极板距离（由于器件是面对面组装的，大约是 PS 层厚度的 2 倍）小于无微结构传感器的极板距离，因此它不可避免地具有较大的初始电容值。然后，使用商用测力计（AliyiqiHF-2N）作为标准参考传感器，建立施加力与触觉传感器实时电容变化之间的关系，如图 6-13 所示。当在第一阶段逐步增加施加的力时，两个传感器的电容都会增加。然而，随着施加的力增加到约 21N，无微结构传感器的电容达到饱和状态，并随着力的持续增加略微减小到 20N，而微结构传感器呈现更大的动态响应范围，在 0~50N 的力范围内没有饱和迹象。图 6-13b 表示来自图 6-13a 阴影区域的详细信息，显示两个传感器在 0~20N 范围内的电容响应。该商用测力计用于 0~50N 的大压力范围。结果表明，通过微图案化 PDMS/Au 电极的独特设计，可以显著提高柔性电容传感器的灵敏度和响应范围。

微结构传感器的柔性基板可以获得更大的变化，不仅是柔性 PDMS 的正常变形，而且在施加压力时巨大的洞穴会发生膨胀，导致产生额外的工作区域参与电容行为。并且很明显，当传感器尺寸固定时，没有微图案的柔性 PDMS 的变形能力相对恒定，并且比带有微图案的 PDMS 小很多，直接导致采用微结构后的响应范围明显提高。

对电容式触觉传感器的传感性能进行了分析，结果如图 6-14 所示。灵敏度定义为 $S=(\Delta C/C_0)/P$，其中 ΔC 是电容的变化量（$C-C_0$），P 表示施加的压力（等于 F/A，F 是施加在顶部的力触觉传感元件，A 是上下金电极的面积）。如图 6-14a 所示，在灵敏度和施加的压力之间观察到两个线性关系区域。对于微结构传感器，在小压力范围内观察到 0.815kPa^{-1} 的高灵敏度值，但灵敏度随着压力的增加而略有下降。类似的，无微结构传感器在非常低的力下呈现 0.038kPa^{-1} 的灵敏度，并随着压力的增加降低至 0.002kPa^{-1}。为了评估所制备的柔性传感器的再现性，研究了设备的实时响应，该设备的快速加载或卸载压力分别为 0.2kPa、8kPa 和 80kPa，低压分别为 20Pa 和 100Pa 各 5 个循环，如图 6-14b、c 所

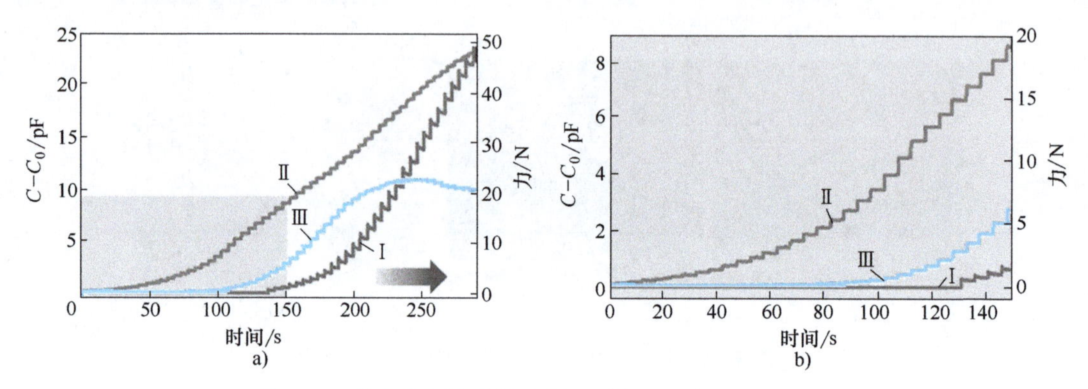

图 6-13　施加力与触觉传感器实时电容变化之间的关系

a）微结构传感器、无微结构传感器和商用测力计的逐步施加力的实时电容响应曲线　b）图 a）中阴影区域的放大响应曲线［由于该商用测力计的固有反馈测量精度（最低至 0.2N），施加的力直到 130s 才显示在图 a）中］

Ⅰ—商用测力计　Ⅱ—微结构传感器　Ⅲ—无微结构传感器

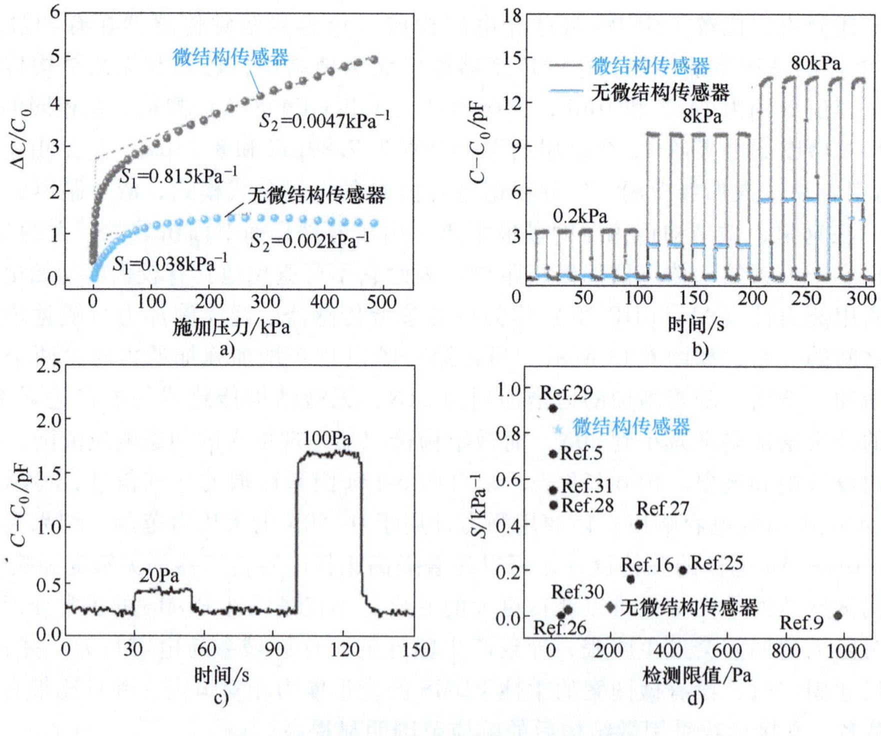

图 6-14　电容式触觉传感器的传感性能

a）微结构传感器（蓝色）和无微结构传感器（黑色）的灵敏度

b、c）两种类型的触觉传感器分别对 0.2kPa、8kPa、80kPa 和 20Pa、100Pa 的压力重复实时响应

d）两种传感器的灵敏度与以往研究结果的比较

示。结果表明，微结构传感器具有稳定的传感性能，灵敏度高，重现性好。

除了对压力的响应外，柔性电容传感器还显示出检测具有不同响应模式的弯曲力和拉伸力的能力。如图6-15所示，将拉伸力（33%变形，保持10s）、弯曲力（120°，保持10s）和单根头发的压力接触（约18Pa、26Pa和95Pa）反复施加到灵活的设备上几次。测量实时$(C-C_0)$-t曲线（即ΔC-t曲线）并分别显示在图6-15a～c。值得注意的是，柔性电容传感器对不同类型的力（弯曲力、拉伸力和单根头发的压力接触）显示出不同的响应模式。可以看出，表面积约为$5.8\times10^{-9}\mathrm{m}^2$，非常小以至于很轻的头发会产生足够的压力来引起设备响应。此外，图6-15c中的压力接触主要是由手的轻微推动引起的，并通过一根头发传导到触觉传感器的表面。此外，结合对不同形状的ΔC-t曲线进行适当的模式识别分析，可以区分这三种不同的力。这些结果表明，柔性电容传感器可用于监测应变和摩擦力，这在智能机器人系统中非常有应用前景。

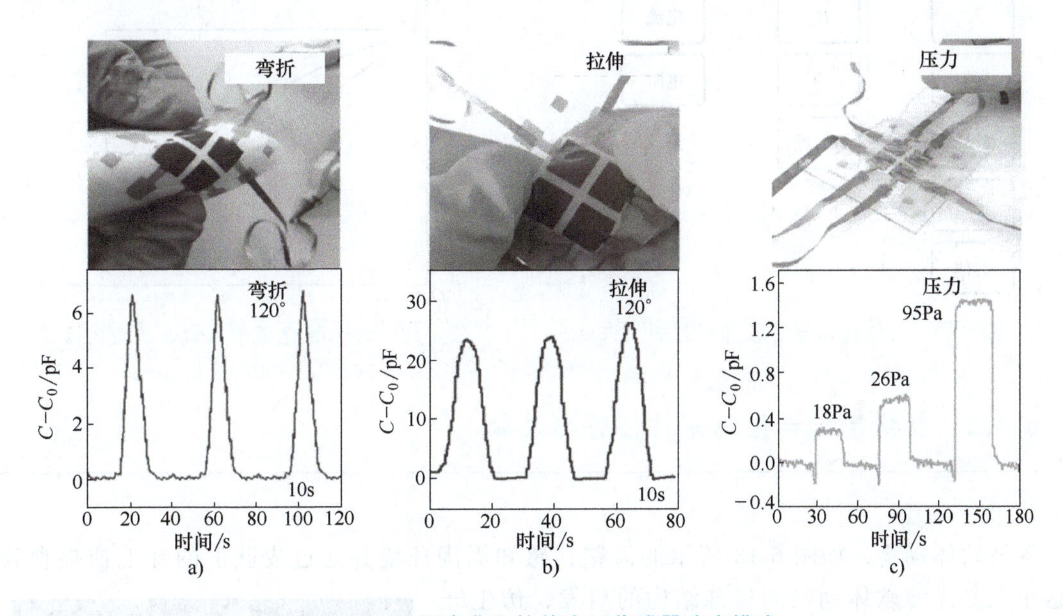

图6-15　不同弯曲和拉伸力下传感器响应模式

a）弯曲力（120°，保持10s）　b）拉伸力（33%变形，保持10s）　c）单根头发的压力接触（约18Pa、26Pa和95Pa）

6.3　智能仿生磁性传感器

磁性材料在感受到外界的热、光、压力、放射线等之后，其磁特性会改变。利用这种物质可以做成各种可靠性好、灵敏度高的传感器，这类传感器利用磁性材料作为其敏感元件，故称为磁性传感器。

6.3.1　仿生磁性传感器原理

磁性材料在受到外界的热、光、力及射线的作用时，会改变其磁特性。磁性传感器的输入量（有热、光、应力、射线、磁等）使磁性传感器（磁性材料）的B_m、H_c、μ或R发生变化。利用这些磁参数的变化转换成电信号，如图 6-16 所示。

材料的磁性量 Q（B_m、H_c、μ 或 R）随输入量 x（光、热、压力等）的变化规律有 3 种类型，如图 6-17 所示。

曲线 1：在指定 x 附近，Q 值急剧变化，在 x 为其他值时，Q 值几乎不变——存储信息和能量变换用。

曲线 2：Q 与 x 的关系基本上按比例减少（或增加）——测量和控制用。

曲线 3：是最常见的情况。

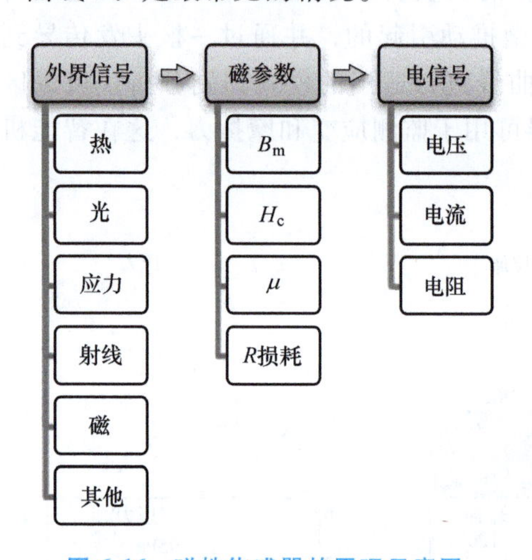

图 6-16　磁性传感器的原理示意图

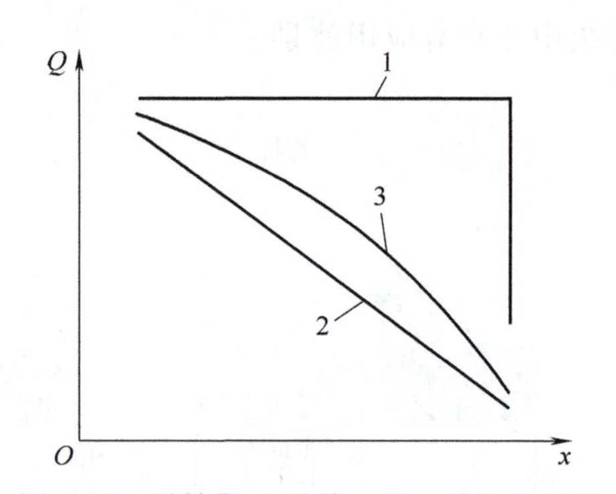

图 6-17　磁性量 Q 随输入量 x 的变化规律

6.3.2　仿纤毛结构提高磁性传感器性能

1. 仿生原型

深海软体动物，如图 6-18 所示的海鞘，感知周围环境并通过皮肤上的纤毛捕捉食物。在这里，受深海软体动物的特殊结构的启发，仿生纤毛或晶须结构被用于探测孔大小、水流，以及与海洋生物的障碍物、食物或天敌的距离的检查。

图 6-18　海鞘

2. 制造方法

图 6-19a 展示了 3D 结构化传感器的制备过程。这是一种简便、经济、无污染和宏观的工艺。所用材料用量少，制备步骤简单高效。该程序包括四个主要步骤：①在硅晶片上旋涂和硫化预 PDMS 混合物（固化比为 10∶1）；②通过使用可重复使用的掩膜涂覆 Ag-NW 网络；③剥离掩膜和附着导电电极；④旋涂预 PDMS 混合物和磁须的黏附。最后，将固化的 3D 结构化薄膜从硅片上剥离下来。图 6-19b 为感测半径为 11.5mm 的 3D 结构化薄膜和图案化薄膜产品的光学图像示意图。图案化薄膜可以承受较大的变形荷载（图 6-19c），显示出其优异的拉伸性和柔韧性。

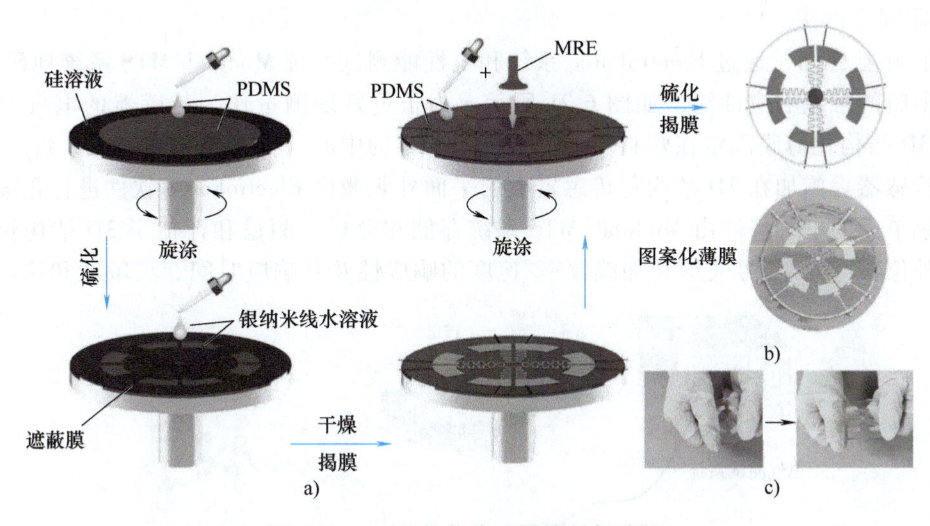

图 6-19　3D 结构化传感器的制备过程

a）制备步骤示意图　b）最终 3D 结构化薄膜和图案化薄膜的光学图像

c）原始和拉伸图案化薄膜的光学图像

3D 结构薄膜样品的扫描电子显微镜（SEM）图像如图 6-20 所示。PDMS-AgNW-PDMS 薄膜的 SEM 横截面图像（图 6-20a）表明，涂覆的 PDMS 薄膜在 1500r/min 转速下旋涂 60s 的厚度约为 42μm，在 1000r/min 转速下旋涂 60s 的薄膜厚度约为 90μm，3D 结构化传感器的图案化薄膜基底的总厚度为 132μm。图 6-20a、b 中 AgNW 电路路径的宽度和厚度分别约为 295μm 和 600nm。网状 AgNW 层的微观结构如图 6-20c、d 所示。使用的 AgNW（图 6-20e）是自行制造的，并通过采用图案化的聚对苯二甲酸乙二醇酯（PET）薄膜作为覆盖掩模将 AgNW 层涂覆在 PDMS 薄膜上。面具的镂空位置充满了 AgNW。去除掩膜后，可以清楚地看到 AgNW 层是随机均匀分布的，AgNW 电路路径和掩膜覆盖的 PDMS 薄膜部分之间的边界清晰，这意味着可能存在一种简单的生产方法具有高导电性的可编程电传感单元。图 6-20f 展示了磁流变弹性棒的横截面。磁性颗粒均匀且完全嵌入 PDMS 聚合物中。

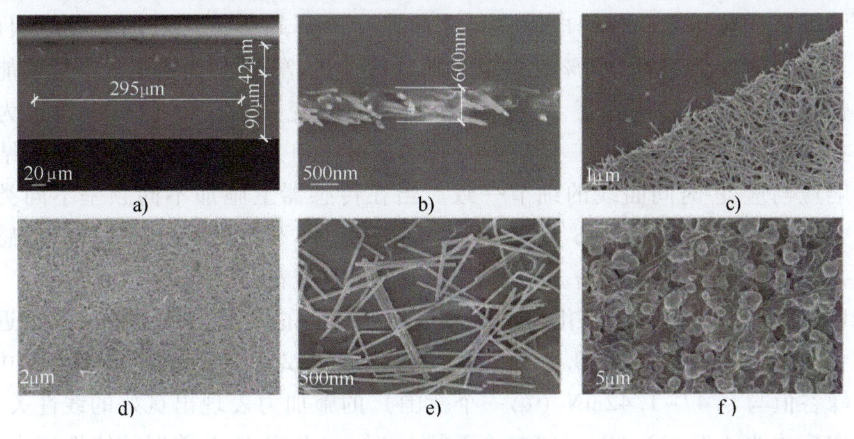

图 6-20　材料特性

a）PDMS-AgNW-PDMS 薄膜的 SEM 横截面图像　b）AgNW 薄膜的放大图像　c）AgNW 电路路径的边界图像

d）AgNW 薄膜的 SEM 俯视图　e）自制 AgNW 的 SEM 图像　f）磁须的 SEM 横截面图像

3. 测试与应用

（1）触觉感知　通过 ElectroForce 系统和电性能测试系统 Modulab MTS 系统地研究了 3D 结构化薄膜的触觉响应性能，如图 6-21 所示。为了更好地测量作为传感器的电气和机械性能，将 3D 结构化薄膜固定在塑料环上，磁须位于环的中心。为了简化和统一，将其称为 3D 结构化传感器。施加在 3D 结构化传感器上的平面外刺激由 ElectroForce 软件进行预编程和控制，传感单元的电气特性由 Modulab MTS 系统存储和分析。测量和评估了 3D 结构化传感器对平面外位移/力、信号波形和加载频率/速度的响应性及其响应时间、灵敏度和稳定性。

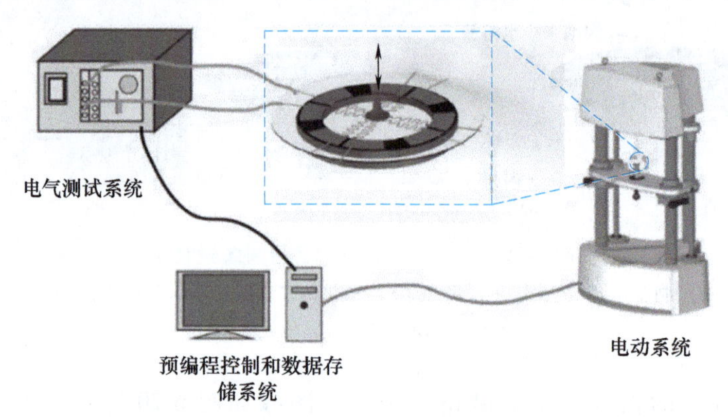

图 6-21　测试系统

图 6-22a～c 显示了相对电阻变化 $\Delta R/R$ 取决于施加的位移，其中 R 是初始电阻，ΔR 是电阻变化。在一个位移值的循环加载中，频率为 0.5Hz 时有 40 个循环（图 6-22b）。如图 6-22a 所示，相对电阻变化趋势可分为微应变、小应变和大应变三个部分。特别是，发现阻力随位移的增加呈非单调变化，而总后退位移小于 0.4mm（图 6-22c）。3D 结构化薄膜对 0.4mm 的后退位移的对应应变约为 0.06%，对应的应力约为 3.3Pa。这里的应变是指图案化薄膜基底的面内应变。它是通过从由相应的压缩距离和图案化薄膜基底的半径形成的直角三角形的斜边长度中减去基底半径来计算的。在第一次加载到 0.175mm 的压缩位移时，相应的阻力先增大，然后迅速减小，然后又增大。很有可能在压缩过程中，制造过程中残留在导电银层中的空隙首先被压实，使得电阻在第二阶段呈下降趋势，然后随着导电银层的伸长，电阻增加。当衰退应变大于 0.060%时，阻力随着应变的增加而单调增加。这可能是因为下降的信号被快速上升的信号掩盖了。此外，将施加的应变（大于 0.06%）设置为与时间的特殊关系，如正弦波（图 6-22d）、三角波（图 6-22e）和方波（图 6-22f）。3D 结构化传感器的电信号响应与应变-时间曲线的细节一致。当在传感器上施加不同频率不同类型的应变时间波形（从 0.05Hz 到 5Hz）时，刺激的加载频率/速度不会影响 3D 结构化传感器的传感行为（图 6-22g）。

图 6-22h 描绘了归一化阻力变化与正常衰退位移之间的关系。将灵敏度系数近似为三个响应范围，相应的后退位移为 0～0.4mm、0.5～2.0mm 和 2.1～3.5mm。图 6-22h 中的插图显示 $\Delta R/R$ 的峰谷值与 0.47～1.42mN（第一个范围）的施加力表现出良好的线性关系。此外，当估计的法向应力为 4.5～32.4Pa（第二个范围）时，$\Delta R/R$-位移数据的线性度为 $R^2=0.98$。拟合曲线斜率为 31.1%mm^{-1}，应力敏感性为 1.7%Pa^{-1}。在这里，将应力敏感性定义为 $\Delta R/R$ 与机械应力变化的绝对比值。随着后退位移从 2.1mm 增加到 3.5mm（第三个范围），阻力

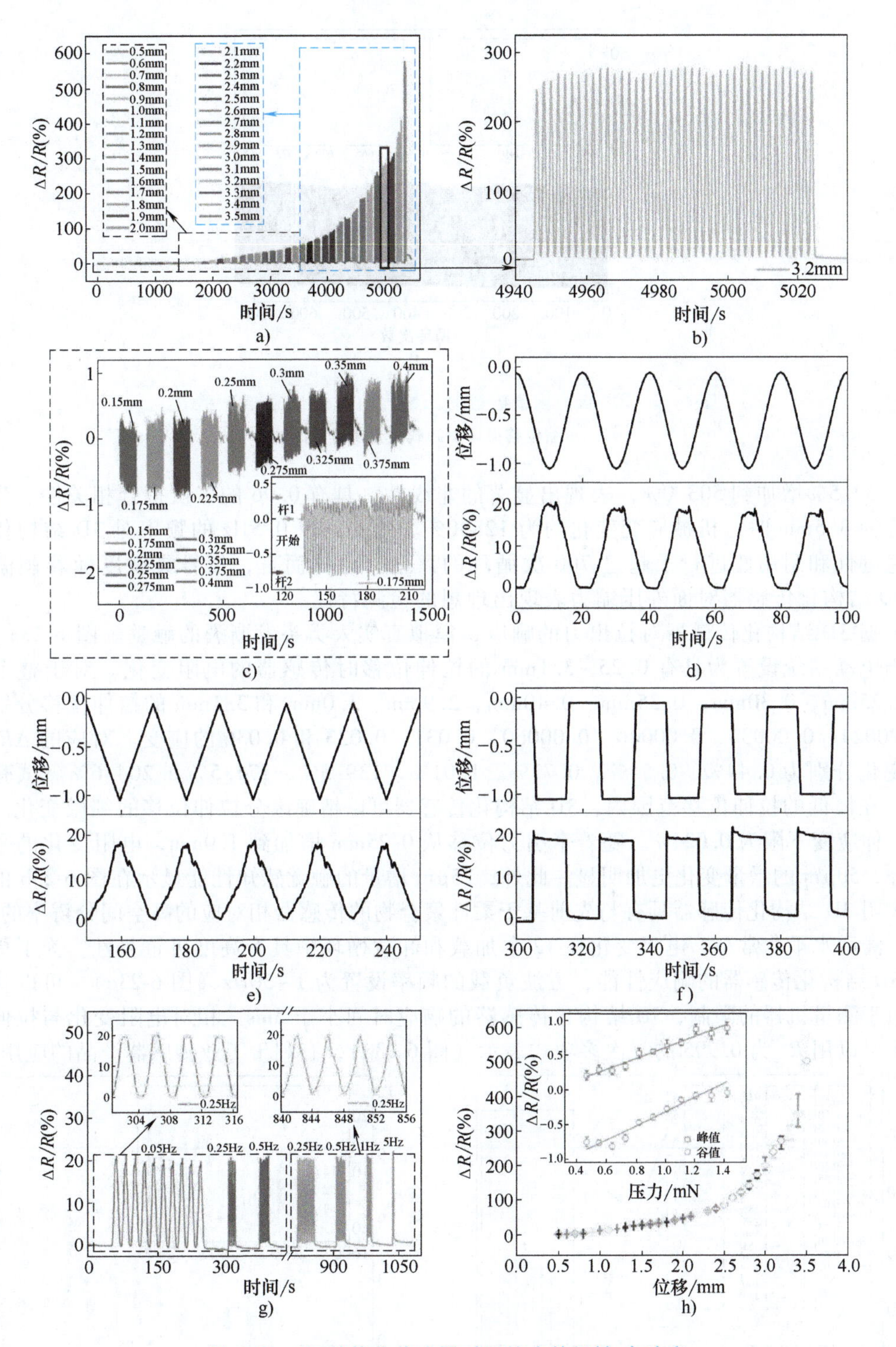

图 6-22 3D 结构化传感器对压缩力的机械-电响应

a）在 0.5Hz 频率下具有不同压缩位移的压缩传感性能 b）3.2mm 压缩位移的放大曲线

c）$\Delta R/R$ 范围为 0.15~0.4mm，步长为 0.025mm d）正弦波形的位移变化及频率为 0.05Hz 时的相应电气性能

e）三角波形的位移变化及频率为 0.05Hz 时的相应电气性能 f）方波的位移变化及频率为 0.05Hz 时的相应电气性能

g）实时监测不同频率的 $\Delta R/R$ h）相对电阻变化与压缩位移的关系（插图：$\Delta R/R_{vs}$ 压缩力）

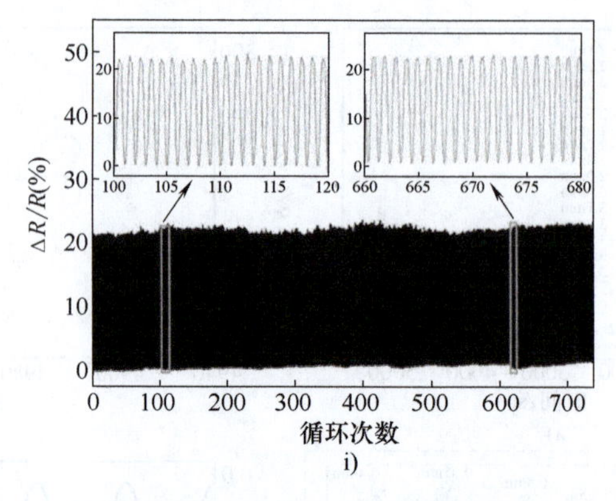

图 6-22 3D 结构化传感器对压缩力的机械-电响应（续）

i）压缩位移循环加卸载阻力实时监测

响应从 52.5%增加到 503.0%，表现出显著的非线性，具有 0.96 的二次拟合相关性。当施加的位移为 3.5mm 时，机械应变变化约为 12800%。此外，以 0.5Hz 的频率对 3D 结构化传感器的稳健性和耐用性进行了超过 700 次循环的评估。总体而言，信号灵敏度随着刺激而增加。3D 结构化传感器对面外压缩力表现出理想的检测特性。

根据 3D 结构化传感器对拉出力的响应，模拟真实人类头发撕裂的触觉。图 6-23a、b 显示了当电动系统设置为具有 0.25~3.1mm 的拉伸位移时传感器的电阻变化。对于整个传感器，0.25mm、0.30mm、0.35mm、0.40mm、2.9mm、3.0mm 和 3.1mm 的拉伸位移分别对应于 0.00024、0.00034、0.00046、0.00060、0.031、0.033 和 0.036 的应变。对应的 $\Delta R/R$ 的中值变化分别为 0.44%、0.54%、0.77%、1.01%、139.5%、171.5%和 204.6%。试验数据表明，在极低的拉伸位移范围内，3D 结构化传感器可以精确区分拉伸位移的细微变化。传感器的拉伸应变下限为 0.024%。随着牵引力位移从 0.25mm 增加到 1.0mm，电阻变化的平均峰值增加，50μm 的增量变化更加明显。此外，25μm 增量的触觉感知性能显示在图 6-23b 的插图中，表明 3D 结构化传感器具有与先前基于柔性聚合物的传感器相对应的高空间分辨率的优势。此外，滞后水平非常小，电阻变化在 12 个加载和卸载循环中具有高度可重复性。为了更好地显示 3D 结构化传感器的响应性能，方波负载的频率设置为 1~50Hz（图 6-23c）。可以肯定的是，由于测量机器的限制，3D 结构化传感器的响应时间小于 5ms。相对电阻变化与拉伸位移的关系可以用 R^2 为 0.995 的三次多项式表示（图 6-23d），有利于工业传感器产品的应用。

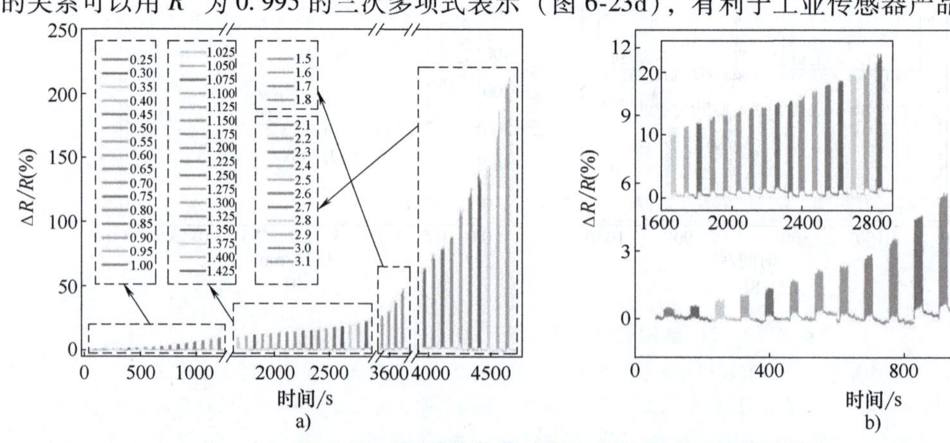

图 6-23 3D 结构化传感器在位移传感方面的性能

a）随着拉伸位移增加的实时传感 b）放大图

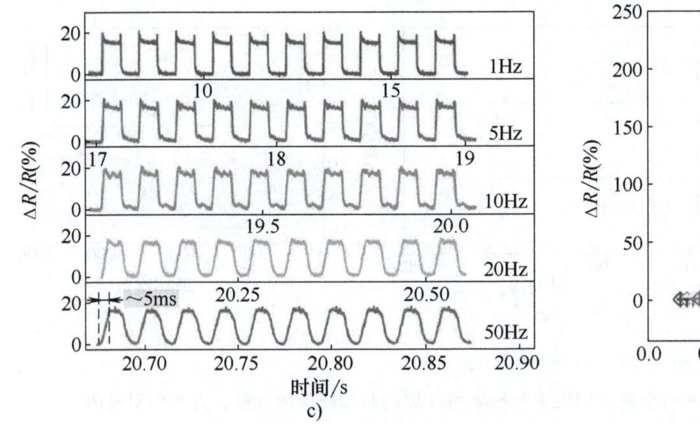

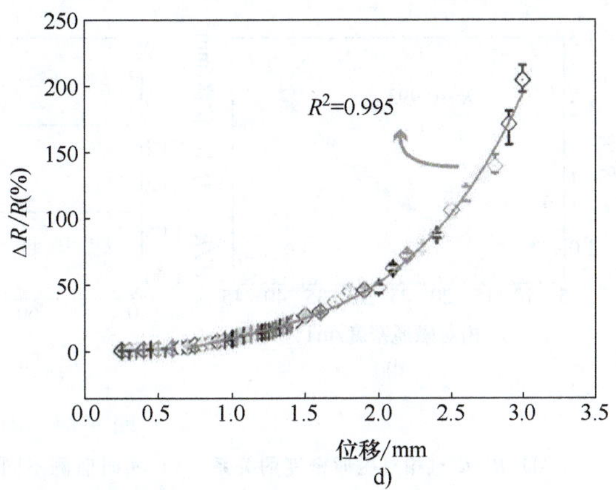

图 6-23　3D 结构化传感器在位移传感方面的性能（续）

c）方波在不同频率下拉伸传感的循环测试　d）相对电阻变化与拉伸位移的关系

（2）非接触式传感　由于晶须是由磁流变弹性体制成的，因此 3D 结构化传感器也可以用作具有传感能力的磁驱动器。磁须通过沿磁场可逆地弯曲来响应外部磁场。永磁体所感应的磁场的施加方向和大小可以通过 3D 结构化传感器中传感单元的电响应来获得。首先，研究了沿磁须对磁场的电响应。将永磁体放置在 3D 结构化传感器的顶部，通过控制永磁体与晶须之间的距离，将磁通密度变化施加在传感器上，如图 6-24a 所示，其中横坐标为图案化薄膜中心点的磁通密度变化值。3D 结构化传感器对不同相对磁通密度的实时传感特性如图 6-24b 所示。图 6-24c 描绘了在 0.1Hz 的频率下从 8.9mT 到 31.3mT 加载不同的相对磁通密度时的详细比较图。随着磁场强度的增加，磁场灵敏度增加，如图 6-24d 所示。相对电阻变化和相对磁通密度的多项式拟合优度为 0.993。当相对磁场为 40.6mT 时，拟合曲线斜率即磁灵敏度约为 152%T^{-1}。这里，磁场灵敏度定义为相对电阻变化与磁通密度变化的比值。不同类型加载波形对位移、力和相对电阻的实时监测如图 6-24e 所示。当施加的位移设置为 6mm 时，磁力为 20mN，3D 结构化传感器的电阻增量为 3.6%。通过 8000 个周期性加载和卸载循环进一步评估了对磁刺激的可重复性和鲁棒性（图 6-24f），展示了 3D 结构化传感器的高稳定性和出色的信噪比。3D 结构化传感器的初始电阻约为 31.6Ω。在磁场下经 3000 次加载和卸载循环后，初始电阻几乎保持不变。此外，经过 8000 次循环后，初始电阻变为 31.87Ω。与第一个周期的输出电阻相比，增加了 0.27Ω，增量为 0.86%。

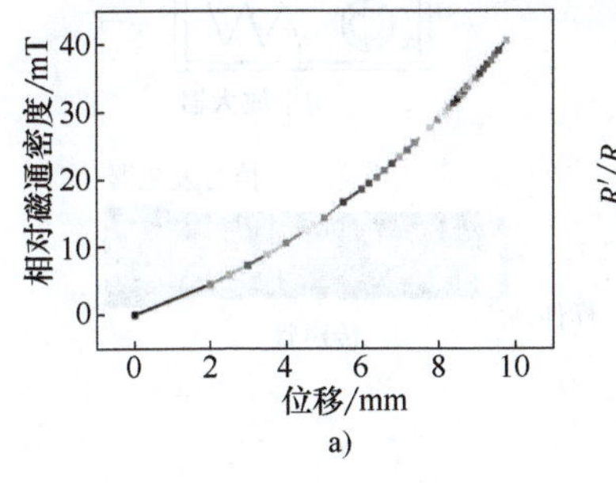

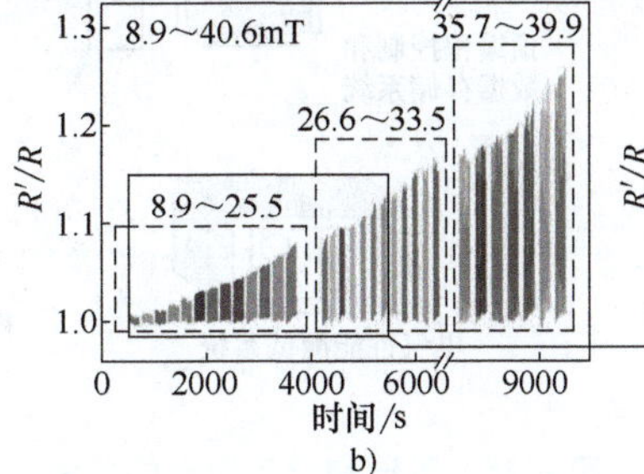

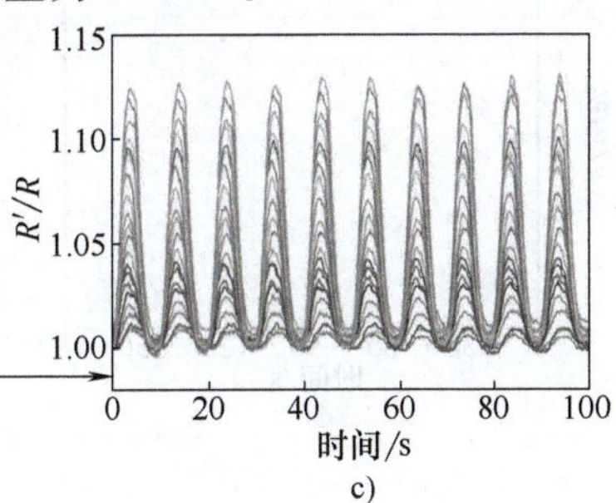

图 6-24　磁电性能

a）相对磁通密度与磁场接近的距离之间的关系　b）在不同的相对磁通密度下，归一化电阻随时间的变化曲线　c）放大曲线

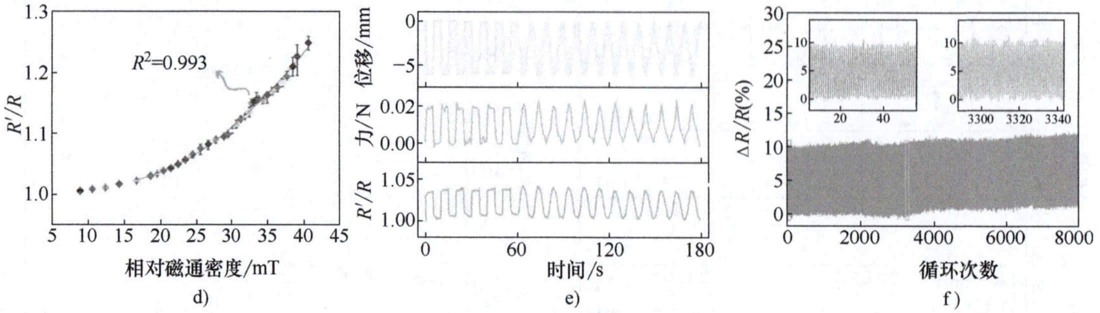

图 6-24　磁电性能（续）

d）R'/R 与相对磁通密度的关系　e）实时监测不同波形的磁场循环加载和卸载中的位移、力和相对电阻

f）稳定性和稳健性测量

（3）仿生传感应用　由于特殊的结构和优异的灵敏度，3D 结构化传感器有可能实现检测气流和声波的仿生功能，这是自然界鸟类和蝙蝠的特殊感知能力。吹出的气流可能会导致磁须的偏转，而声波可能会导致图案化薄膜中的振动，因此 3D 结构化传感器可以检测到这些外部刺激，即使这些施加的刺激不是人眼看到的。下面用于检测吹气气流的试验装置是一个直径为 0.2mm 的气泵 AF18。图 6-25a 所示为吹气试验装置的示意图。图 6-25b～d 所示为当气流装置设定为不同的工作压力且吹气时间约为 0.25s 时传感单元的电阻响应。3D 结构化传感器的声音感知特性在阻抗管装置上进行，如图 6-25e 所示。声波的频率设置为 100Hz，当功率放大因子分别设置为 8、10 和 20 时，3D 结构化传感器在振动稳定后的实时响应如图 6-25f～h 所示。功率放大因子越大，相对电阻的变化越大。这证明了薄膜的振动幅度更大。

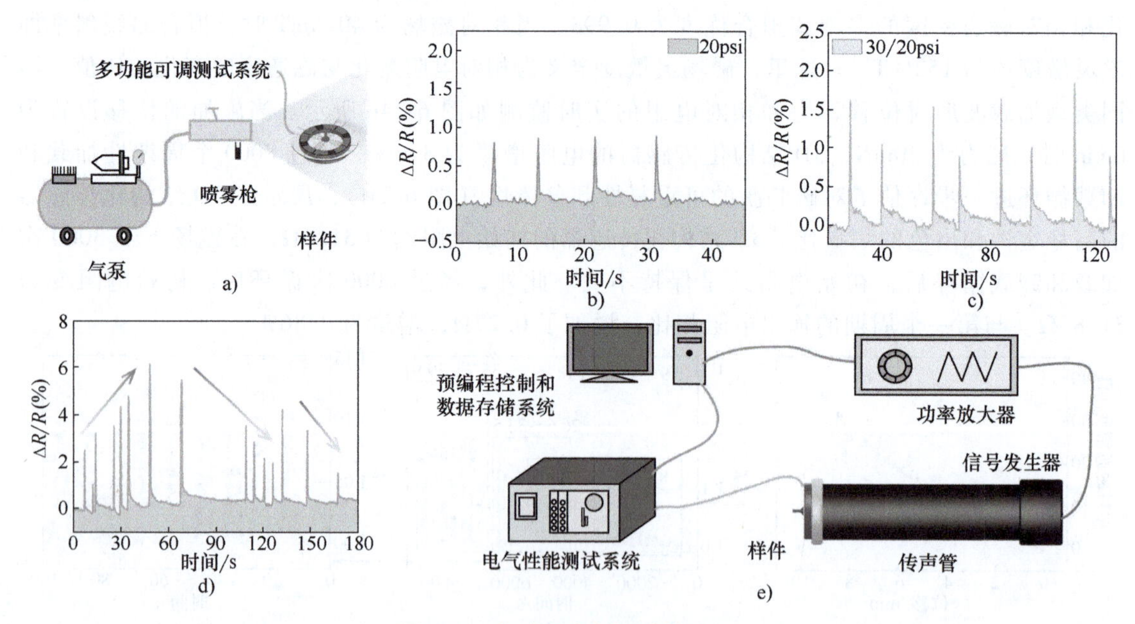

图 6-25　气流和空气振动的感知

a）吹气试验装置示意图　b）～d）不同测试对气流变化的性能，包括在 20lbf/in^2 和 30lbf/in^2（1lbf/in^2 = 6894.76Pa）气压下检测信号的稳定性　e）3D 结构化传感器的声音感知特性测量系统示意图

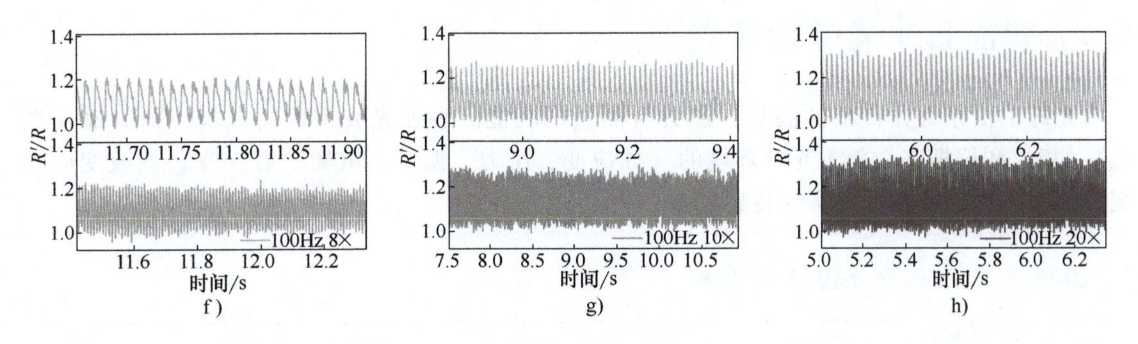

图 6-25　气流和空气振动的感知（续）

f)~h）不同功率放大因子下 3D 结构化传感器在振动稳定后的实时响应

此外，还评估了 3D 结构化传感器对细微水流波动的性能，以模拟海洋生物的传感系统。不仅可以检测静态应变，还可以检测动态应变。例如，通过感应磁通量密度，固定在塑料底座上的 3D 结构化传感器可以监测传感器与烧杯底部的永磁体之间的距离（即水位），如图 6-26a 所示。此外，实时监测入口驱速甚至流体惯性引起的流量如图 6-26b、c 所示。此处，注水水龙头位于水箱一角上方，传感器斜置。此外，该传感器可以检测波浪运动并跟踪。如图 6-26d 所示，3D 结构化传感器固定在水箱的侧壁上，人造水波覆盖在传感器上并触发相应的清晰电信号，随着时间的推移读取较小的反冲洗次数，如图 6-26e、f 所示，表明 3D 结构化传感器能成功应用于水下机器人。

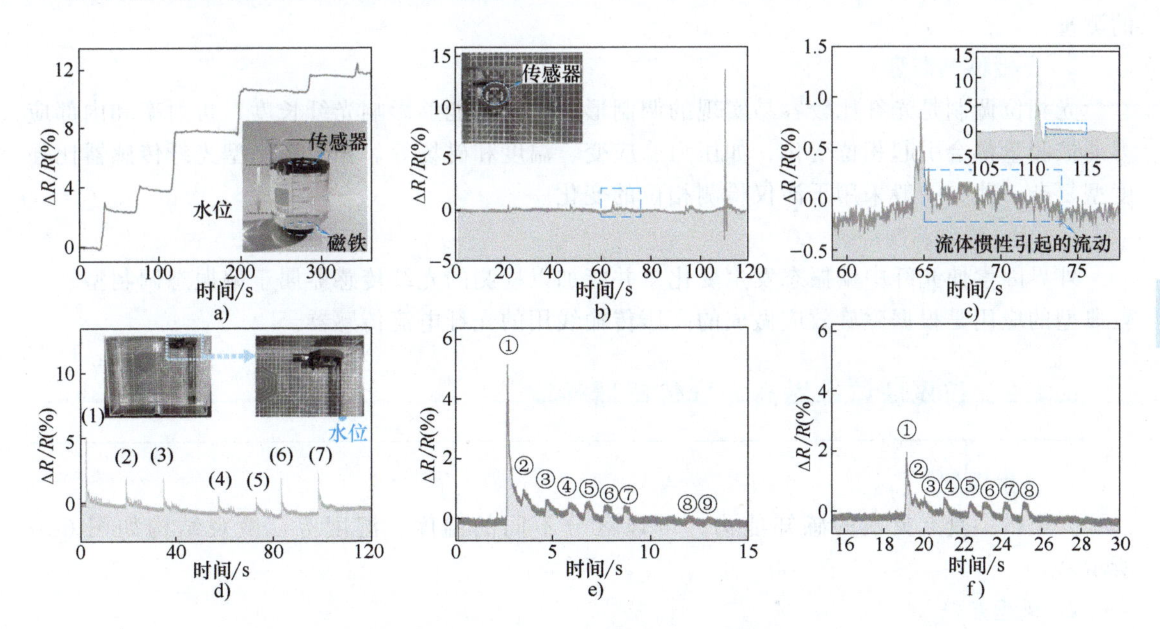

图 6-26　3D 结构化传感器对细微水流波动的行为

a）水位检测（插图：原始测量的照片）　b）水龙头不同注水速度下获得的信号　c）放大曲线

d）波浪运动引起的信号　e）波浪经过时的放大曲线（0~15s，包括反冲洗次数的轨迹）

f）波浪经过时的放大曲线（16~30s 包括反冲洗次数的轨迹）

6.4 智能仿生光导传感器

光纤不仅作为光传播的波导，还具有测量的功能。表征光波特性的参量，如振幅（光强）、相位和偏振态会随着光纤环境的（如应变、压力、温度、电场、射线等）的改变而改变，故利用这些特性便可实现传感测量。

6.4.1 仿生光导传感器原理

1. 光强度调制型

光强度调制是光纤传感器最基本的调制形式。被测量通过影响光纤的全内反射实现对输出光强度的调制。从几何光学的角度讲，调制的条件是纤芯和包层的折射率。调制的具体途径又可分为两大类：

1）改变光纤的几何形状，从而改变光线的传播入射角 φ。

2）改变光纤纤芯或者包层的折射率。在纤芯中传输的光有一部分耦合到包层中，原来光束以大于临界角的角度在纤芯中传播为全内反射，但在弯曲处，光束以小于临界角的角度入射到界面，部分光逸出散射到包层。这种检测原理可以实现对力、位移和压强等物理量的测量。光纤中光强被油滴所调制的情况是通过改变光纤折射率实现光强调制的方法，很常用，对于不同的测量对象可以采用不同的材料作为包层，如电光材料、磁光材料、光弹材料等。有一种光纤温度传感器就是利用纤芯和包层折射率对温度变化的响应不同，实现对温度的测量。

2. 光相位调制型

光相位调制是光纤比较容易实现的调制形式，所有能够影响光纤长度、折射率和内部应力的被测量都会引起相位变化，如压力、应变、温度和磁场等。相位调制型光纤传感器比强度型复杂一些，一般采用干涉仪检测相位的变化。

3. 光偏振态调制型

外界因素使光纤中偏振态发生变化，并能加以检测的光纤传感器属于偏振态调制型。比较典型的应用是根据磁旋效应做成的高压传输线用的光纤电流传感器。

6.4.2 仿皮肤结构提高光导传感器性能

1. 仿生原型

人类指尖具有灵敏的感知能力，可以区分不同的温度、湿度等，微观结构如图 6-27 所示。

2. 制造方法

该新型触觉阵列传感器利用伯努利管结构，通过体积差异提高传感器的灵敏度，并避免了将反射器连接到单个传感元件的复杂结构。多光纤电缆和摄像头用于捕捉由施加到各个软通道上的接触力引起的光强度变化。代替将纤维嵌入单个传感元件中，纤维束可以与传感器主体一起夹上和夹下，从而允许传感器主体是一次性的。所提出的传感器利用 3D 打印技术和软材料铸造，使传感器制造简单，适用于高密度触觉阵列传感器的生产。这也允许传感器设计成任何非平面形状，并且易于小型化，该传感器还不受电磁干扰的影响。

软阵列触觉传感器由可以是任意形状的传感器主体组成。传感器主体由填充有软材料的多个通道组成。传感方法的关键假设是软材料具有低可压缩性，因此，当对软材料通道的上半球（通道向外延伸的部分）施加压力时，施加的压力会传递到通道末端，导致软材料轴向突起在另一端。为了提高触觉传感器的灵敏度，体积差用于设计通道形状，以放大软材料在其通道中的轴向突起的位移，如图 6-28 所示。此外，传感器元件的灵敏度放大倍数能够通过小型化结构设计来优化受影响的灵敏度。

为了检测轴向突起的变化，来自发射光纤的光被散射到所有软材料通道的末端，光从那里反射回到与轴向突起的软材料通道相对放置的接收光纤中。

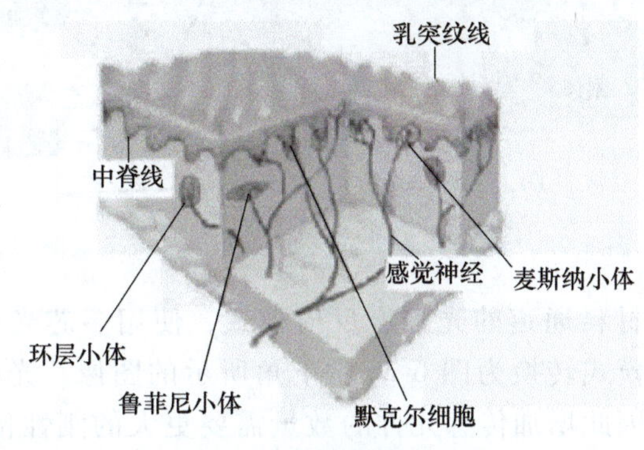

图 6-27　指尖微观示意图

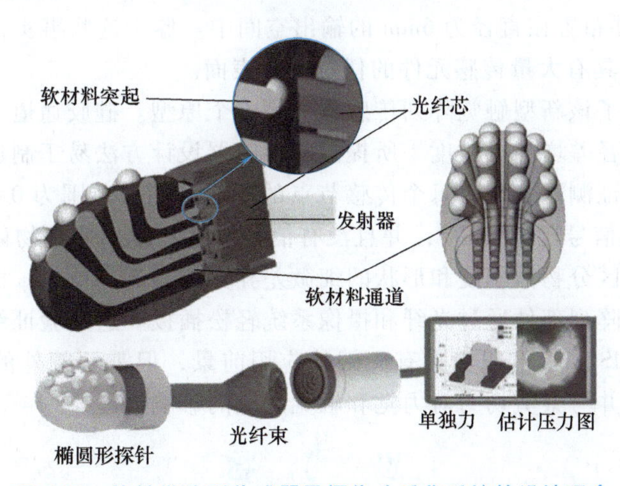

图 6-28　软触觉阵列传感器及摄像头采集系统的设计理念

3. 原理

光强 I 与接收器和光源发射器之间的距离的关系可以用二次方反比定律表示：

$$I \propto \frac{r}{d^2} \tag{6-9}$$

其中 r 是一个常数值，表示初始距离处的光辐射；d 是距离。随着 d 通过软材料的轴向突起位移减少 Δd_o，光强度增加，如图 6-29 所示。Δd_i 是施加力的另一端的软材料位移，如

图 6-29 所示。Δd_i 和 Δd_o 的关系可以近似为：

$$\Delta d_i = \frac{A_i}{A_o} \Delta d_o f(\varepsilon),\ f(\varepsilon) \leqslant 1 \tag{6-10}$$

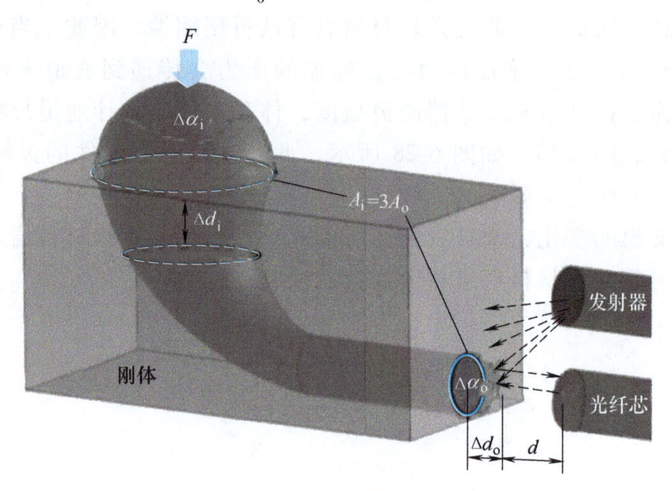

图 6-29 软材料通道示意图以及光反射示意图

为了观察来自多个软材料通道的光强度反射模式，使用多芯光纤束将光模式传输到相机，然后将获取的光强度模式转换为图 6-28 右下角所示的图像。光纤束中的每个纤芯接收来自每个传感元件的光，因此增加传感元件的数量需要更大的刚性传感器本体的输出空间。这可能是这种传感方法的限制。然而，目前的传感器原型中，在对传感元件布置进行优化后，将 16 个传感元件布置在直径为 6mm 的输出空间中。鉴于这些事实，这种传感原理能够适应各种 MIS 应用和具有大量传感元件的任意形状表面。

经过测试，验证了该新型触觉阵列传感器的第一个原型。硅胶通道采用伯努利管结构设计，通过输入输出直径差增加灵敏度。所提出的传感器设计方法易于制造和小型化。在 3×3 触觉阵列原型上的验证测试表明，每个传感节点的平均可测力范围为 0~1.622N，平均准确度为 97%，平均串扰信号比为 1.8%，并且没有信号漂移。使用两个物体对传感器的试验评估表明，该传感器在区分物体刚度和形状的细微差异方面具有高性能。由于所提出的传感器设计允许低成本传感阵列部件通过光纤和摄像系统轻松插拔。通过验证结果，设计的软触觉阵列传感器在各种 MIS 工具集成中具有广阔的应用前景，但需要额外的验证来巩固长度和灵敏度之间的关系，并考察剪切力对力觉和触觉感应的影响。

思 考 题

1. 写出变阻传感器、变容传感器、磁性传感器及光导传感器的定义，并写出每个传感器对应的五个应用场景。

2. 查阅资料写出误差函数 erf（x）并代入式（6-6），应用软件（包括但不限于 Excel、MATLAB）绘制出电导对应变的导数的相反数与应变（$-\mathrm{d}S/\mathrm{d}\varepsilon$-$\varepsilon$）的函数图像。其中，$\mu$ 取 0.98，ε_0 取 0.4，$\varepsilon \in (0,\ 2)$，并将绘制的图像与图 6-3 中经过试验得到的红色曲线进行对比。

3. 查阅资料画出同心圆筒变容传感器工作示意图，并思考如何在变容传感器（包括但不限于平行板电容和同轴圆柱电容）中加入仿生元素提升传感器性能。

4. 查阅资料了解磁流变的工作原理及主要的应用。

5. 查找资料叙述基于反射的光纤（RFO）和一种基于传输的光纤（TFO）各自的工作原理，以及这两种光纤各自的优缺点。

参考文献

[1] KANG D, PIKHITSA P V, CHOI Y W, et al. Ultrasensitive mechanical crack-based sensor inspired by the spider sensory system [J]. Nature, 2014, 516 (7530): 222-226.

[2] LI T, LUO L, WANG X W, et al. Flexible capacitive tactile sensor based on micropatterned dielectric layer [J]. Small, 2016, 12 (36): 5042-5048.

[3] DING L, WANG Y, SUN C L et al. Three-dimensional structured dual-mode flexible sensors for highly sensitive tactile perception and noncontact sensing [J]. ACS Applied Materials & Interfaces, 2020, 12 (18): 20955-20964.

[4] BACK J, DAS GUPTA P, SENEVIR ATNE L, et al. Feasibility study-novel optical soft tactile array sensing for minimally invasive surgery [C]//2015 IEEE/RSJ International Conference on Intelligent Robots and Systems. New York: IEEE, 2015.

第7章
智能仿生导航

在探索自然界的奥秘时，生物智能领域的研究尤为引人入胜。生物智能不仅体现在生物体对环境的适应和生存策略上，更体现在进化过程中形成了一系列精妙的机制和行为。本章内容将深入探讨智能仿生导航，这是一种新兴的技术领域，它通过模仿自然界中生物的导航能力，为人类提供全新的导航技术启示。

导航定位技术自古以来便是人类社会发展和科技进步的重要支撑。从古代利用天文和地理标志进行定位，到现代的卫星导航系统，导航技术不断演进，为人类活动提供了极大的便利。然而，随着科技的深入发展，尤其是在军事和航天等高端应用领域，对导航系统的精度和可靠性要求越来越高。传统的导航技术，如惯性导航、卫星导航等，虽然已经取得显著成就，但仍存在误差累积、易受干扰等问题。因此，探索新的导航技术成为科研人员的重要课题。

自然界中的生物经过几十亿年的进化，形成了各自独特的导航能力。从候鸟的迁徙到昆虫的觅食，这些生物能够在复杂多变的环境中准确导航，其背后的机制令人着迷。智能仿生导航技术正是受到这些生物导航能力的启发，通过模仿和借鉴自然界中的导航原理，发展出的一种新型的导航技术。这种技术不仅能够提供更高的导航精度和更强的抗干扰能力，还能够在复杂环境下实现自主导航。

本章将详细介绍智能仿生导航的概念、原理和应用，包括仿生偏振光导航、仿生磁场导航、仿生月光偏振导航，以及仿生蚂蚁双重导航系统等。通过对这些导航技术的深入分析，揭示自然界生物导航能力的奥秘，并探讨如何将这些原理应用于人类技术的发展之中。通过本章的学习，读者将能够全面了解智能仿生导航技术的最新进展，并认识到生物智能在现代科技领域的应用潜力。

7.1 智能仿生导航概述

7.1.1 导航

导航定位是一门古老而又年轻的学科。从古至今，人们利用电学、磁学、声学、光学、力学等方法，通过测量与运动体位置有关的参数来实现对运动体的定位，并引导目标从出发点沿预定的路线，安全、准确、经济地到达目的。导航定位技术作为人类生存和发展的基本能力，随着科学技术的发展和信息时代的到来，已经越来越显示出其重要意义。导航定位技术的应用已经由交通运输扩展到工、农、林、渔、土建、旅游、公安、救助、电信、物探、地理信息、地震预测、大地测绘、海上石油作业、气象预报等诸多行业，涉及自动控制、机械工程、计算机、微电子学、光学、数学、力学等众多学科的研究领域。导航定位技术不但在国民经济建设方面发挥着重要作用，也在国防军事上有着极其重要的位置。它是巡航导弹、弹道导弹、制导弹药等精确制导武器的核心技术，它作为系统的重要组成部分，能够实时提供参战成员的精确位置和运动信息，对于形成海陆空协调一致、高度统一的指挥网络，起着坐标系的作用。导航技术在布雷、扫雷、空投、侦察、卫星测控与跟踪的精确定位与时间信息战术操作中应用广泛，在通信系统及计算机网络的时间同步、弹道测量、时间系统的建立与保持、雷达精度校验等众多领域作用重大。

现存的导航定位系统根据所依据的导航原理不同主要分为惯性导航、陆基无线电导航、卫星导航和天文导航。惯性导航系统自主性强，功能完备，但误差会随时间累积。陆基无线电导航系统需要建立陆基台站，发射的不同波段的电磁波容易受到屏蔽干扰，导航死角多。卫星导航具有全天候、全球、实时高精度测速定位的特点，目前应用最为广泛，但输出参数更新率低，天线被遮挡或空间卫星发生故障时会出现信号中断，战争中也很容易受到敌方干扰、攻击和破坏。而天文导航是以天体作为导航信标，被动接收天体自身辐射信号，进而获取导航信息，是一种完全自主的导航方式。天体辐射覆盖了射线、紫外、可见光、红外整个波谱，从而具有极强的抗干扰能力，但现有的导航设备精度不高、体积大，且系统集成度低。面对现代科学技术的发展，尤其是国防和军事的需要，如何提高导航系统的自主性和安全性，是各军事强国面临的重大难题。因此，探索新的高精度自主导航方法，就显得十分重要。

7.1.2　智能仿生导航的含义

大自然中许多动物具有惊人的导航本领，例如，北极燕鸥每年往返于南、北两极地区，旅程达 5 万~6 万 km，从不迷航；信鸽能够在距离饲养巢穴数百公里远的陌生地方，顺利返回巢穴；美洲的黑脉金斑蝶每年秋季从加拿大飞到墨西哥，行程约 4800km，却从不迷路。近年来，随着对动物行为学和生理学研究的深入及传感器技术的发展，仿生学逐渐成为学科交叉的前沿和研究的热点。大自然中动物非凡的导航本领和独特的导航模式为导航技术的发展提供了新的启示。

智能仿生导航技术，顾名思义是一种“模仿+借鉴”动物导航本领的新的导航技术。通过借鉴动物的导航机理，综合利用偏振光信息、视觉信息、运动信息，以及导航经验知识等，在几何空间/拓扑空间组成的混合空间中实现多源信息融合和学习推理的一种自主导航技术。它交叉融合了导航技术、仿生学、神经科学、动物行为学，以及智能科学等多种学科领域的最新成果，是实现复杂条件下无人平台高精度导航的有效途径，已成为导航技术研究领域的前沿和研究热点。

与常用的导航技术相比，除了导航传感器层面的差别外，智能仿生导航技术最大的特点是可以综合利用几何空间内的导航信息与拓扑空间内的导航经验知识、导航拓扑空间关键节点的引导指令等，从而得到面向任务的导航指令集，然后按照某种导航模式（例如，“航向约束+环境感知+学习推断”的节点递推导航模式）引导载体运动。

智能仿生导航主要包括仿生偏振光导航、仿生磁场导航、仿生月光偏振导航及仿生蚂蚁双重导航系统。这些导航传感器借鉴了动物器官感知自然环境形成导航信息的机理和大脑内导航细胞处理信息的机制，可以将自然界的光、磁和场景特征等信息源转化为载体运动的航向、位置、速度、姿态等导航信息，具有全自主、抗干扰、测量误差不随时间积累等特点。

7.2 仿生偏振光导航

偏振是光的固有属性，反映了光在传播过程中，光波振动方向随时间的变化规律。自然界中，光的偏振现象普遍存在。虽然人类的视觉无法直接感知偏振光，但是许多生物（如沙蚁、蝗虫、蜜蜂、墨鱼等）能够利用它们独特的眼睛结构，感知并利用光的偏振现象获取信息，从而进行导航、觅食和交流。这些生物经过几十亿年的漫长进化和自然选择，形成了独特的偏振视觉功能，具备了完善的适应环境的能力，得以生存和发展；其许多精巧的结构和优异的功能，在令人类叹为观止的同时，更值得人类学习、了解，并加以合理利用。因此，利用太阳偏振光导航定位一直是天文导航的研究热点，是科学家探索天文导航的一个重大进展。对这些昆虫偏振导航现象生物学的研究为探索利用偏振光导航的内在机理和方式方法奠定了生物学基础，为发展新型导航技术和器件提供了自然生物的依据。

7.2.1 偏振光导航内涵

智能仿生偏振光导航方法是一种新型基于自然特性的自主导航方法，是以沙蚁等生物高度敏感的偏振视觉感知与导航功能为仿生基础，以太阳光的自然偏振特性与大气偏振模式为理论依据，通过对大气偏振模式的检测和演算，实现对载体姿态信息的判断。

偏振光导航如同天文导航，是一种既古老又新型的导航方法。考古学研究中发现，古代维京（Viking）人就掌握了利用太阳石等晶体感知大气偏振模式，实现了远洋航海。但是随着卫星导航、惯性导航等现代导航技术的兴起和应用，现代导航技术已经在人类的社会活动和军事活动中占据了主导地位，并发挥了至关重要的作用。近年来随着仿生科学的发展，以及人们对导航需求的无限追求，一批新型导航方法不断被人们关注，基于自然偏振特性的智能仿生偏振光导航方法就是典型的代表。

7.2.2 偏振光导航基本原理

太阳光在未进入大气层之前，是非偏振的自然光。进入大气层之后，由于大气层中的大气分子、气溶胶等粒子对太阳光具有散射作用，会改变光的偏振态，从而产生了天空偏振光。偏振度与偏振角是描述偏振光的两个重要参数，也就是偏振信息，分别表示光的偏振程度和光的振动方向（$\boldsymbol{E}$ 矢量方向），沙蚁、蜜蜂等昆虫正是检测天空的偏振信息实现自主导航的。

在大气层中，偏振光的偏振度和偏振方向分布具有特定的规律：在不同的地点或时段，偏振度和偏振方向各不相同；而在同一时段、同一地点，观测的大气偏振光强度和偏振角度具有很好的重复性，这就形成了包含大量偏振信息的太阳光偏振分布图，也被称为天空的指纹，如图 7-1 所示。图 7-1 中短线的方向与宽度分别代表光的最大矢量方向和偏振度大小。天空中的偏振信息关于太阳子午面（Solar Meridian，SM）对称，ASM（Anti-Solar Meridian）为反太阳子午面。根据 Rayleigh 散射可知，任何一个被观测点的偏振方向垂直于太阳、观测者和被观测点所构成的平面。

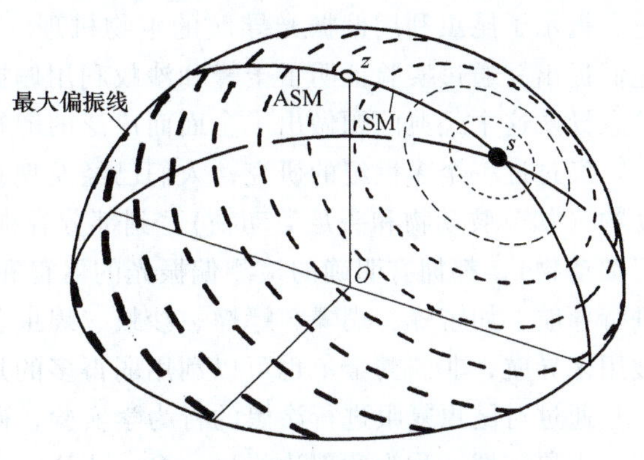

图 7-1　大气偏振模式示意图

目前，在利用偏振光进行导航方面的效果远没有达到生物使用偏振光导航的水平，应用比较成熟的理论是 Wehner 等人基于沙漠蚂蚁导航提出的利用偏振光进行路径积分的方式，并成功应用于地面移动机器人 Sahabot 的自主导航。其基本原理是：利用偏振光传感器检测行进过程中转过的角度，结合里程计记录的距离信息，通过路径积分产生指向出发点的向量，即

$$x(t+\Delta t)=x(t)+\cos[\theta(t)]\Delta s \tag{7-1}$$

$$y(t+\Delta t)=y(t)+\sin[\theta(t)]\Delta s \tag{7-2}$$

7.2.3　昆虫偏振光导航机理

自从人们发现昆虫具有偏振光导航的能力后，一个基本的问题随之而来：昆虫偏振感知和导航的机理是什么？为了弄清这个问题，科学家对昆虫的偏振罗盘进行了大量的行为神经生物学研究，揭示了部分秘密。严格来讲，不同种类的昆虫，其偏振感知的生物机理都不尽相同，但它们都具有一些最基本的特征。

1. 昆虫偏振感知的行为学研究

尽管人们对大气光学偏振现象的认识直到 19 世纪中叶才开始广泛深入，但生物学家早在 19 世纪初期就开始了对昆虫利用大气偏振光进行导航现象的研究。仿生偏振光导航的研究源于人们对自然界中一些生物利用天空偏振光进行导航的生物学现象的发现。例如，瑞士医生 Felix Santschi 通过著名的镜子实验对收割蚁外出觅食过程进行观察，得出蚂蚁不但可以获取太阳罗盘，还可以在受到限制的局部天空区域内利用天空光的某些性质获取航向信息（我们现在知道这些性质就是由空气分子的散射作用形成的偏振光）；1940 年，生物学家 Verkhovskaya 在对果蝇的实验中，首次发现了生物可以区分偏振光和非偏振光的现象。1949 年，VonFrisch 设计了一系列巧妙的实验，对蜜蜂的觅食行为进行了研究，在排除了重力场和太阳等可能的导航参考后，证实了蜜蜂通过大气偏振模式获取航向信息，但他未能清晰阐述蜜蜂利用偏振光导航的生物机理。此后，经过一段时间沉寂后，从 20 世纪 70 年代开始，人们又重新开始关注对这一课题的研究。多个研究小组以不同的方式展开对沙蚁和蜜蜂等各类昆虫偏振敏感机理的研究，给出了昆虫利用偏振光导航的行为学、解剖学和电生理学结论，揭示了昆虫利用偏振光导航的生物机理。其中最具代表性的是 Rossel 和 Wehner 团队，他们提出并通过实验证明了蜜蜂和沙蚁利用偏振光进行导航的生物机理，对昆虫利用偏振光信息导航这个经典问题做出了全面而广泛的解答。

经过近一个多世纪的研究，人们已经发现自然界中有超过 90 多种动物，涉及从无脊椎动物（如节肢动物和头足类动物），到部分脊椎动物（如鱼类、鸟类，以及一些两栖类和爬行类动物），都拥有明确的检测偏振光的器官和能力，有的已经被证明能利用检测的偏振光进行导航，如蜜蜂、蝴蝶、蟋蟀、沙蚁、蝗虫、蜘蛛等。进一步的研究发现，不仅日光可以被用来导航，非洲粪金龟也可以利用弱得多的月光偏振进行导航。

通过对昆虫复眼进行涂黑的行为学实验，研究人员将昆虫偏振感知的器官锁定到复眼背部一小块区域，称为背部边缘区（Dorsal Rim Area，DRA）。该区域的小眼具有独特的偏振神经感光结构，能以极快的速度从复杂变化的大气偏振模式中提取准确的罗盘信息，实现精准导航。通过显微镜观察昆虫复眼，DRA 的小眼和其他地方的小眼有两个显著的不同点。首先，DRA 的小眼具有暗淡的灰白色外表，而其他区域的小眼则呈褐色。组织学研究揭示出这种外表颜色差异的原因在于 DRA 的小眼缺乏筛查色素，这种色素的缺失使得这些小眼拥有了比其他部位小眼更大的视场。其次，与复眼的其他区域相比较，DRA 显得很平坦，这种曲度的完全消失意味着 DRA 小眼的光轴没有偏差或仅有小部分偏差。这种情况下，所有 DRA 临近区域的小眼可接收来自天空相同区域的光，特别是当大视场的区域呈现时，这种结构更具有检测优势，使偏振信息的获取更具鲁棒性。

不同动物对偏振光谱的选择不同，例如，苍蝇、蜜蜂、沙蚁、某些圣蜣螂和蜘蛛选择紫外（UV）光谱，而蟋蟀、蝗虫和蟑螂等对蓝光敏感，金龟子选择绿光。研究表明，晴朗天空时各种波段的天空光偏振特性无显著差异，但在特殊情况如多云或植被覆盖等条件下，紫外光偏振具有明显优势，其偏振特性在所有光谱范围中达到最大，这也是大多数昆虫选择利用紫外光谱感知偏振信息的原因。但一个有意思的问题是，为何在利用偏振光导航时不是所有的动物都选择用紫外偏振光信息。这个问题至今仍没有得到彻底解决，一个可能的合理解释是进化对波段的选择可能与昆虫的栖息环境及栖息时间有关。例如，蟋蟀不仅在白天活动，也在拂晓或黄昏甚至晚上活动，这种环境下蓝光的偏振达到最大，因此在蟋蟀的 DRA 小眼内发现的是蓝光接收器。

2. 昆虫偏振感知的解剖学和电生理学研究

昆虫赖以获取外界环境信息的主要器官是其头部一对硕大的复眼，经过长期的行为学观察和实验，生物学家确定昆虫正是通过复眼背部边缘区具有特殊感光结构的一部分小眼来检测大气偏振信息并进行导航的。复眼是由成百上千的小眼组成的特殊光学器件（图 7-2），每个小眼具有独立的感光结构，在它的末端包含了屈光系统、角膜镜头和晶锥。中间接近晶锥的是小网膜，它由一束光感受器组成，包含有视觉色素的感光膜构成感杆束，共同形成长长的光波导，将外部环境光引导到小眼中心，实现对外部环境的视觉感知。

通过对昆虫复眼不同区域的小眼进行对比解剖研究后发现，具有偏振感知能力 DRA 的小眼和其他区域的小眼相比，其内部感光通道具有特殊的排列结构。昆虫 DRA 小眼中的网膜细胞有八个，它们在横截面处组成了一个花状排列的视杆结构（图 7-3a）。其中，2、3、4、6、7、8 网膜细胞为紫外光接收器，1、5 为绿光接收器。3 和 7 网膜细胞上的微绒毛相

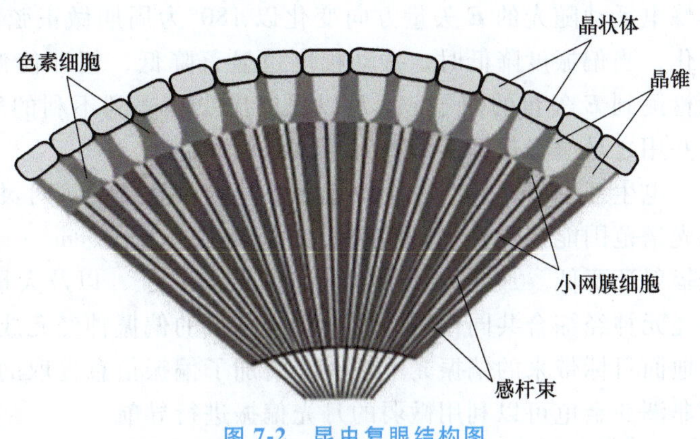

图 7-2　昆虫复眼结构图

互平行，与其余六个网膜细胞上的微绒毛方向垂直。这种微绒毛相互垂直的小网膜细胞构成了偏振敏感对，使相应的偏振敏感神经元调谐于不同的偏振角度，其相互间的对抗性能增加偏振对比度，且将光强对系统的影响降到最低，有助于昆虫对偏振光进行检测和分析。

通过对 DRA 小眼进行电生理学的实验研究，人们发现，其内部的光接收器是由具有偏振对抗性的两个通道组成的特殊感光结构。两个分析通道的对抗性表现为感光器内相互垂直分布的微绒毛，这些微绒毛构成了感杆束，光感受器的偏振敏感性就是基于它们对偏振光的吸收特性。微绒毛内的视觉色素分子以特定的形式排列，使得 ***E*** 矢量方向与微绒毛长轴平行的偏振光被最大限度地吸收，其他方向上的偏振光则得以抑制，起到一个检偏的功能。对一个调谐后的光感受器来说，微绒毛方向可作为 ***E*** 矢量方向的指示器。因此，背部边缘区的小眼包含两类 ***E*** 矢量分析器，它们分别调谐于振动方向相互垂直的 ***E*** 矢量，两类分析器通道对抗地流入偏振对抗神经元。这种对抗性有两个优点：一是增强了 ***E*** 矢量对比的敏感性；二是它使得反应独立于绝对光强。

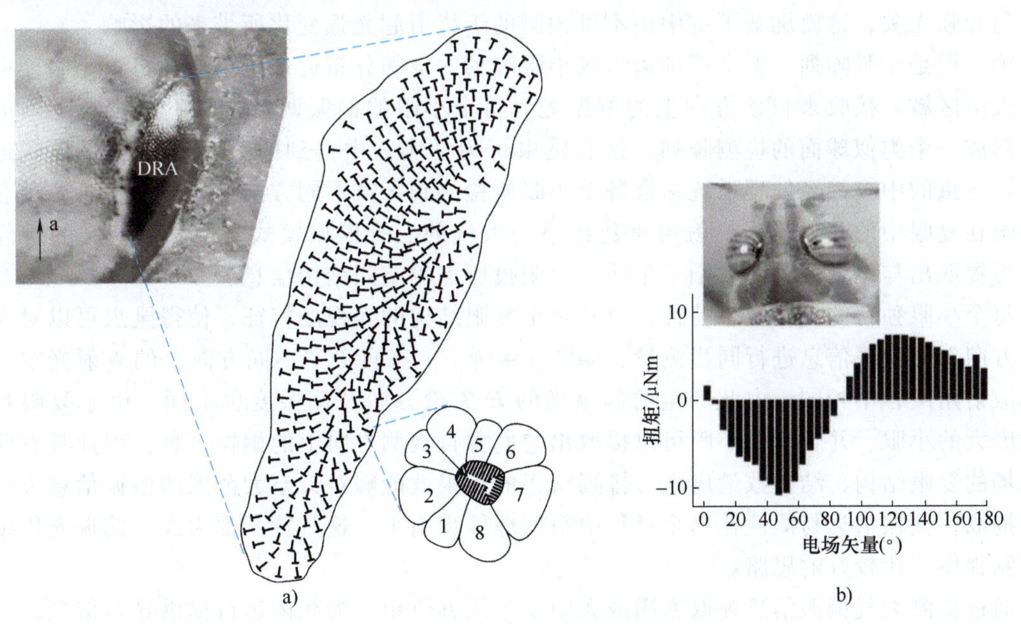

图 7-3　复眼 DRA 及偏振敏感特性

昆虫偏振敏感神经元的来源主要有两类：一类是来自视神经叶的骨髓（如蟋蟀和沙蚁）；另一类来自中心小体（如蝗虫）。背部边缘区的感光器将收集到的偏振信息交由视神经叶的偏振敏感（POL）神经元处理，这些 POL 神经元作为偏振对立神经元从两个具有最大敏感度的正交分析通道接收对立输入，神经元的兴奋或抑制每隔 90°交替出现（图 7-3b），

其峰电活动随光的 ***E*** 矢量方向变化以 180°为周期做正弦函数变化，振幅随着偏振度变化而变化，当偏振度降低时，振动幅度也显著降低，但即使偏振度降到 0.05，POL 神经元依然能检测到 ***E*** 矢量的信号，这足以保证昆虫在遇到不利的气象条件时依然能检测大气偏振信息并用之导航，保证了偏振光导航的可靠性。

电生理学研究表明，昆虫偏振信息检测系统的绝对灵敏度非常高。例如，蟋蟀在 433nm 的光谱范围能接受光辐射的阈值是 2.5×10^{17} 光子/cm^2 · s，这个值甚至比晴朗的无月夜晚的光辐射还要低。加之 POL 神经元的大视野特征，以及大量 DRA 光感受器的视野综合与 POL 神经元神经综合共同作用的结果，使昆虫的偏振神经元成为空间低通滤波器，以保持对云层或地面目标带来的偏振光不敏感，增加了偏振信息提取的鲁棒性。这也就解释了为什么蟋蟀和非洲粪金龟可以利用微弱的月光偏振进行导航。

综上可知，昆虫的神经系统已经形成对大气偏振模式的适应性，它们对偏振光的感知可分为三个层次：

第一层是感光细胞。它只对特定光谱及特定方向的偏振光敏感，敏感方向与感杆内微绒毛的排列方向一致，平行方向的敏感性是垂直方向的 6~8 倍，这就使该小眼具有在特定方向上对偏振光敏感的检偏能力。感光细胞的偏振敏感性和单色性，使其对不同方向的 ***E*** 矢量产生不同的输出，且输出不受光谱变化的影响。

第二层是小眼。小眼由两组微绒毛方向互相垂直的感光细胞组成，其中一组感光细胞的输出抑制另外一组的输出，这就大大增强了偏振信号响应的幅度，使得小眼的偏振灵敏性比感光细胞的偏振灵敏性增强了很多。更重要的是，小眼对偏振光的响应只与 ***E*** 矢量方向有关，与光强无关，这就屏蔽了空中由不可预测的干扰引起光强变化所带来的影响。

第三层是小眼阵列。整个背部边缘区小眼阵列的空间分布近似于扇形，每个小眼朝向特定的天空区域，接收来自该方向上的偏振光。每个小眼的偏振调谐方向不同，呈半圆周排列，形成一个类似球面的检测阵列，这和昆虫行为学实验中得到的天空中 ***E*** 矢量模式近似匹配。昆虫的中央神经处理系统综合各个小眼所检测到天空不同方向上的偏振信息，结合每个小眼在复眼中的几何排布，就可重建出整个大气的三维偏振模式。再通过特殊的神经计算，可提取出与体轴相关的太阳子午线、太阳投影点等空间结构信息。

每个小眼独特的偏振敏感特性，以及整个复眼结构的大视场特征，使得昆虫可以对天空不同方向上的偏振信息进行同步测量，如图 7-4 所示。来自天空不同方向上的入射光线所具有的散射角度各不相同，由此产生的偏振光的 ***E*** 矢量方向及偏振度也不同，由于复眼具有数量庞大的小眼，并且每个小眼可以提取出它们各自观测方向上的偏振信息，因此具有曲面大视场的复眼结构，结合数量庞大、排列密集的小眼就能够对天空大范围的偏振信息进行实时的提取，偏振信息易测性在这个过程中很好地体现出来。这些特征都为人工偏振光传感器的研制提供了比较好的思路。

通过检测大气偏振信息提取太阳或太阳子午线方位角，为载体运行提供导航信息，在技术上具有全地域、抗干扰能力强，以及误差不随时间积累等优点，结合复眼所具有的大视场特点，可以对天空大范围区域中的偏振信息进行同步检测，极大地缩短了数据采样周期，解决了目前利用点区域偏振信息进行导航的信息不稳定的问题。另外，针对复眼结构的快速响应特点，可以开展动态的偏振信息检测，实现快速测量，减小测量延时，提高测量信息的准确性；同时结合复眼结构中子眼对偏振光信息的高度敏感特性，以及神经元对偏振信息的抑制与增强的处理方式，可以提高偏振信息的精确度。

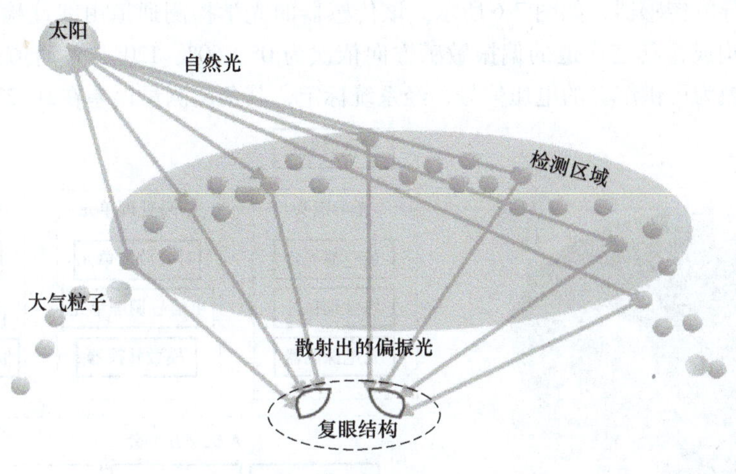

图 7-4　复眼对大区域偏振光信息的检测

7.2.4　仿生偏振光导航传感器

早期仿生偏振光导航传感器的研究工作主要从模仿昆虫的单一复眼结构出发，探索其导航原理的可行性。

1997 年，Labhart 等人模仿蟋蟀的 DRA 小眼结构与 POL 神经元机理，首先开发出了多通道仿生偏振光探测装置，并将其搭载在移动机器人上开展模拟导航实验，如图 7-5 所示。

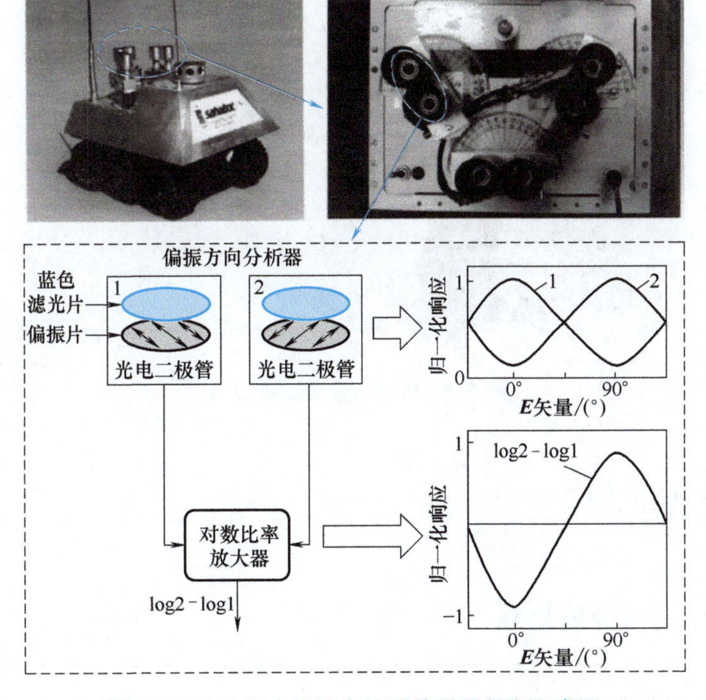

图 7-5　仿生天空偏振光探测装置及原理示意图

2008 年，大连理工大学赵开春等人从沙蚁的偏振导航机理出发，研制了基于 ARM 微处理器的三通道偏振光导航传感器，如图 7-6 所示。该传感器的光学探测通道由线性检偏片、蓝色滤光片和光电探测器构成，其三通道的偏振敏感方向依次为 0°、60°、120°，各通道通过对数放大单元，将光电流转换为可供解算的电压信号，经系统标定，其角度测量误差在±0. 2°范围内。

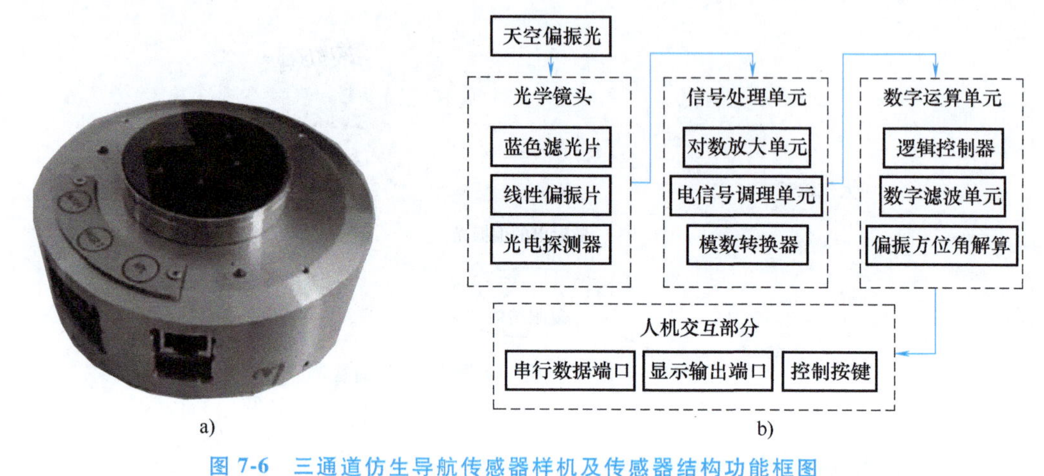

图 7-6　三通道仿生导航传感器样机及传感器结构功能框图

a）三通道仿生导航传感器样机　b）三通道仿生导航传感器结构功能框图

2012 年，纽卡斯尔大学的 Chahl 等人模仿蜻蜓的偏振视觉探测机理，设计了包含环境光与天空偏振光感知的多单元仿生偏振探测装置，并将其安装在弹射滑翔机的头部，完成了无人机飞行的航向角测量，如图 7-7 所示。

图 7-7　仿蜻蜓偏振探测装置

7.3　仿生磁场导航

7.3.1　仿生磁场导航概述

候鸟面对复杂的地形、多变的气候、漫长的迁徙距离却能按照固定的路线分毫不差地春去秋来；海龟在茫茫大洋中能够跋涉数千海里而准确地回到相同的海滩产卵；信鸽可以从离家几百上千公里外的陌生地域准确地飞回自己的巢穴。研究表明，这些动物是利用地磁信息进行导航或作为主要导航手段的。通过特殊的磁敏物质及神奇的信息处理本领，生物能够实时、准确地感应地磁场有效信息，无须预先的地磁测绘，也无须复杂的运算就能实现高效精确导航。这是目前人工技术方法和装备无法媲美的。

人们在很早之前就发现了生物可以利用地磁场进行导航，并对其进行了一些运用。如我国古代的"飞鸽传书"就是利用鸽子可以通过地磁场信息来准确找到方向而进行信息传递的。之后，人们又相继发现，海龟、帝王蝶、欧洲罗宾鸟等生物也具备这一神奇的能力。与目前已有导航方式相比，这些生物在导航时不依赖有源信号，具备较强的抗干扰能力，无累积误差；同时，它也不需要人工地磁导航所必需的基准图、磁力仪及复杂的算法，对航迹也无要求，适用范围广，可高效、精确地进行导航。因而，研究以蝴蝶、海龟和鸽子等利用生物地磁导航的仿生磁场导航是优化目前导航领域技术的一个有效策略。

7.3.2 蝴蝶磁导航机理

帝王蝶（Monarch Butterfly）是栖息在北美地区的一种色彩斑斓、身体硕大的蝴蝶，学名"黑脉金斑蝶"，是地球上唯一的大规模远距离迁徙性蝴蝶。为抵御北美洲冬季的寒冷气候，数以百万计的帝王蝶每年秋季自加拿大向南飞行 5000km，历时两个月抵达墨西哥中部的米却肯州的丛林过冬。到来年 3 月，帝王蝶又会不远万里向北飞回加拿大。整个一次迁徙过程往往需要 5 代蝴蝶来完成。帝王蝶的这种迁徙习性，被誉为世界一大自然奇观，如图 7-8 所示。

图 7-8 北美黑脉金斑蝶的秋季迁徙

长期以来，科学家认为这种昆虫使用大脑中的一种"太阳罗盘"进行导航，但他们观察发现即使在严重阴沉的天气，帝王蝶仍能正确导航飞行，这意味着它们同时还依赖地球磁场进行导航。

其实早在 1999 年 11 月，Jason A. Etheredge 等人就开始对帝王蝶的磁罗盘导航进行了研究。在无磁场、正常磁场和反向磁场三种条件下，黑脉金斑蝶对磁场信号的定向响应测试显示出三种不同的模式。在没有磁场的情况下，帝王蝶作为一个群体缺乏方向性。在正常磁场下，帝王蝶的方向是西南，是典型的移民群体模式。当磁场的水平分量被逆转时，蝴蝶的方向是东北。这些测试表明，即使在没有天体信息的情况下，帝王蝶也能通过磁罗盘导航。

2014 年，美国研究人员 Patrick A Guerra 等人利用飞行模拟器对帝王蝶的磁罗盘导航进行了探究。首先，通过对来自 2012 年和 2013 年秋季迁徙的帝王蝶进行室内磁罗盘实验，其中从至少三个不同位置采集的个体帝王蝶在飞行模拟器中进行了测试，该模拟器周围有一个磁线圈系统，用于改变三个不同的磁场参数（水平、垂直和强度）。为了便于飞行实验，在漫射白光条件下进行（光谱峰值在 600nm，范围为 350~800nm；光子通量为 7.45×10^{15}

光子/cm^2·s；图 7-9），这也为迁徙者提供了对其他昆虫的磁感应功能至关重要的光波长。实验结果表明，在人工磁场条件下，来自 2012 年和 2013 年秋季迁徙的帝王蝶连续飞行 5min 具有显著的定向性。

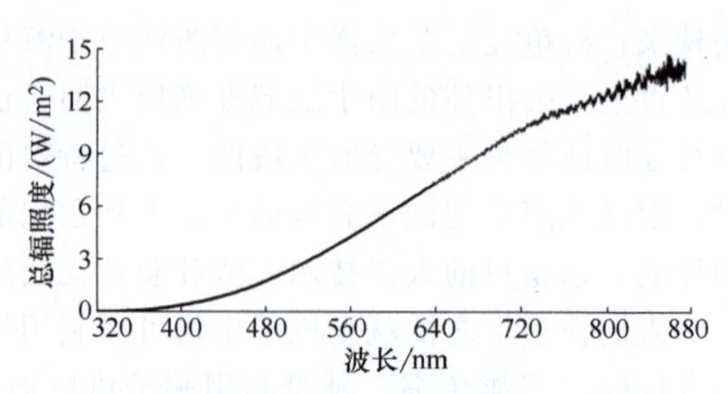

图 7-9　光照波长与总辐照度的关系曲线

因为研究表明，目前大多数长距离迁徙动物都使用地球磁场的倾角分量来引导它们在极地或赤道方向上的纬度运动。因此，研究人员通过将场的垂直分量反转（-45°），用以改变倾斜角提供的方向信息。通过测试个体的定向行为来检查帝王蝶是否也具有倾斜磁罗盘。实验结果表明，帝王蝶使用磁场的倾角作为方向线索，这表明帝王蝶、鸟类和海獭都使用倾斜罗盘进行远距离导航。同时，一些动物使用极地罗盘来确定方向性，并且在垂直分量反转时不会反转它们的方向。为了排除极地罗盘对帝王蝶方向性的影响，研究学者将模拟赤道倾角设置为0°但场强设置为141μT，即只存在水平（极性）分量而没有垂直分量。实验结果验证倾角磁罗盘是帝王蝶的主要磁罗盘。

在候鸟中，倾角罗盘对光敏感，并被认为依赖于由黄素蛋白隐花色素（Cry）介导的基于自由基对的化学过程。因此帝王蝶很可能也具有光依赖性倾向罗盘。研究人员通过使用长波通滤光片来改变光波长，从而测试倾斜响应的光灵敏度和光谱要求。实验表明，帝王蝶的倾角罗盘似乎与光有关，紫外/蓝光光谱范围（380nm 和 420nm）中的光对倾角罗盘功能很重要。并且验证，这种蝴蝶的触角包含光敏磁场探测器，使其能够探测到磁场。

这项研究使帝王蝶加入地球磁场导航物种之列，研究人员指出，这项研究揭开了美丽的帝王蝶的神秘迁移行为，巧妙地利用地球磁场作为导航，将有助于它们存活下来，抵消气候变化、乳草属植物和越冬栖息地持续减少所带来的威胁。

7.3.3　鸽子磁导航机理

某些动物的迁徙行为是其种群为了适应环境的变化而进化形成的特殊能力，在动物界广泛存在。例如，夜莺、北极燕鸥等鸟类的迁徙行程可达上千乃至上万公里，跨越大陆海洋、纵贯南北两极，这种生物行为必然需要一个智能高效的生物定向导航系统对其进行支撑。在目前已知的众多具有导航能力的生物中，尤以鸟类研究得最多也最为深入。在这些鸟类中，无论是年复一年沿着相似轨迹飞行的候鸟，还是归巢心切的信鸽，它们都能利用自然界中各种各样的环境信息来判断飞行的方向。美国“生命科学”网站曾经评选出动物的十大超能力，其中一项就是候鸟在长途迁徙过程中利用地磁场确定方位。可见，在鸟类所具有的这些超能力中，对地磁信息的感知和利用能力一直是人们关注和研究的焦点。鸽子不同于候鸟，易于人工驯养且具有强烈的归巢本能，对方向的识别和定位能力更加突出，成为一种极为优良的鸟类地磁导航研究对象，其对磁场信息的利用机理极具科学研究价值，这引起了人们的广泛关注。

动物地磁导航或者说地磁感应，本质上依旧是对动物行为的理解和研究，所以行为学研究是必需的，也是贯穿始终的。近代对鸟类地磁导航行为的研究由来已久，1953 年就已有文献报道，实验简单测试了外界磁场干扰对鸽子行为的影响，证实了鸽子能够感受到磁场，同时人们意识到，找到影响动物地磁导航的外界因素是接下来行为学研究的首要目标。1976年，Schulten 等人发现在极性溶剂中，某些自由基反应的量子效率会受到外界磁场的影响，于是他们提出了一种化学罗盘感应外界磁场的理论。1977 年，Leask 提出鸟类的磁感应功能依赖于光照，他认为从物理化学的角度上来讲，能够感受地磁场这种微弱的场，并且有可能满足定向所需的各向异性条件的化学反应，只能是发生在鸟类眼部的光化学反应。1993 年，Wiltschko 等人发现这种感应能力的缺失与光波有关，在蓝光条件下这种能力受到的影响不显著，而在红光或者绿光条件下被试鸟类失去了感受磁场的能力。不同于 Leask 和 Schulten 的理论模型，这个行为学实验的结果将生物磁受体的范围缩小到了视觉系统，或者更确切地说，缩小到了视网膜。鸟类的视网膜能响应外界光场的明暗变化和不同波长（颜色），而上述行为学显示出的这种鸟类磁导航对特定波长的依赖很有可能对应着某种未知的感光蛋白。直到 2000 年，Ritz 将三种元素（Cry 蛋白、蓝光和化学罗盘）联系在一起，并通过低频振荡干扰电磁波证明了化学罗盘的可行性。随后，人们解析了 Cry 蛋白在多种鸟类视网膜上的分布，检测了它在体外对磁场的响应，研究了敲除 Cry 蛋白对鸟类感受磁场的影响，探索了磁场刺激条件下鸟类的视觉神经激活情况等，逐步完善了这一假说。但是这种鸟类依靠感光蛋白来感受地磁场的理论并不完美，否则也不会至今仍是假说了。这个假说有许多无法忽视的问题，例如：①鸟类体内的化学罗盘是否能够按照理论和体外实验那样工作；②Cry 蛋白在体内的分布十分广泛，不够特异；③Cry 蛋白感受磁场的机理、涉及的通路和蛋白依旧不清楚。尽管如此，作为唯一将磁受体确定到蛋白水平，并且没有强力的否定证据的理论，视网膜磁受体假说是目前所有关于生物地磁导航理论中研究最为深入和系统的。

视网膜磁受体假说研究离不开对视网膜细胞的磁响应功能解析，那么有必要简单了解一下脊椎动物的视网膜基本结构。

脊椎动物的视网膜居于眼球壁的内层，是数层细胞的总称。从形态上来看，广义的视网膜分为两层：一层为透明偏黄褐色的薄膜，包含了感光细胞与相应的神经细胞；另一层为颜色较深的色素上皮层，主要由色素上皮细胞组成，具有支持和营养光感受器细胞、遮光、散热，以及再生和修复等作用。色素层和视网膜感光层的连接非常松散，有时生物个体运动产生的较为猛烈的撞击就可以使视网膜与色素层分开，病理称为视网膜脱落，严重时可致失明。

从具体组成上来看，脊椎动物的视网膜一般由十层（包括内、外膜和色素层）细胞组成（图 7-10），鸽子也不例外，其视网膜主要的七层由外向内依次是：色素上皮层、视杆视锥层、外核层、外网状层、内核层、内网状层、神经节细胞层，层与层之间有明显形态上的不同，较好区分。各个层内具有特殊的细胞类型，并非由单一细胞组成。除了这些层状细胞外，视网膜内还有一类名为穆勒细胞的非神经细胞，用来支持高度特化的视网膜细胞的生存，类似于神经胶质细胞，实际上也可以称为穆勒胶质细胞。

在脊椎动物视网膜中，光信号被感光细胞转换为神经冲动的过程有两种方式：横向和纵向。横向传播是指相邻感光细胞之间的信息传递，一般通过视锥细胞和视杆细胞末端的球部之间的空隙连接形成的电耦合结构实现。纵向传播是指外界光源作用于脊椎动物的视网膜时，光感受器细胞外段的各种视觉色素会依据激活区段的不同来吸收光量子，经过一系列瞬时光化学反应，在极短的时间内将光能转化为生物电信号，并向视网膜内核层细胞——水平细胞、双极细胞和无长突细胞及神经节细胞传递，神经节细胞则将这些信息汇总后以峰电位的形式发向视觉中枢。

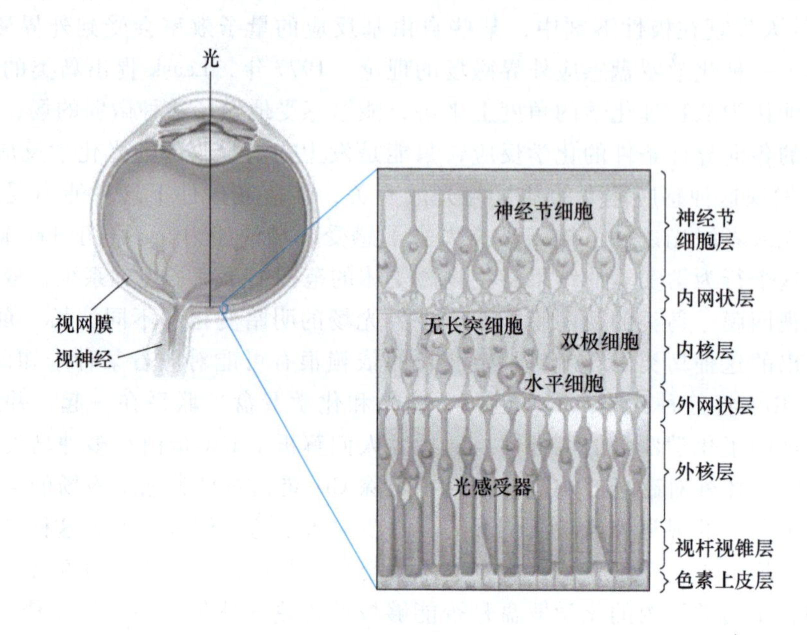

图 7-10 脊椎动物视网膜结构示意图

这种复杂的信号传递模式能够保证脊椎动物具有很强的感光能力，而从免疫荧光切片中可以看出，Cry 蛋白几乎分布在鸟类视网膜的所有细胞中，在光感受器细胞和神经节细胞中最多，这说明磁场有可能从初级光受体阶段在细胞层次上影响了视觉信息的生成，并且随信号传递的多个阶段加强了磁场对鸟类视觉的影响。

因此，关于 Cry 蛋白介导的动物磁场感知方面的研究越来越多。科学家们从行为学、遗传学、解剖学、生理学到理论模型都给出了 Cry 蛋白作为磁场感知的关键磁敏感受体的证据。从 1977 年 Leask 率先提出鸟类的磁感应功能依赖于光照，到 1978 年 Schulten 提出动物磁导航基于自由基对机理，一直到 2000 年 Ritz 从理论计算表明隐花色素（Cry）蛋白是生物感应磁场的关键受体，科学家们从动物行为学、细胞生物学、生物物理学、生物化学和分子生物学等多个方面开展了相关研究，为上述三个观点提供了丰富的证据（图 7-11）。

在此基础上，人们提出，生物地磁导航的机制可能是基于 Cry 蛋白的光引发自由基对机理。该机理认为，蓝光照射下，Cry 蛋白上结合的辅基 FAD 吸收一个光子，发生电子跃迁，得到激发态 FAD·，后者与邻近 Trp 残基发生光致电子转移反应，形成［FADH·-Trp·］自由基对；该自由基对可能是单重态 1［FADH·-Trp·］，也可能是三重态 3［FADH·-Trp·］，两者回到基态的时间不同。在此过程中，磁场主要影响单重态 1［FADH·-Trp·］和三重态 3［FADH·-Trp·］自由基对的产率。在外加磁场作用下，电子会发生复杂变化，使单重态 1［FADH·-Trp·］转换为三重态 3［FADH·-Trp·］。其中，FADH·是信号态分子，可以使 Cry 蛋白活化；随着三重态 3［FADH·-Trp·］的增多，FADH·寿命变长，使 Cry 蛋白处于信号态的时间变长，随后，活化蛋白与下游蛋白结合，将上游信号传导出去，并导致生物对光做出响应，如图 7-12 所示。按此机理，Cry 蛋白需满足一系列作为磁响应受体的条件。

基于隐花色素的光引发自由基对机理假说：

生物能够感应磁场，是因为其视网膜上隐花色素蛋白发生光化学反应，得到的中间态产物寿命会被磁场影响；中间态产物的形成使蛋白活化为信号态，所以改变磁场可以调控蛋白信号态

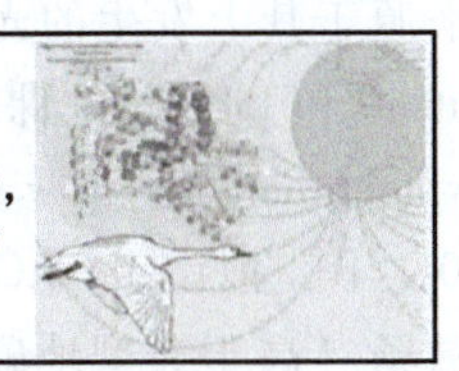

Leask：鸟类的磁感应功能依赖于光照(1977)

Schulten：动物磁导航依赖于自由基对机理(1978)

Ritz：隐花色素(Cry)蛋白是生物感应磁场的关键受体(2000)

- 1984：从神经学的角度研究了磁场对动物行为的影响，结果发现，神经对磁的响应同时依赖于光和完整的视网膜
- 1993：动物行为学实验发现，在蓝光、绿光照射下，绣眼鸟、罗宾鸟、园林莺及信鸽的导航不受影响，但是用黄光或红光照射，它们会失去导航功能。这暗示，鸟类的磁感应需要一个对蓝绿光敏感的蛋白来启动相关生理反应

- 2000：理论证明，隐花色素自由基对反应产率能被弱磁场(约50μT)影响
- 2001：理论证明，频率在MHz量级的交变磁场会影响FAD与氨基酸组成的自旋相关自由基对中的S⟷T转换
- 2004：行为学实验证明，鸟类的磁罗盘导航能力能够被弱交变磁场干扰，而且交变磁场的频率恰好也在MHz范围

- 2002：行为学实验发现，蒙住小鸟的右眼，它们无法有效导航，由此推测，感应磁场的反应发生在眼睛内部
- 2002：细胞生物学证明，能够发生光化学反应形成自由基对的隐花色素蓝光受体蛋白确实分布在园林莺、罗宾鸟、鸽子等具备磁导航能力的动物视网膜上
- 2004：神经学实验证明，夜晚候鸟利用磁场导航时，视网膜上某些含有隐花色素蛋白的细胞及前脑中某个主要接收视觉信息的特定区域都会异常活跃
- 2007：植物学实验证明，改变磁场，模式植物拟南芥的胚轴生长会受影响，但突变体不会
- 2009：改变磁场，果蝇生物钟会受影响，但是突变体没有这种效果

图 7-11　基于 Cry 蛋白的磁敏感受体假说

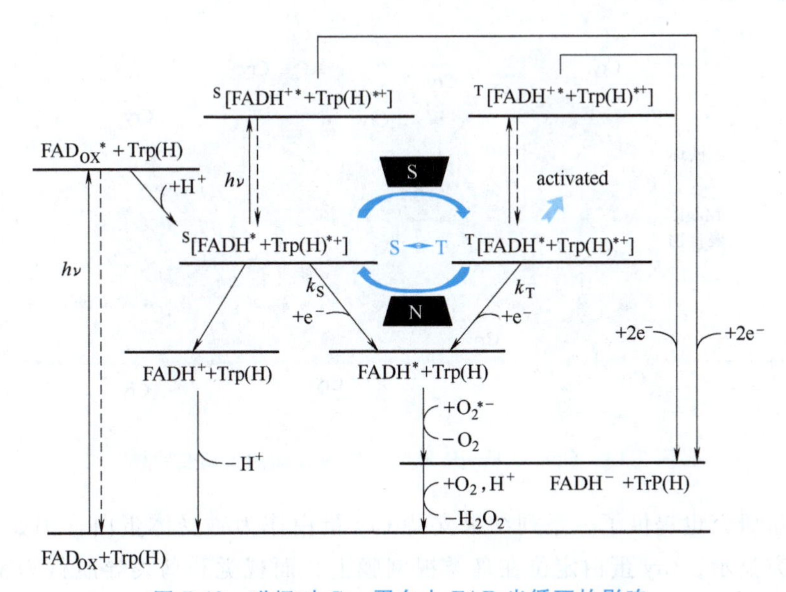

图 7-12　磁场对 Cry 蛋白上 FAD 光循环的影响

从 2000 年，Ritz 等人通过理论计算表明了磁场能影响 Cry 蛋白自由基对的产率以后，大家逐渐认定 Cry 蛋白在光照下形成的自由基对是动物感应磁场最可能的关键物质。在 Cry 蛋白的磁效应假说及实验结果中，磁敏效应是由光激发后产生的。Cry 蛋白的光受体和磁受

体性质均来源于其上发生的光致还原反应。为证明 Cry 蛋白具有磁受体功能，德国奥登堡大学的 Mouritsen 和 Liedvogel 课题组开展了一系列工作：首先表征了园林莺隐花色素（Garden warbler Cryptochrome 1a，Gw Cry1a）中自由基对的类型［FADH·-Trp·］及寿命；进一步证明在 250K 下，拟南芥 AtCry1 中光引发自由基对［FADH·-Trp·］形成的动力学能被 0.7mT 的磁场（高于典型地磁场强度的一个数量级）影响，并预测该影响在更低磁场强度下依然存在。不可否认，这是一项重大突破，但依旧没有给出最直接的证据，证明此蛋白在常温下能够感应地磁场（不大于 50μT）。

表征 Cry 蛋白在常温下对地磁场的响应一直以来都是该领域研究的关键问题。近几年来，取得了比较好的进展。国防科技大学吴文健课题组采用瞬态荧光确认了 ClCry1 蛋白可以在常温下响应地磁场数量级的磁场变化，如图 7-13 所示。2015 年，浙江大学谢灿的研究证实，鸽子 ClCry4 蛋白是其响应磁场变化必不可少的一类蛋白质分子。他们虽未在地磁量级上证明 ClCry4 蛋白对磁场的响应，但发现 ClCry4 蛋白可以和一种称之为 MagR 的蛋白质形成一个棒状结构的蛋白复合体，通过共定位在鸽子视网膜上感受磁场信息，如图 7-14 所示。这些证据都表明，鸽子 Cry 蛋白的确是磁敏蛋白。

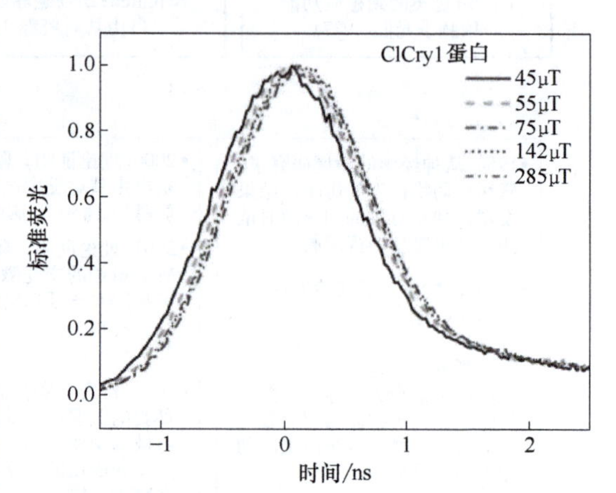

图 7-13 常温时在不同磁场强度下，ClCry1 蛋白的瞬态荧光光谱

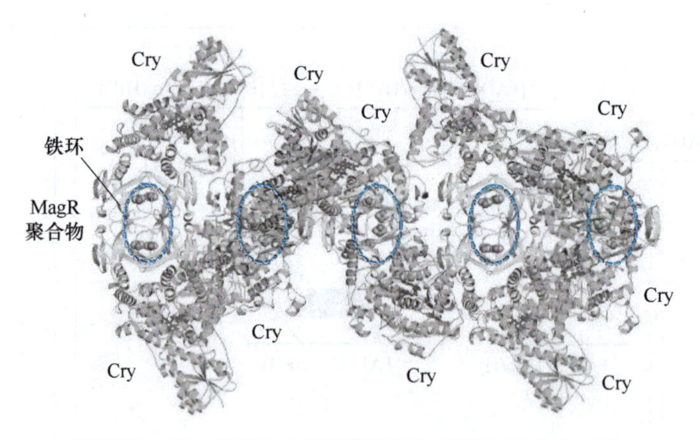

图 7-14 Cry 和 MagR 形成的感应磁场的蛋白复合体

另外，大量研究也提供了一系列结果支持 Cry 蛋白作为磁受体蛋白。例如，对鸟类 Cry 蛋白的定位研究显示，Cry 蛋白定位在鸟类视网膜上，而视觉和鸟类导航行为密切相关，这一证据从侧面支持鸟类 Cry 蛋白作为磁感应受体。关于鸟类 Cry 蛋白的瞬态光谱测试表明，鸟类 Cry 蛋白分子在蓝光激发下可形成具有较长寿命（ms 级）的自由基对，满足自由基对机理的理论要求。此外，对过表达人类和果蝇 Cry 蛋白的昆虫细胞活体测试显示，Cry 蛋白形成的自由基对是基于 FAD 的光活化过程形成的，该过程与 DNA 光解酶的光激发机理相吻

合，从遗传学上是保守的。这说明 Cry 蛋白满足作为磁受体的基本条件。随后，动物行为学实验也证实，果蝇的 Cry 蛋白突变体不存在磁场分辨能力，而野生型果蝇对磁场的识别具有明显的光依赖性，必须有 Cry 蛋白吸光波段的光照时，果蝇才具有磁敏能力。最近的研究结果显示，拟南芥 Cry 蛋白光激发形成的［FADH·-Trp·］自由基对在动力学上具有磁敏感能力，这是 Cry 蛋白作为磁受体的又一有力证据。

综上所述，不管是直接证据还是间接证据，考虑到动物 Cry 蛋白的定位、受体性质、体外和体内验证实验，鸽子 Cry 蛋白就是磁敏蛋白。

7.3.4　海龟磁导航机理

出生地归巢指的是一种行为模式，在这种模式中，动物在年轻时离开它们的地理起源区域，迁移相当远的距离，然后返回起源区域进行繁殖。不同的动物都表现出生地归巢，包括一些鱼类、爬行动物和哺乳动物。然而，直到最近，人们对动物的远距离归巢依然知之甚少。

海龟是海洋长途迁徙的标志性物种，有着非凡的航行能力。众所周知，海龟的导航系统大部分取决于它探测地球磁场的能力。海龟既有磁罗盘感，使它们能够确定它们的磁头，也有磁图感，使它们能够评估地理位置。磁图感取决于根据地理上不同的地球场特征区分不同位置的能力。例如，海龟可以区分美国东南沿海不同地点存在的磁场。

海龟使用磁导航引发出生地归巢的地磁记忆假说，该假说提出，这些动物在年轻时会记住它们家园区域的磁场，并在成年时利用这些信息返回。通过公海迁徙的长距离部分可以合理地解释为海龟利用地球磁场变化作为一种磁定位系统或“磁图”。为了探索海龟如何在出生归巢中利用磁导航，在这里，首先强调地球磁场的几个重要特征。

地磁场与一个巨大的棒状磁铁的偶极子场相似，磁场线从南半球出现，绕着行星弯曲，并在北半球重新进入地球，如图 7-15 所示。地球表面有几个磁参数变化。例如，磁场线与地球表面相交的角度，称为倾角，随纬度的变化是可以预测的。在磁赤道，磁场线平行于地球表面，倾角为 0°。从赤道向北或向南移动，磁场线逐渐变陡；在磁极本身，磁场线垂直于地球表面，倾角为 90°。磁场的强度在地理上也是不同的，因此海洋盆地的大多数位置都有独特的磁场强度和磁倾角组合。

图 7-15　地球磁场

在大多数的出生地归巢迁徙过程中，海龟的主要航行挑战是穿越公海的大面积水域到特定的沿海地区。大多数海龟栖息地主要都位于大陆海岸线上，大致由北向南排列。因此，存在地磁参数可用于确定特定沿海地点的可能性。

由于北美海岸线呈南北走向，而等斜线（即倾斜角不变的等值线）呈东西走向，海岸线的每一个区域都有不同的倾斜角，如图 7-16a 所示。同样，等动力学（总场强的等值线）在这个地理区域也大致呈东向西运行，不同的海岸位置被不同的强度所标记，如图 7-16b 所示。因

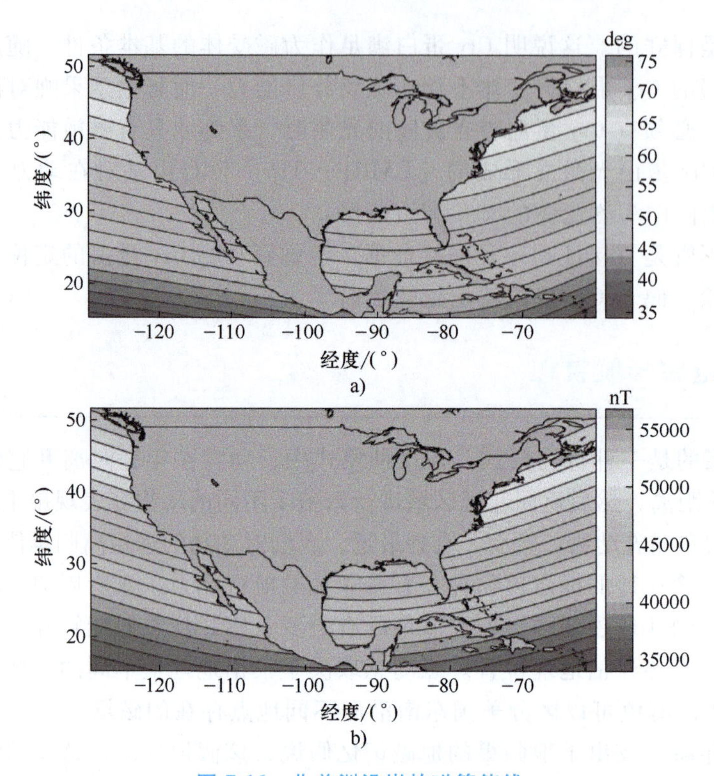

图 7-16 北美洲沿岸的磁等值线

a）等斜线（磁场倾斜等值线） b）等动力学（总场强的等值线）

此，由于不同的沿海地区有不同的磁性特征，动物可能会假设使用磁参数来识别出生区域。

海龟可以通过多种方式利用磁信息导航到它们的出生地。最简单的是，在出生地，海龟可能会记住（铭记）它们将返回的位置处的地磁场的某一元素（如倾斜角或强度）。为了在以后的生活中定位这个区域，海龟只需要找到海岸线，然后沿着它向北或向南游到目标区域。或者，在公海上的海龟可能会寻找正确的等值线，然后沿着它游泳，直到到达海岸，靠近出生地。在这种情况下，海龟可以通过评估给定位置的倾角或强度是否大于或小于出生区的值来确定它是在目标的北边还是南边。还存在更复杂的可能性，例如，动物可能会同时了解家庭区域中存在的磁倾角和强度，并使用这两个磁参数作为出生区域的冗余标记或在双坐标地图上精确定位位置。

为了利用磁导航来完成出生地归巢，海龟必须有能力检测地理上不同的磁参数。一系列长时间的实验证明，孵化的海龟可以感知磁倾角和磁场强度。这些结果毫无疑问地表明，海龟可以区分存在于不同地理位置的磁场，根据磁性特征确定不同沿海地点所需的磁场。

通过对幼年绿海龟进行实验可以证明，海龟可以使用磁导航向远处的目标移动。这一年龄的海龟对沿海觅食地点表现出强烈的归属感，并在季节性迁徙或实验性迁移后返回觅食地点。幼龟被拴在一个水池内的跟踪系统上，该水池位于陆地上，但非常靠近佛罗里达大西洋沿岸的近海觅食区。然后，海龟被暴露在喂食地点北部或南部 340km 处存在的磁场中。暴露在北部的海龟向南游泳，而暴露在南部的海龟向北游泳，如图 7-17 所示。因此，海龟的行为就像它们试图从这两个实际存在的地方回家一样。这些发现意味着，早在海龟成熟之前，它们就已经获得了一张“磁性地图”，可以用来导航到遥远的海岸位置。

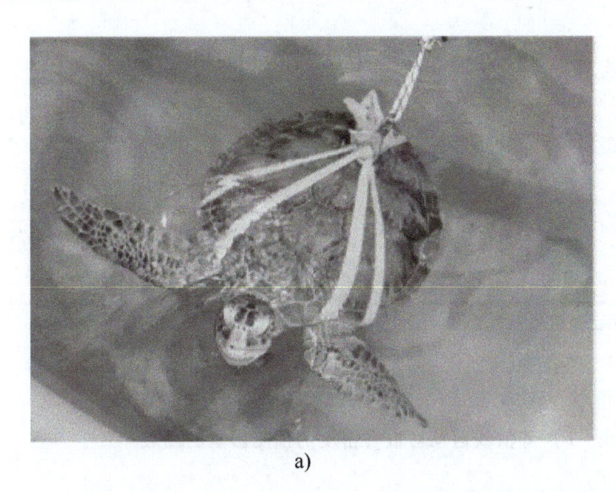

a)

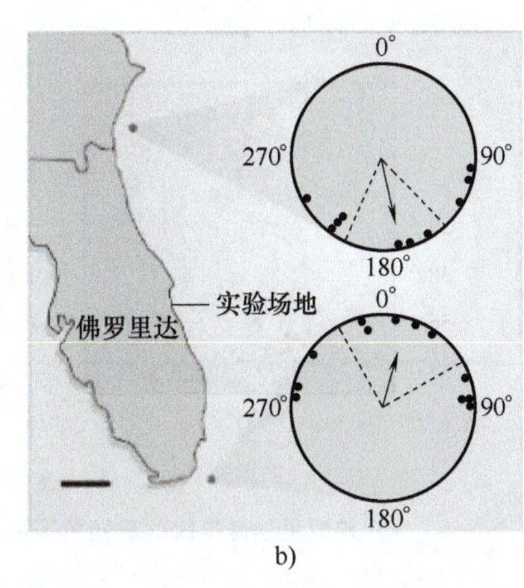

b)

图 7-17　绿海龟磁图的证据

a）在磁导航实验中游泳的幼年绿海龟　b）在佛罗里达州实验场附近的觅食场捕获了幼龟

原则上，调查动物在出生归巢期间是否使用磁信息的一个好方法是控制它们在海洋中向目标游泳时遇到的磁场。例如，实验可能涉及模拟动物实际所在位置以北或以南的磁场条件，同时保持所有其他环境信息不变。不过这样的工作在技术上还不可行。因此，一种更简单的方法是用强磁体破坏磁场，并确定当磁信息不再可用时是否会发生方向变化。

值得注意的是，如果动物已经选择路线并且可以访问可用于保持航向的其他信息来源，那么破坏动物周围的磁场可能不会对动物的迁徙或归巢行为产生任何明显影响。例如，海龟和鸽子都可以使用磁罗盘或天体提示来保持航向；削弱检测其中一种的能力只会导致动物使用另一种，而不会改变定向表现。如果动物可以保持方向，在目标附近获得局部线索，它甚至可以达到目标。

在自然栖息地的动物身上使用磁铁的实验已经在海龟身上进行尝试。在一项研究中，筑巢的海龟在一个小岛上被捕获，并在大约 100km 外被释放，它们的头上带有磁铁或非磁性黄铜圆盘。带磁铁的海龟的归航性能明显低于对照组。这些发现与海龟利用磁信息引导向筑巢海滩移动的假设一致。然而，从结果中难以推断出这种影响是否影响了海龟的以下能力：①使用磁罗盘保持航向；②使用“磁图”信息导航到筑巢区；③根据磁场特征识别嵌套区域；④这些的某种组合。

对海龟筑巢种群的分析提供了强有力的间接证据，证明磁导航在孵化过程中起着关键作用。一项研究利用了地球的磁场特征：地球磁场并不是稳定的，而是随着时间的推移略有变化，这种变化意味着磁等值线逐渐移动位置。原则上，如果海龟确实沿着海岸移动到特定的磁性特征区域，那么等值线的移动可能会影响海龟筑巢的位置。

佛罗里达的东海岸，几乎所有的地点都适合海龟筑巢，等值线移动的方向和距离因位置和年份而异。在一些年份中，一些地点与海岸线相交的等值线靠得更近，如图 7-18a 所示。在这种情况下，如果返回的海龟寻找标记其出生地海滩的磁性特征，那么它们应该沿着较短的海岸线筑巢，并且每单位距离的巢穴数量应该增加，如图 7-18b 所示。相比之下，海岸的等值线也可以分开。在这些条件下，预计返回的海龟将在稍长的海岸线上筑巢，筑巢密度预计会降低，如图 7-18b 所示。对佛罗里达东海岸长达 19 年的海龟筑巢数据库的分析证实了这些预测（图 7-19），提供了间接证据表明成年海龟通过寻找特定的磁性特征来定位它们的出生海滩。

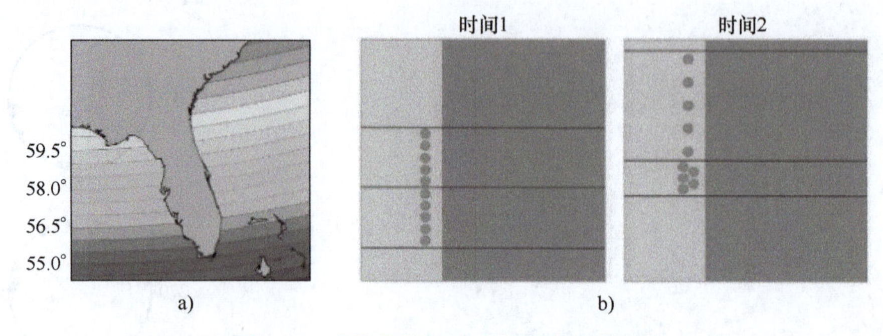

图 7-18　磁等值线运动对筑巢密度的影响

a）佛罗里达海岸线的磁倾角等值线　b）等值线运动对嵌套密度的预测影响的图表

群体遗传学研究中出现了筑巢雌性海龟寻找磁信号的其他证据。分析表明，尽管栖息在佛罗里达半岛两侧的海龟地理距离较远，但由于它们处于相似纬度，基因上往往更为相似。尽管它们的地理距离很远。鉴于佛罗里达两侧纵向相似位置的磁场是相似的，这种种群结构很有可能是由于出生地归航期间磁导航错误而产生的。换句话说，如果海龟寻找它们的出生地海滩的磁性特征，但有时错误地窝在另一个具有类似磁性特征的海滩上，那么遗传模式就可以很容易地解释。

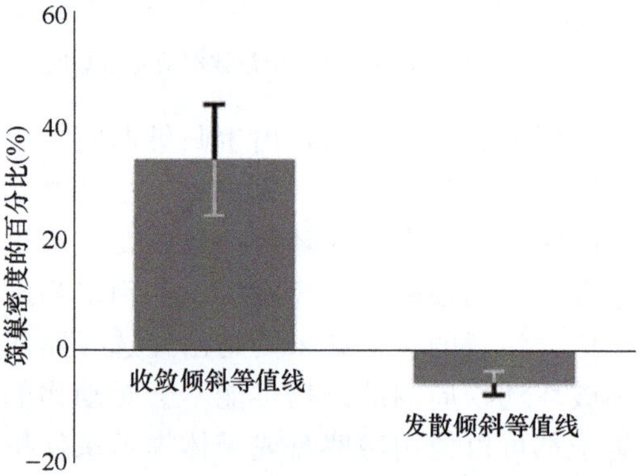

筑巢密度的百分比(%)

收敛倾斜等值线

发散倾斜等值线

图 7-19　具有收敛和发散倾斜等值线的沿海地区筑巢密度的变化

在最近的一项研究中，根据每个海滩上存在的磁性特征，分析了整个美国东南部筑巢海滩上红海龟的种群结构。具体而言，F_{ST} 值是通过每种可能的筑巢海滩组合之间的成对比较获得的。F_{ST} 是一种广泛使用的指标，范围从 0 到 1，低值表示遗传相似性，高值表示遗传分化。对于筑巢海滩的每个组合，还计算了两个位置的磁场之间的差异，以及环境相似性和地理距离的指标。

分析揭示了 F_{ST} 估计的遗传分化与地球磁场空间变化之间的显著关系，如图 7-20 所示。在具有相似磁场的海滩上筑巢的海龟种群往往在基因上相似，而在以磁场差异较大为特征的海滩上筑巢的种群具有更大的遗传差异。即使考虑到环境相似性和地理距离，这种关系仍然存在。这些结果为红海龟的空间遗传变异提供了强有力的证据，这一过程很可能是通过磁导航和地磁印记介导的。

原则上，长期变化可能会导致使用磁性特征来定位出生区域的策略复杂化，因为在它们离开期间，出生地的磁场变化可能会导致返回迁徙时的导航错误。但是，在佛罗里达州的大西洋沿岸，这样的错误可能对海龟影响不大，因为几乎所有的海滩都适合筑巢。分析表明，长期变异的导航错误通常不会阻止海龟返回其出生地的一般区域。

量化长期变化对导航的影响具有挑战性，部分原因是不同地理区域和不同时间点的场变化速率各不相同。然而，几个简单的建模练习表明，地磁压印与当前和最近的场变化速率兼容。在这方面，研究人员对肯普的雷德利龟的 30km 筑巢区域进行了特别彻底的研究。分析表明，如果肯普的雷德利龟的幼崽在磁倾角上留下印记，并在10年后以相同的角度返回沿海位置，那么海龟平均会到达距离其精确出生地点约23km的地方。这通常会将海龟带到用于筑巢的海滩区域内的位置，或者至少足够近，以使用额外的本地线索定位该区域。此外，如果海龟每次访问时都会更新它们对筑巢海滩磁场的了解，那么区域的变化可能对随后的回程产生较小的影响，因为雌性海龟通常在成熟后每2~4年筑巢一次。

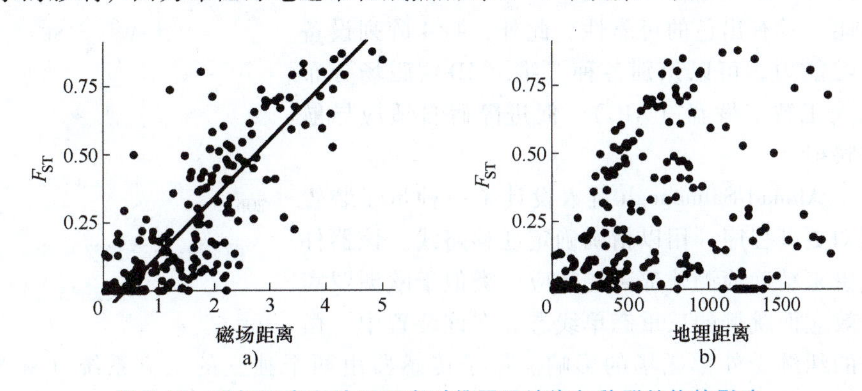

图 7-20　磁场距离和地理距离对佛罗里达海龟种群结构的影响

a）回归分析显示 F_{ST} 与磁场距离的关系　b）回归分析显示 F_{ST} 与地理距离的关系

此外，一些海龟在整个成熟期都不会缺席出生的海滩地区。例如，幼年红海龟在第一次繁殖迁徙之前就显示出区域尺度的出生归巢行为。当这些海龟离开公海建立沿海觅食地点时，它们在一般出生区域内选择觅食地的频率比偶然预期的要多。这种区域归巢现象表明，红海龟可能会不断更新其对出生区域的记忆，从而减少环境长期变化对它们准确返回出生地的影响。

虽然大多数有大量筑巢海龟的海滩都位于大陆海岸线上，但一些海龟种群在岛上筑巢。从进化的角度来看，岛屿筑巢种群被认为来自最初在大陆上筑巢的海龟。

目前尚不清楚这两组海龟是否使用相同的机理来定位它们的出生区域。原则上，使用单个磁性元素（如倾斜度或强度）找到岛屿是可能的，因为海龟可能遵循与岛屿相交或经过附近的等值线。因此，在某些情况下，地磁印记和磁导航的组合可能就足够了。或者存在更复杂的策略，如在磁场的两个元素上印记并使用某种形式的双坐标磁导航。模拟表明，对于非常小的偏远岛屿，即使发生显著的长期变化，使用磁导航到达岛屿附近，然后使用化学线索来精确定位的策略也是合理的。其他环境线索，如海浪破碎的声音或岛屿周围波浪折射的模式，也可能帮助海龟在靠近岛屿后找到岛屿。

总之，研究人员揭示了作为海洋迁徙群体中的海龟长距离出生归巢的机理基础。实验结果表明，海龟主要依靠地磁印记和磁导航到达出生区域附近，然后依靠局部线索（化学或其他）到达目的地。

7.3.5　仿生磁导航传感器

2021年，Youngwoo Kim 等人提出了一种人工智能磁感受突触，其灵感来自鸟类用于导航和定向的磁认知能力，如图7-21所示。所提出的突触平台基于具有空气悬浮磁交互顶栅的铁电场效应晶体管阵列。弹性复合材料的悬浮栅极与超顺磁性颗粒层压在导电聚合物上，在磁场下发生机械变形，便于控制具有下层铁电层的悬浮栅极的磁场依赖性接触区域。铁电层的剩余极化通过变形的悬浮栅极进行电编程，从而产生模拟电导调制作为输入磁脉冲的幅度、数量和时间间隔的函数。提出的人工智能磁感受器具有成对脉冲促进和抑制，以及长期增强和抑制的磁突触功能，具有出色的可靠性。此外，4×4 阵列设备具有空间学习能力，可以识别各种二维（2D）磁场分布模式，实现人工智能罗盘（AIC），促进障碍自适应导航和移动物体映射。

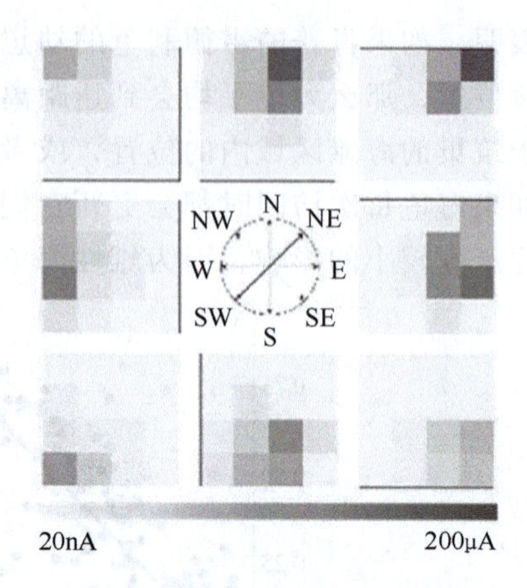

图 7-21　受鸟类启发的自导航人工突触指南针

2021 年，Ahmad Salmanogli 等人设计了一种量子装置来复制欧洲知更鸟程序，用以精确确定迁移路线。该器件利用纠缠现象来精确检测外部磁场效应。类似于欧洲罗宾斯由于地磁效应而跳舞的三重态单线态，在该装置中，微波光子之间的纠缠受外部磁场的影响。量子传感器由两个独立的三方系统（称为 S_ I 和 S_ II）组成，它们能够产生纠缠的微波光子。三方系统包含光学腔（OC）、微谐振器（MR）和微波腔（MC）。装置图如图 7-22 所示。

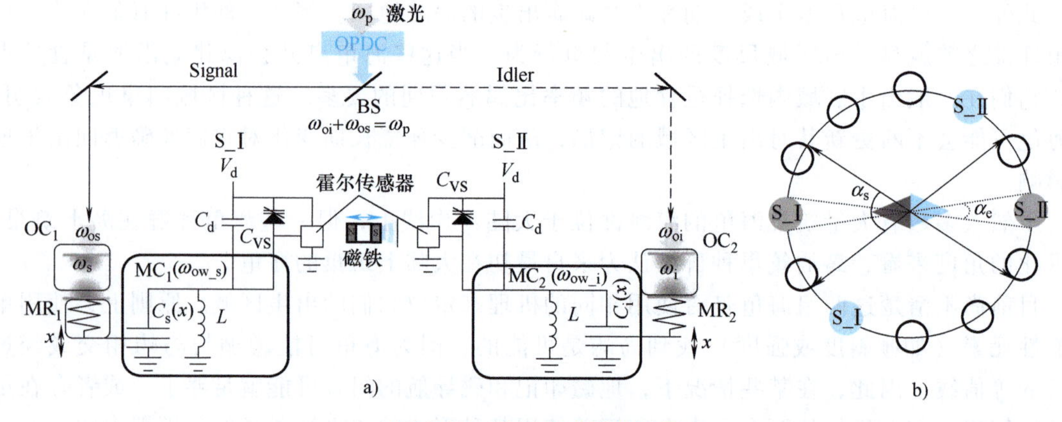

图 7-22　量子传感器装置图

a）量子传感器（耦合量子系统）　b）量子传感器检测磁场方向的示意图

通过在正确的条件下操纵系统，可以纠缠光子单独影响的微波腔模式。纠缠的微波光子与鸟类导航系统中存在的三重态单线态起着相同的作用。量子传感器设计的关键点是，微波光子之间的纠缠会受到外部磁场的强烈影响。实际上，这是量子传感器用来感知磁场强度和方向的标准。为了分析系统，使用规范量化（或微观）方法来确定传感器的哈密顿量，并且使用海森堡-朗格文方程解析推导运动的系统动力学方程。结果表明，两种微波模式之间的纠缠受到严重影响，与地磁效应引起的单重态的变化相同。

7.4　仿生月光偏振导航

偏振光由于其自然属性，具有较强的抗干扰能力，近年受到国内外研究人员的日益关注，并且在民用或者军用导航仪器上均得到了一定的应用，具有广阔的应用与发展前景。在蜣螂感月光偏振光导航机理发现之前，人们都是依据感日光偏振光导航的动物模型进行仿生，虽然目前已经实现偏振全球自主定位，但其研发的仪器具有一定的局限性，仅可适用于白天环境，如何在夜晚环境下利用月光偏振罗盘实现载体自主定位是一个难题。而开发全天候感偏振光导航系统的需求日渐突显，故研究迫在眉睫。所以深入研究月光偏振模式及蜣螂月光偏振光导航机理是研制新型仿生导航传感器的理论依据和实验基础。

7.4.1　月光偏振特性

图 7-23 所示为一个夜间光源的模型，阐述了夜间光源主要来自于月光、太阳光、黄道光、气辉、行星和恒星光及银河系光等。

对于夜间晴朗天空，可以分为两种情况：没有月亮的天空中，其主要光源是黄道光、气辉、星光；当月亮出现在天空中时，月光的散射和偏振往往掩盖了其他光源而成为最主要的光源，特别是满月时，月光占主导地位。月光的主要来源有两部分：一是月球反射的太阳光，但月球本身反射率比较低，只能反射很少的太阳光；二是地球反射的太阳光照射到月球上的部分。

对于夜间月光而言，月球只反射很少的一部分太阳光，剩下的被吸收转化为热量等其他形式。晴朗满月夜空，太阳光经过月球反射后，穿过地球大气层，在气体分子的作用下发生多次散射（因为气体分子体积小，主要发生散射）。因此，晴朗天气下满月月光散射符合散射理论模型。

在晴朗天气下，无偏的月光进入大气层后，受到大气分子的散射作用而成为偏振光，该过程符合一阶瑞利散射模型，并会在天空中形成稳定的大气偏振模式，即月光偏振罗盘。

从基于单次散射的散射过程入手，研究月光偏振模式的特性。月光本身是弱偏振或非偏振的，经散射粒子散射后的光线主要是线偏振光，通过偏振度和偏振方位角来描述其偏振状态。

月光经过粒子后会被散射为水平分量和垂直分量，这两个分量的强度相等、相互正交，且分别为总光强的 1/2。月光经过散射粒子后的散射过程如图 7-24 所示。

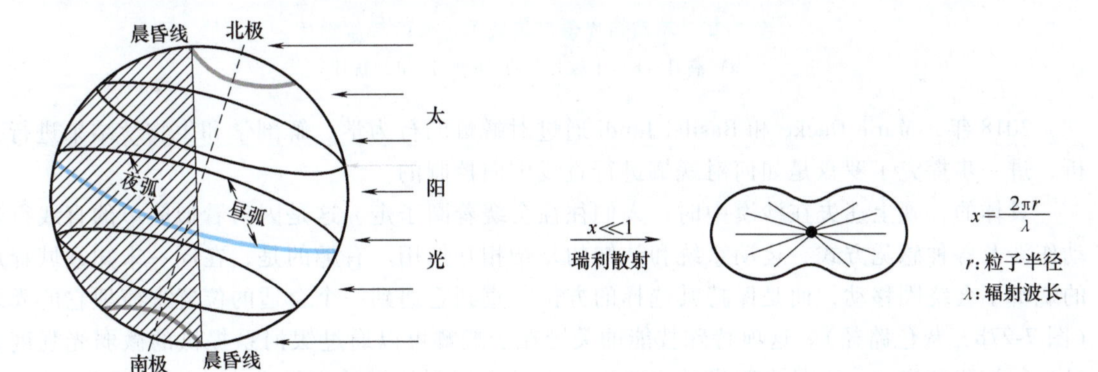

图 7-23　夜间光源模型　　　　图 7-24　瑞利散射模型

研究表明，虽然月光大气偏振模式是动态的，其随月相变化而改变，但在晴朗满月夜空时，月光偏振罗盘非常稳定且其特点和太阳罗盘相似，因此可以用于载体定位。

7.4.2 蜣螂月光偏振光导航机理

蜣螂是世界上首例能够感受月光偏振光导航的动物。蜣螂具有复杂的行为，有的蜣螂会将粪便进行切割、拍打，最终加工成粪球并推回巢穴。蜣螂的推粪路线一般为直线，这不仅保证了它在最短时间内快速而有效地行进更远的距离，而且在食物资源竞争激烈的情况下无疑是最优的前进路线。因此大量研究学者对其进行了调查研究。

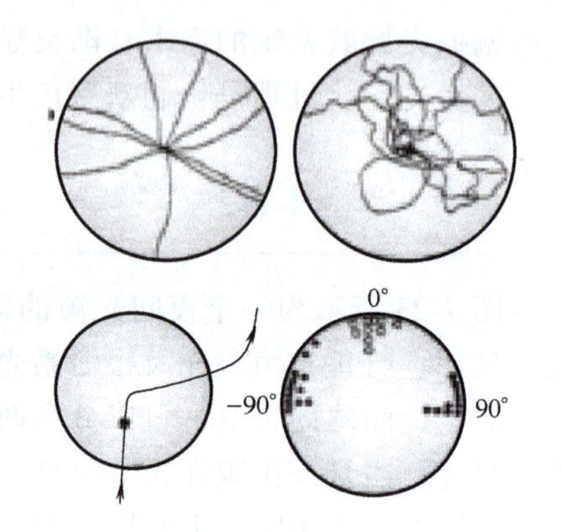

图 7-25 月光偏振模式下蜣螂的导航定位

2003 年，Marie Dacke 和 Nilsson Dan-Eric 发现一种赞比亚蜣螂（Scarabaeus Zambesianus）可以利用月光偏振模式进行导航定位，可以在获取食物后通过月光偏振模式找到返回的路程，如图 7-25 所示。

2004 年，Marie Dacke 和 M. J. Byrne 对蜣螂进行了针对性的行为学实验，他们发现，夜晚月亮对蜣螂的定位导航并不起作用，其主要是利用昏暗的月光偏振模式进行导航定位的。

2010 年，Marie Dacke 和 M. J. Byrne 发现，对于目前世界上唯一可以利用月光偏振模式导航的蜣螂来说，新月时其导航精度与满月时相同，而且其导航精度与白天太阳光下导航的生物是一致的，如图 7-26 所示。

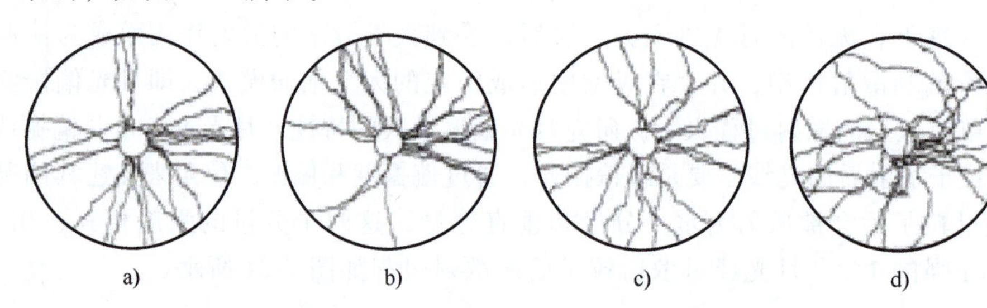

图 7-26 不同月光偏振模式下蜣螂的导航定位

a）满月 b）上弦月 c）下弦月 d）新月

2018 年，Marie Dacke 和 Basilel Jundi 通过对蜣螂的行为学、解剖学和生物学结果进行分析，进一步探究了罗盘是如何对蜣螂进行直线定向控制的。

具体的，晚上迷失在沙漠中时，人们往往会绕着圈子走。这是因为看似简单的直线行走动作涉及各种感觉方式、运动系统和认知的复杂相互作用。有趣的是，在同一未知领域释放的蜣螂不会绕圈移动，而是保持其选择的方位，直到它遇到一个合适的位置来掩埋它的粪球（图 7-27b，灰色路径）。这项特殊技能的关键在于蜣螂可以通过银河系提供的微弱光强度差异进行探测和定向。在月光明媚的夜晚下，由蜣螂控制的粪球变得更加稳定（图 7-27b，白色路径）。就像蚂蚁、蚂蚱和青蛙的罗盘一样，这是因为蜣螂的罗盘能够从夜空中的这个明亮的参考点提取额外的方向信息。但即使在月亮升起之前，蜣螂也可以从天空中形成的偏振光模式中获取方向信息，这种偏振光是从地平线下方反射到上层大气时产生的。

随着夜晚过渡到白天，白天活动的蜣螂会出现在安全的地面上觅食。不出所料，正是太阳引导这些动物和其他许多动物沿着它们计划移动的路径和路线前进（图 7-27a）。有时，当太阳隐藏在云层后面，或被厚厚的洋槐树冠遮蔽时，蜣螂会通过太阳周围明亮的偏振光或在阳光照射的天空中形成的光谱和强度梯度来操纵它们的粪球。这也适用于其他昆虫，如蚂蚁和蜜蜂，它们会使用内部高精度罗盘来绘制最短（通常是最直）的回巢路线。但是，蜣螂使用这些信息是为了离开而不是返回。

为了证明天体的输入对蜣螂罗盘所起到的关键作用，研究学者对蜣螂引入特制的帽子，用于有效阻挡蜣螂对天空的感知。随着蜣螂罗盘所感知的天体信息输入的缺失，蜣螂不再能够修正其导航系统中不可避免地积累的噪声，它们开始在圆圈中滚动（图 7-27c）。然而，与蜣螂相比，大多数具有导航能力的动物，如人类，戴上眼罩而不是帽子才会迷路。这是因为大多数罗盘系统还通过单独的地标或视觉全景图，在已知的位置进行导航。有趣的是，蜣螂似乎不使用视觉地标来确定直线方向。但在蜣螂离开之前，它会爬到粪球的顶部，伸出头并围绕自己的轴旋转。研究发现，这种旋转是蜣螂在天空中记录视觉线索快照的时刻，这是一个存储的模板，它们在旅行时与当前的天空视图相匹配。

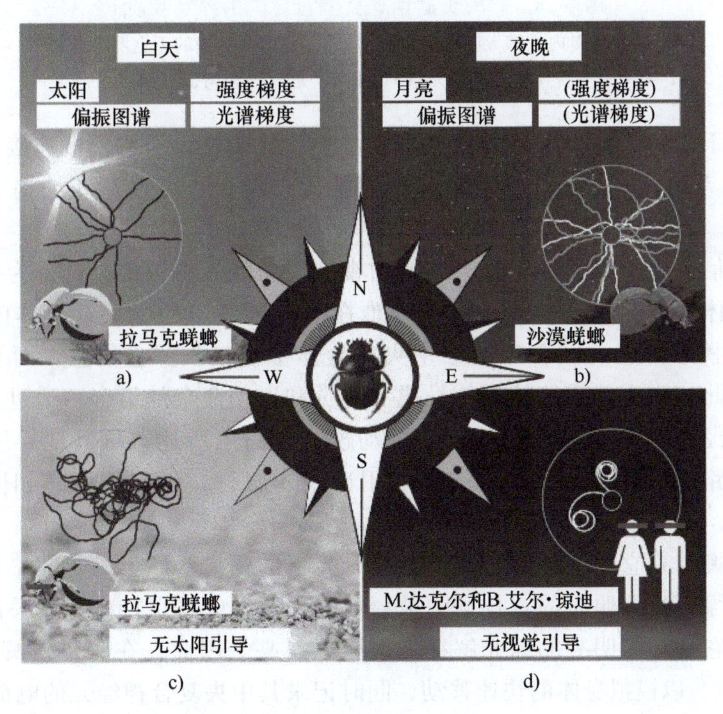

图 7-27　罗盘输入和性能

a)、b）蜣螂罗盘通过天体线索来引导它们远离粪堆的激烈竞争　c）罗盘的天体输入被移除，蜣螂开始转圈滚动　d）当被蒙住眼睛（并且没有听觉输入）时，蜣螂绕着圆圈走

蜣螂有四只眼睛，头部两侧各有两只。蜣螂对于来自不同环境的天文罗盘线索是通过背侧的一对眼睛来处理的。与许多其他昆虫一样，蜣螂眼睛的一个小区域称为背缘区域，拥有对紫外线敏感的光感受器，这些光感受器已经进化为能对光的偏振平面做出反应，如图 7-28a 所示。其他方向信号，如太阳或月亮、天空的强度和光谱梯度，以及银河系，都可以通过背眼的主视网膜检测到。

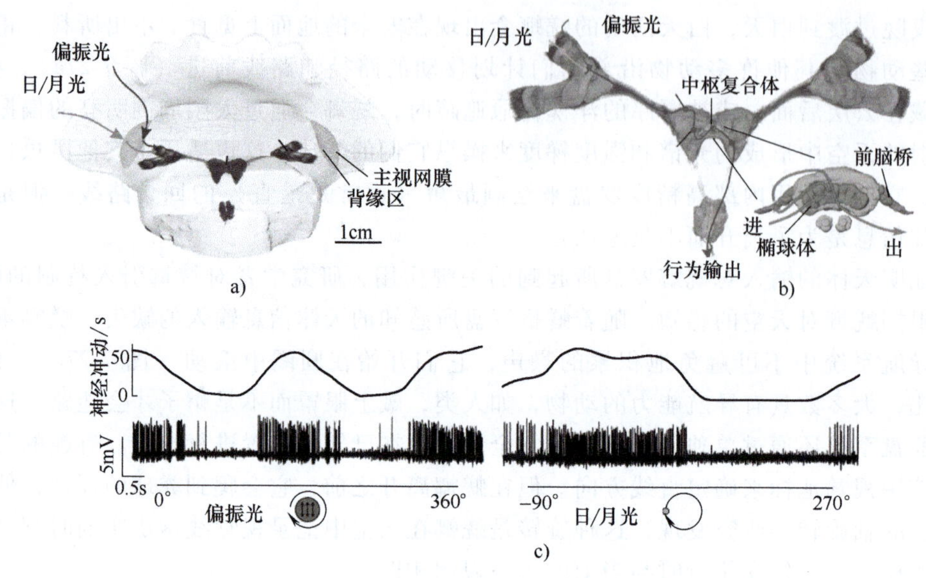

图 7-28 蜣螂大脑中天文罗盘定向的神经基质

a）动物头囊内蜣螂大脑的后背视图 b）蜣螂大脑中的天空罗盘路径

c）对中央复合体输入神经元（TL 细胞）进行神经调谐（细胞内记录）

蜣螂大脑位于眼睛后面，中枢大脑本身非常小，并通过长长的视柄连接到视神经叶和眼睛的视网膜（图 7-28a）。通过追踪从眼睛到大脑的神经束，可以系统地揭示罗盘定位系统背后的布线网络。

研究表明，信息包被传送到中枢大脑的前视结节，然后再被传输到称为中央复合体的中线大脑区域。天体信息主要通过两个神经纤维在大脑区域中的中央复合体的下部（被称为椭球体）和前脑桥中传递（图 7-28b）。中央复合体不仅接收罗盘信息，而且用于对翅膀和腿进行控制。因此，中央复合体输出信号成为视觉和运动命令的组合，通过下行神经元传递到胸部的三个神经节，最终将信息转换为运动模式。综上所述，从其他导航昆虫的角度来看，蜣螂似乎与路径整合昆虫和迁徙昆虫（用于长途旅行）一样，依靠相同的神经网络来保持其单一方向。

如果一只蜣螂带着它的粪球在它在阳光或月光下的稀树草原上的定向旅程中被捡起，然后在一个由一个绿色光点照亮的竞技场中被释放，那么蜣螂将保持与此相关的相同航向人工提示。这是因为它现在将明亮的绿光解释为太阳或月亮。因此，在固定蜣螂头部周围的圆形路径上移动绿光点，以模拟身体的快速移动，同时记录其中央复合神经元的电活动（图 7-28c）。结果表明，蜣螂的中央复合体就像所有其他被研究的昆虫物种一样，保持神经元基质的定向。

对于蜣螂最初是如何决定粪球移动方向的，研究人员研究发现，无论粪球初始位置在哪里，蜣螂在旅程开始时观察到的天体快照就决定了蜣螂应该行进的方位（图 7-29a，绿色）。当路径上出现倾斜、树枝或草丛时，蜣螂通过在存储的天体快照和当前天体视图之间的对比来进行相对简单的操纵（见图 7-29a，中间，图 7-29a，蓝色）。只要快照和当前视图匹配，蜣螂就可以继续向后推它的粪球。但是一旦快照和当前视图不再匹配，蜣螂就必须将粪球转动，直到它们再次对齐（图 7-29c）。这些记忆快照和当前天体视图之间的比较，以及由此产生的转向命令，很可能也由蜣螂的中央复合体执行。

中央复合体由四个脑区组成：前脑桥、中央体的上下两部分和成对的结节。这些中的每一个都可以进一步细分为垂直切片和/或水平层。前脑桥可分为 18 个切片，每个切片通过一种称为 CL1 的神经元与中央体下部的一个切片相互连接。这导致在前脑桥和中央体之间形成高度组织化的分支模式，如图 7-29b 所示。CL1 神经元最近被描述为头部方向细胞，这意味着这些细胞将视觉信息与自我运动线索相结合。此外，每个 CL1 神经元都有不同的视觉感受野，全套 CL1 细胞共同覆盖了动物的整个视觉感受野，它们在中央体内的映射和连接形成了一个环形吸引子网络。这意味着整个 CL1 神经元群的活动将视觉环境表示为一个单一的活动突起，就像一艘船上的磁罗盘指针，对于船只的每个转向方向只输出一个读数。

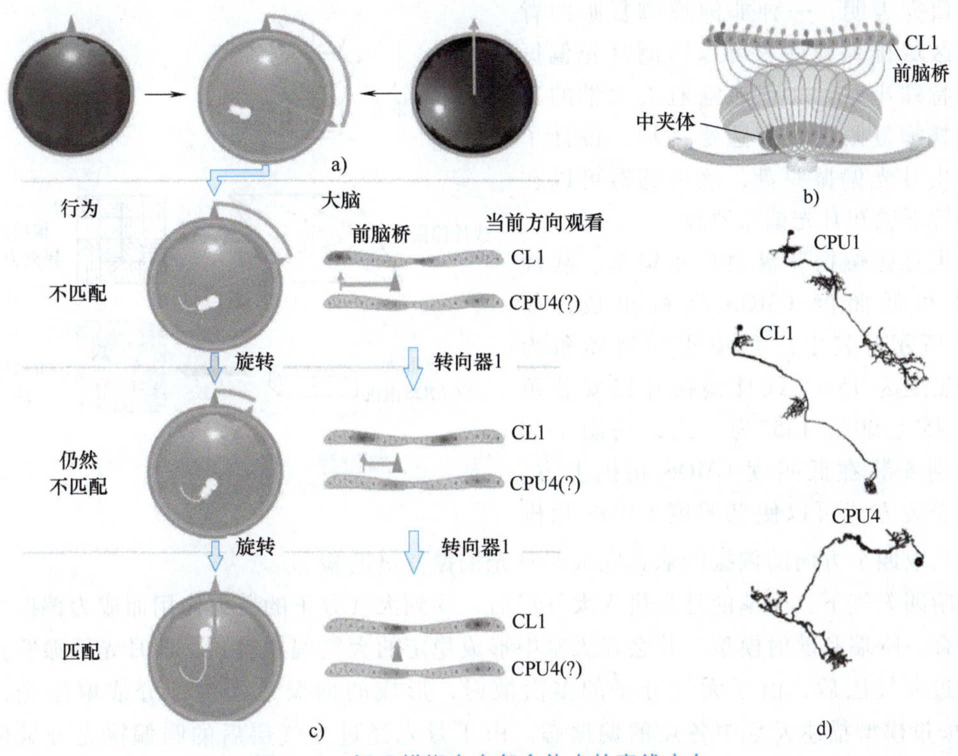

图 7-29　解码蜣螂中央复合体中的直线方向

由于 CL1 细胞的分支模式，中央体中的单个活动突起将在前脑桥中产生两个相隔八层的活动突起。因此，前脑桥上这些突起的位置与动物选择行进的航向密切相关，从而在前脑桥的每个半球产生动态的罗盘针。在蜣螂中，CL1 神经元编码天光信号（偏振光和太阳/月亮）的位置已得到充分证明。这使得这些单元成为当前天体视图解码器的理想候选者（图 7-29c，蓝色）。并且，Stone 等人提出的路径整合昆虫中枢复合体的最新模型表明，CPU4 神经元可以为蜣螂提供理想的神经元基质来记忆这类方向信息。

与上述 CL1 神经元平行，对 CPU4（图 7-29c）神经元的视觉输入可能会在原脑桥和中央体上部产生两个活动突起。根据这一理论，当前的天体视图（由 CL1 神经元编码）和代表所需航向的天体快照（由 CPU4 神经元编码）将沿着中央复合体的神经末梢进行比较和匹配。由此看来，CL1 和 CPU4 细胞的活动可以直接或间接影响下游神经元的神经活动以控制转向。这种指导动物下一步动作的神经元已在蟑螂体内检测到，但该细胞的身份尚不清楚。

总而言之，中央复合体提供了一个神经基质，可以覆盖天体快照网络的主要组成部分，同时，在追踪蜣螂中央复合体的单个神经元时，确实找到上述所有三种细胞类型（图 7-29d）。因此，与路径整合昆虫和迁徙昆虫一样，蜣螂依靠相同的神经网络来控制它们的方位，用于直线定向的神经罗盘很可能位于大脑的这个中心区域。在乌鸦飞过时，快照罗盘系统似乎是蜣螂定位最有效、直接的方式。

7.4.3 仿生月光偏振罗盘

月光光强远小于太阳光光强，因此对检测月光偏振罗盘的偏振检测传感器提出了更高的要求。研究表明，一种非洲蜣螂复眼的背部边缘区域排列着许多可以检测月光偏振罗盘的特殊小眼。北京航空航天大学的王彦仿照蜣螂复眼的背部边缘区域，设计了一种仿生月光偏振罗盘，该传感器可以在夜间环境下感知月光偏振罗盘。

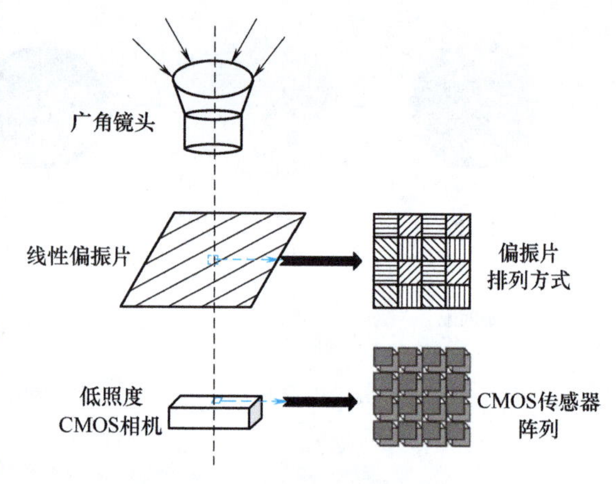

图 7-30　仿生月光偏振罗盘设计

仿生月光偏振罗盘由广角镜头、线性偏振片和低照度 CMOS 相机组成，如图 7-30 所示。其中广角镜头的视场角为 185°，焦距为 15m。线性偏振片以安装角为 0°、45°、90°、135°为一组，按图 7-30 所示分别安装在低照度 CMOS 相机上方，这样的安装方式可以使低照度 CMOS 相机一次性获取四个方向的偏振图像，完成对月光偏振罗盘的检测。

在晴朗天气下，无偏的月光进入大气层后，受到大气分子的散射作用而成为偏振光，该过程符合一阶瑞利散射模型，并会在天空中形成稳定的大气偏振模式，即月光偏振罗盘。在月光经过大气层后，由于大气分子的多次散射，形成的偏振月光为部分线偏振光，通过 Stocks 矢量模型描述天空中各点的偏振态。由于月光经过大气层后的圆偏振光分量极其微弱，故通常将 Stocks 矢量 $\boldsymbol{S}$ 中的圆偏振光忽略，则有

$$\boldsymbol{S}=\begin{pmatrix}\boldsymbol{I}\\ \boldsymbol{Q}\\ \boldsymbol{U}\\ \boldsymbol{V}\end{pmatrix}=\frac{1}{2}\begin{pmatrix}1&1&1&1\\ 2&0&-2&0\\ 0&2&0&-2\\ 0&0&0&0\end{pmatrix}\begin{pmatrix}I_0\\ I_{45}\\ I_{90}\\ I_{135}\end{pmatrix}\tag{7-3}$$

式中　$\boldsymbol{I}$——该观测点的总光强；

$\boldsymbol{Q}$——x 轴方向（0°偏振片方向）的线偏振光分量；

$\boldsymbol{U}$——45°方向线偏振光分量；

$\boldsymbol{V}$——圆偏振光分量；

I_0、I_{45}、I_{90}、I_{135}——天空中某一被测点的月光通过仿生月光偏振罗盘四个检偏方向（0°、45°、90°、135°）后的光强值。

获取天空中各被测点的 Stocks 矢量 $\boldsymbol{S}$ 后，各点的偏振度 D_oP 和偏振方位角 A_oP 可由下

式计算：

$$\begin{cases} D_oP=\sqrt{Q^2+U^2}/I \\ A_oP=\dfrac{1}{2}\arctan(U/Q) \end{cases} \tag{7-4}$$

计算得到天空中各测量点的偏振度 D_oP 和偏振方位角 A_oP 后，月光偏振罗盘可由各测量点的偏振度和偏振方位角描述。由于满月月光光强大小只有 $2.1\times11^{-3}\text{W/m}^2$，远低于太阳光光强，偏振传感器在采集偏振信息时噪声增大，可能会导致实测偏振度降低。同时，由于环境影响、模型误差和传感器噪声等因素存在，实测月光偏振罗盘相较于理论值存在偏差，需要在月亮高度角计算方法中降低其影响。

通过仿生月光偏振罗盘获取并解算出全天域月光偏振方位角后，可以用月光偏振矢量 $\boldsymbol{e}$ 来描述月光偏振罗盘。月亮矢量 $\boldsymbol{M}$ 是描述月亮相对于观测者位置的方向矢量。月亮矢量与观测者观测到的偏振光的偏振矢量 $\boldsymbol{e}$ 存在几何关系。根据一阶瑞利散射模型，月亮矢量 $\boldsymbol{m}$ 垂直于月光偏振矢量 $\boldsymbol{e}$。因此，月亮矢量 $\boldsymbol{m}$ 可以通过两个月光偏振矢量 $\boldsymbol{e}$ 叉乘得到。由于设计的仿生月光偏振罗盘共有超过 511 万个像素点，需选取其中噪声较低的像素点作为有效数据代入月亮矢量计算式估计其值。

偏振度表示月光偏振化的程度，偏振度越低的天空点，越容易受到外界环境和噪声的影响，出现偏振信息不可靠的状况。有研究表明，一种可以利用月光偏振罗盘导航定位的非洲蜣螂，由于其定向能力和月光偏振度有关，当月光的偏振度小于 23 时，就难以利用月光偏振实现自身导航定向。因此，通过检测并设定偏振度阈值 d_{t} 筛选有效像素点，去除由低偏振度点引入的偏振量测噪声，可以有效提高月亮高度角的计算精度。偏振度阈值 d_{t} 的选取由在仿生月光偏振罗盘拍摄范围内去除遮挡等干扰后的像素点偏振度取均值得到，即

$$d_{\mathrm{t}}=\sum_{i=1}^{n}d_i/n \tag{7-5}$$

式中　n——在广角镜头拍摄范围内去除遮挡等干扰后的像素点总数。

在广角镜头拍摄范围内去除遮挡等干扰后，将偏振度小于偏振度阈值 d_{t} 的像素点剔除，由此获得 N 个有效像素点。

将 N 个有效像素点处分别计算得到的月光偏振矢量 $\boldsymbol{e}$ 作为分量，定义偏振矢量 $\boldsymbol{E}$ 如下：

$$\boldsymbol{E}=(\boldsymbol{e}_1,\boldsymbol{e}_2,\cdots,\boldsymbol{e}_N)_{3\times N} \tag{7-6}$$

由于月亮矢量 $\boldsymbol{m}$ 垂直于月光偏振矢量 $\boldsymbol{e}$，可以得到

$$\boldsymbol{E}^{\mathrm{T}}\boldsymbol{m}=\boldsymbol{0}_{N\times1} \tag{7-7}$$

由于环境、模型误差和传感器噪声等因素的影响，在偏振矢量 $\boldsymbol{E}$ 的实际计算中存在误差，因此无法完全满足式（7-7）。针对存在误差情况下的月亮矢量 $\boldsymbol{m}$ 估计，可以通过最小化正交误差来估计月亮矢量，取目标函数为

$$J=(\boldsymbol{E}^{\mathrm{T}}\boldsymbol{m})^2-\omega(\|\boldsymbol{m}\|^2-1) \tag{7-8}$$

其中，取 $-\omega(\|\boldsymbol{m}\|^2-1)$ 是为了保证月亮矢量 $\boldsymbol{m}$ 为单位矢量。

在优化问题中，ω 是一个标量惩罚因子，用于权衡目标函数的正交误差项与单位矢量约束之间的平衡。

针对该优化问题，月亮矢量 $\boldsymbol{m}$ 的最优估计为矩阵 $\boldsymbol{E}^{\mathrm{T}}$ 最小特征值对应的特征向量。估计

出月亮矢量 $\boldsymbol{m}$ 后即可从中提取出此时的月亮高度角 h_{m} 为

$$h_{\mathrm{m}}=\arcsin[-\boldsymbol{m}(3)] \tag{7-9}$$

本节通过加入偏振度阈值检测计算月亮高度角 h_{m}，剔除了偏振度过低的天空点，降低了由传感器噪声和环境因素等干扰造成的偏振量测噪声，增强了算法的鲁棒性。

白天基于太阳偏振罗盘的偏振定位技术，总是假设太阳的赤经赤纬在一天之中是恒定值，而月亮在一天之中的赤经和赤纬变化较大，无法假设其恒定不变，因此在计算时需要实时更新月亮的赤经和赤纬。

通过计算得到所有观测时刻的月亮高度角 h_{m}，将 t_i 和 t_p 时刻的月亮位置作为两颗星体，其中 $t_p=t_i+\Delta t$（$i=1, \cdots, V$，V 表示有效观测组数，Δt 表示观测时间间隔），如图 7-31 所示。图 7-31 中，O 表示天球球心，Z 表示载体（即观测者）所在位置，P 表示天轴北，γ 为春分点，Zen_i 和 Azi_i 分别为 t_i 时刻的月亮天顶角和方位角，Zen_p 和 Azi_p 为 t_p 时刻的月亮天顶角和方位角，L_i 为 t_i 时刻的月亮地方时角，L_p 为 t_p 时刻的月亮地方时角，δ_i 为 t_i 时刻的月亮赤纬，δ_p 为 t_p 时刻的月亮赤纬，α_i 为 t_i 时刻的月亮赤经，α_p 为 t_p 时刻的月亮赤经，φ 为载体所在纬度。载体经度 λ 蕴含在月亮地方时角的计算中。

在图 7-31 所示的天球中，载体所在位置 Z、天轴北 P 和月亮 M 三者在天球中构成一个球面三角形，t_i 时刻的球面三角形关系如图 7-32 所示。

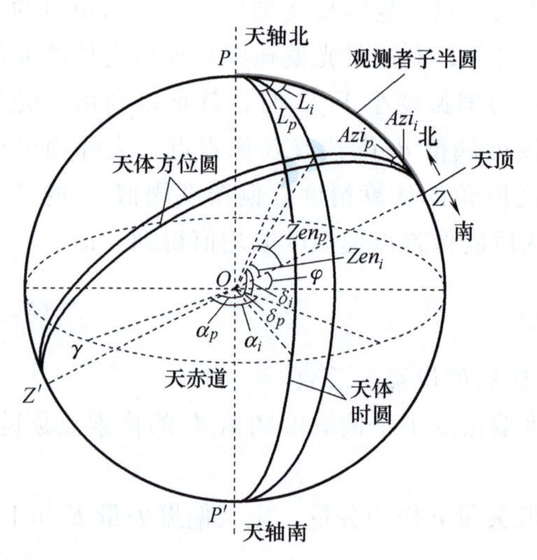

图 7-31　不同时刻的月亮和载体位置示意图

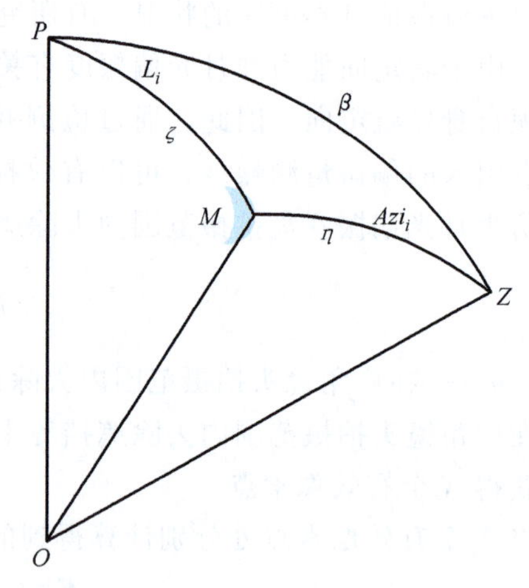

图 7-32　t_i 时刻载体、天轴北和月亮构成的球面三角形

其中

$$\begin{cases} P=L_i \\ \eta=Zen_i=90°-h_{\mathrm{m}i} \\ \beta=90°-\varphi \\ \zeta=90°-\delta_i \end{cases} \tag{7-10}$$

式中　$h_{\mathrm{m}i}$——t_i 时刻的月亮高度角。

根据球面三角形边的余弦定理可以得到

$$\cos\eta=\cos\beta\cos\zeta+\sin\beta\sin\zeta\cos P \tag{7-11}$$

将式（7-10）代入式（7-11）并化简后可得

$$\sin h_{mi}=\sin\varphi\sin\delta_i+\cos\varphi\cos\delta_i\cos L_i \tag{7-12}$$

同理可以得到 t_p 时刻载体、天轴北和月亮构成的球面三角形符合下式：

$$\sin h_{mp}=\sin\varphi\sin\delta_p+\cos\varphi\cos\delta_p\cos L_p \tag{7-13}$$

式中　h_{mp}——t_p 时刻的月亮高度角。

月亮地方时角 L 的计算为

$$L=\mathrm{GHA}+\lambda \tag{7-14}$$

式中　GHA——此刻的格林时角；

λ——载体经度。

月亮的赤经、赤纬和格林时角可通过查询天文年历得到，并实时更新到载体经纬度计算中。联立式（7-12）和式（7-13）即可解出一组载体的经度 λ_i 和纬度 $\varphi_i(i=1,\cdots,V)$。

为提升定位精度，减小由仿生月光偏振罗盘测量噪声等引起的定位误差，求得观测时间内 V 组载体经度和纬度后，取平均值输出。最终载体的经纬度为

$$\begin{cases}\lambda=\sum\limits_{i=1}^{V}\lambda_i/V\\ \varphi=\sum\limits_{i=1}^{V}\varphi_i/V\end{cases} \tag{7-15}$$

为验证基于月光偏振罗盘的载体自主定位算法的有效性及其精度，研究人员在中科院兴隆天文台进行了实验。实验装置如图 7-33 所示。

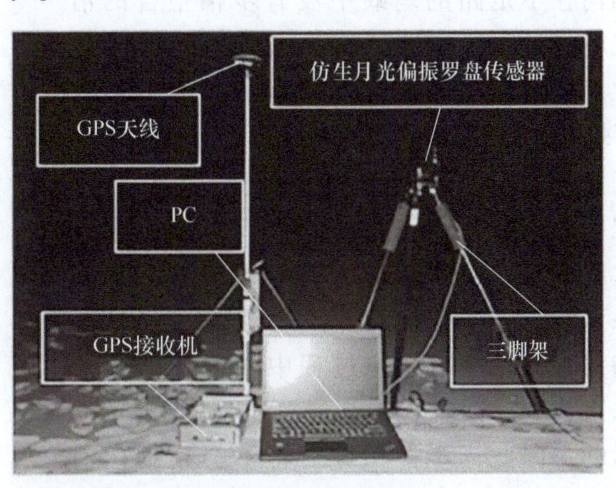

图 7-33　实验装置图

用三脚架将仿生月光偏振罗盘固定，并用水平仪将其调整为水平放置，实验时保持其全程静止，为在低照度环境下充分采集月光偏振信息，设置仿生月光偏振罗盘每隔 21s 采集一次偏振数据，共采集 98 幅偏振图像，部分时刻采集到的天空原始图及月光偏振罗盘变化图如图 7-34 所示。

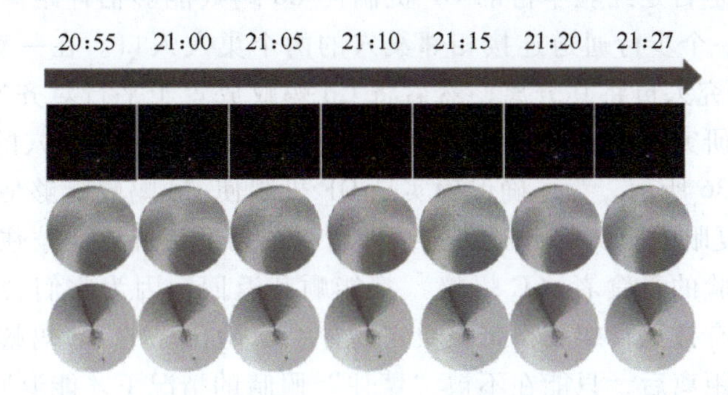

图 7-34　部分观测时刻天空原始图及月光偏振罗盘变化图

实验结果表明，该仿生月光偏振罗盘可以稳定获取载体经纬度信息，且定位误差为42.34km。该方法增强了偏振定位技术的全天时性能，在夜间环境下的自主定位领域中有着重要应用价值。

7.5 仿生蚂蚁双重导航系统

7.5.1 蚂蚁双重导航系统

几十年来，昆虫的导航技能一直吸引着科学家。沙漠蚂蚁是用于研究路径整合的主要模式生物之一，通过操纵的角度和行进的距离相结合，以提供与原点的直接连接。虽然天体提示是角度或罗盘信息的主要来源，但距离信息来自计步器，计步器是一个步幅积分器，用于计算步幅数和相应的步幅长度。众所周知，光流（OF）是估计飞行膜翅目动物（如蜜蜂或黄蜂）旅行距离的手段。然而，在系统发育密切相关的蚂蚁中，腹侧 OF 已被证明仅起次要作用。但蚂蚁是步行者，所以步伐整合和 OF 整合在实验上是很难区分开来的。

2016 年，德国研究人员 Sarah E. Pfeffer 等人利用蚂蚁中的社会性携带行为来研究如何在不走路的蚂蚁中没有步幅整合的情况下估计距离。这种行为在沙漠蚂蚁中很常见，有经验的觅食蚂蚁（表示为携带者 C 蚂蚁），经常在不同的巢穴之间运输内部工人（表示为携带的 Cd 蚂蚁）。在运输过程中分离的 C-Cd 蚂蚁对（图 7-35）通常会重新参与社交携带行为并继续旅行。但如果 Cd 蚂蚁（在巢穴外没有经验）仍然迷路，它只能使用运输过程中获得的路径信息来找到返回巢穴的途径。Cd 蚂蚁不主动运动；因此，步幅积分器将不会收到任何输入。然而，Cd 蚂蚁可以利用位移期间产生的视觉运动模式来获取有关行进距离的信息。

图 7-35　C-Cd 蚂蚁对

首先，为了探究是否是经验丰富的 OF 机制使 Cd 蚂蚁能够估计距离，研究人员对其进行了 OF 实验，通过一个步行通道连接相邻巢穴的两个巢穴入口。在一对 C-Cd 在通道中行走 10m 的距离后，研究人员将其分离，然后将 Cd 蚂蚁放置于平行对齐的远处测试通道中，并记录其搜索行为。研究表明，Cd 蚂蚁完全可以利用 OF 来测量到巢穴的距离，从而走回它离开的巢穴，如图 7-36 所示。为了确保确实是 OF 机制使 Cd 蚂蚁能够估计距离，研究人员“蒙住”另一测试组复眼的腹侧部分。实验结果表明，无论是否被“蒙住”眼睛，行走至距巢穴一定距离的有经验的觅食者（C 蚂蚁）都能顺利返回，因为它们会记下到达该地点需要的步数。不过，只有被觅食蚂蚁携带至巢穴时才会冒险出去的 Cd 蚂蚁，在被携带行走了与其觅食同伴一样的距离后，只能在不被“蒙住”眼睛的情况下才能返回巢穴。

为了进一步研究光流量计获得的距离信息是否可以被步幅积分器使用，研究人员进行了地址间传输（IT）实验。通过对 Cd 蚂蚁眼睛的腹侧部分进行遮挡，在经历了 10m 的携带后，研究人员将 C-Cd 对分离，然后记录它测量归巢距离的能力。因为它被释放到测试通道后一直没有机会用光学流量计，而不得不依靠步幅积分器来进行归位任务。如果步幅积分器能够利用 OF 距离信息，Cd 蚂蚁在虚拟巢穴位置则表现出搜索峰。但图 7-37 中未能看到这种 IT 证据。

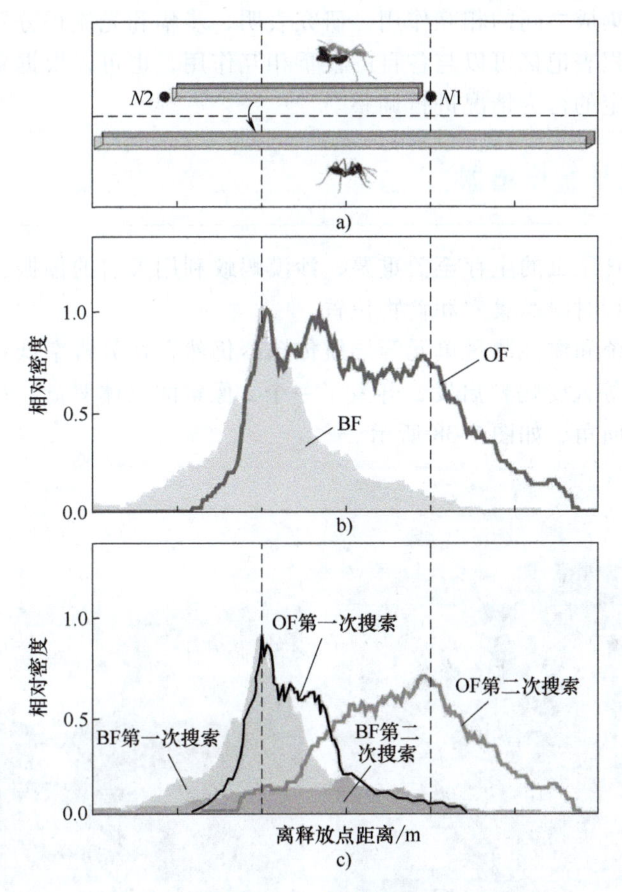

图 7-36 光流实验

a）实验步骤 b）相对搜索密度 c）OF 组和 BF 组的第一和第二阶段

综上所述，研究人员发现，仅使用 OF 线索就足以让蚂蚁测量行进距离。此外，主动运动不是距离估计或路径积分的先决条件，前提是传输发生在自然发生的行为中。有充分的证据表明，步幅积分器可以在没有视觉输入的情况下运行。在完全黑暗中行走的蚂蚁，或者遮住其眼睛的腹侧半部分，它仍然能够正确测量归巢距离。

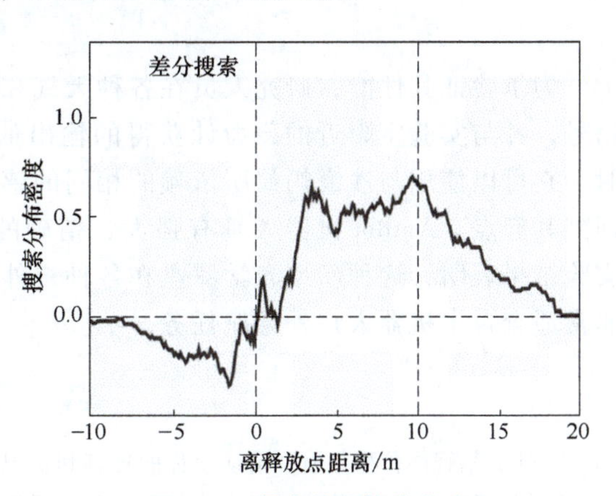

图 7-37 量度计间转移实验

了解不同里程表机制的相互作用似乎不仅对动物导航研究有价值，而且可能为行为背景和潜在技术应用中关于传感器融合的讨论提供信息。毕竟，通常有多个线索可用于导航动物，以及人类和导航设备，导航员必须决定如何评估来自这些线索的潜在冲突信息。在沙漠蚂蚁导航中，正如指南针和地标线索的统计最佳组合所建议的那样，两种里程表机制的可靠性可能有助于调整上面假设的相对里程表权重或因素。

因此，2018 年，德国研究人员 Harald Wolf 等人开展相关实验验证了沙漠蚂蚁两种里程表机制即步幅和光流集成之间的相互作用。研究表明，步幅和光流积分器在驱动归位性能方面动态交互。两个里程表记忆可以与各自的权重相互作用，也可以根据赢家通吃模式进行交互，也许可以根据特定的行为情况进行调整。

7.5.2 仿蚂蚁导航传感器

高效导航对于觅食昆虫的生存至关重要，沙漠蚂蚁利用天窗的偏振、步幅和腹侧光流集成过程的组合，在旅行时跟踪巢穴和食物位置。

目前全球定位系统和惯性测量单元等导航传感器仍然存在分辨率低和漂移等缺点。2019 年，Julien Dupeyroux 等人受蚂蚁启发，开发了一个 2 像素的天体罗盘，可以计算移动机器人在紫外线范围内的航向角，如图 7-38 所示。

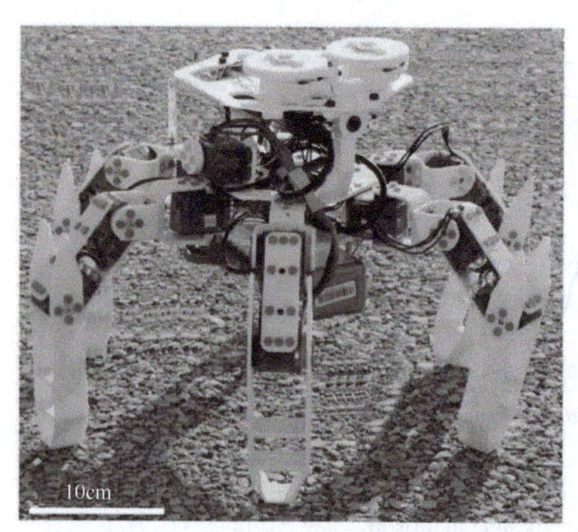

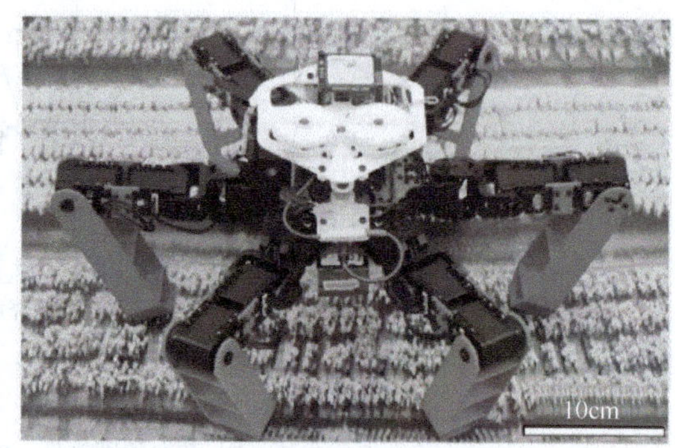

图 7-38　2 像素天体罗盘

为了验证其性能，研究人员在各种天气和紫外线条件下研究了用该光学罗盘获得的输出信号，并与实验室附近的磁力计获得的输出信号进行了比较。当 AntBot 机器人被手动移位时，它可以使用与沙漠蚂蚁所依赖的相同的感官模式，在对该点坐标的绝对了解的基础上返回到其起点。AntBot 机器人具有强大、精确的定位性能，归位误差小至整个轨迹的 0.7%。实验结果表明，这种新型光学罗盘在各种户外条件下都表现出极高的精度和可靠性，这使其非常适合自主机器人户外导航任务。

思　考　题

1. 什么是智能仿生导航？请谈谈你的理解和认识。
2. 智能仿生导航和传统导航方法相比，其优越性体现在哪些方面？

3. 你还了解哪些原理的智能仿生导航？试举例说明。
4. 智能仿生导航的应用还有哪些？

参考文献

[1] 张强. 仿生偏振导航传感器样机设计与实现［D］. 大连：大连理工大学，2008.
[2] 王玉杰. 多目偏振视觉仿生导航方法研究［D］. 长沙：国防科技大学，2017.
[3] 张潇，胡小平，张礼廉，等. 一种改进的 RatSLAM 仿生导航算法［J］. 导航与控制，2015，14（5）：73-79.
[4] 范晨，胡小平，何晓峰，等. 仿生偏振光导航研究综述［C］//中国惯性技术学会. 中国惯性技术学会第七届学术年会论文集. 北京：［s. n.］，2015.
[5] Prasanna V V. The navigation system of the brain［J］. Resonance，2015，20（5）：401-415.
[6] 高隽，范之国. 仿生偏振光导航方法［M］. 北京：科学出版社，2014.
[7] POMOZI I，HORVÁTH G，WEHNER R. How the clear-sky angle of polarization pattern continues underneath clouds：full-sky measurements and implications for animal orientation［J］. Journal of Experimental Biology，2001，204（Pt 17）：2933-2942.
[8] HORVÁTH G，VARJÚ D. Polarization pattern of freshwater habitats recorded by video polarimetry in red，green and blue spectral ranges and its relevance for water detection by aquatic insects［J］. The Journal of Experimental Biology，1997，200（7）：1155-1163.
[9] BERRY M V，DENNIS M R，LEE R L. Polarization singularities in the clear sky［J］. New Journal of Physics，2004，6（1）：162.
[10] 廖延彪. 偏振光学［M］. 北京：科学出版社，2003.
[11] COLLETT M，COLLETT T S，BISCH S，et al. Local and global vectors in desert ant navigation［J］. Nature，1998，394（6690）：269-272.
[12] COULSON K L. Polarization and intensity of light in the atmosphere［M］.［S. l.］：A. Deepak Pub.，1988.
[13] WEHNER R. Desert ant navigation：how miniature brains solve complex tasks［J］. Journal of Comparative Physiology A（Neuroethology，Sensory，Neural，and Behavioral Physiology），2003，189（8）：579-588.
[14] LAMBRINOS D，MÖLLER R，LABHART T，et al. A mobile robot employing insect strategies for navigation［J］. Robotics and Autonomous Systems，2000，30（1-2）：39-64.
[15] ROSSEL S，WEHNER R，LINDAUER M. E-vector orientation in bees［J］. Journal of Comparative Physiology，1978，125（1）：1-12.
[16] ROSSEL S，WEHNER R. How bees analyse the polarization patterns in the sky［J］. Journal of Comparative Physiology A（Neuroethology，Sensory，Neur. al，and Behavioral Physiology），1984，154（5）：607-615.
[17] ZOLOTOV V，FRANTSEVICH L. Orientation of bees by the polarized light of a limited area of the sky［J］. Journal of Comparative Physiology A（Neuroethology，Sensory，Neur. al，and Behavioral Physiology），1973，85（1）：25-36.
[18] WEHNER R，DUELLI P. The spatial orientation of desert ants，Cataglyphis bicolor，before sunrise and after sunset［J］. Experientia，1971，27（11）：1364-1366.
[19] HORVÁTH G，VARJÚ D. Polarized light in animal vision：polarization patterns in nature［M］. Berlin：Springer，2004.
[20] REPPERT S M，ZHU H，WHITE R H. Polarized light helps monarch butterflies navigate［J］. Current Biology，2004，14（2）：155-158.
[21] DACKE M，DOAN T A，O' CARROLL D C. Polarized light detection in spiders［J］. Journal of Experi-

mental Biology, 2001, 204 (14): 2481-2490.

[22] DACKE M, NILSSON D E, SCHOLTZ C H, et al. Insect orientation to polarized moonlight [J]. Nature, 2003, 424 (6944): 33.

[23] UKHANOV K Y, GRIBAKIN F G, LEERTOUWER H L, et al. Dioptrics of the facet lenses in the dorsal rim area of the cricket Gryllus bimaculatus [J]. Journal of Comparative Physiology A (Neuroethology, Sensory, Neur. al, and Behavioral Physiology), 1996, 179 (4): 545-552.

[24] LABHART T, HODEL B, VALENZUELA I. The physiology of the cricket′s compound eye with particular reference to the anatomically specialized dorsal rim area [J]. Journal of Comparative Physiology A (Neuroethology, Sensory, Neur. al, and Behavioral Physiology), 1984, 155 (3): 289-296.

[25] BLUM M, LABHART T. Photoreceptor visual fields, ommatidial array, and receptor axon projections in the polarisation-sensitive dorsal rim area of the cricket compound eye [J]. Journal of Comparative Physiology A (Neuroethology, Sensory, Neur. al, and Behavioral Physiology), 2000, 186 (2): 119-128.

[26] BARTA A, HORVÁTH G. Why is it advantageous for animals to detect celestial polarization in the ultraviolet? Skylight polarization under clouds and canopies is strongest in the UV [J]. Journal of Theoretical Biology, 2004, 226 (4): 429-437.

[27] LABHART T, MEYER E P. Detectors for polarized skylight in insects: a survey of ommatidial specializations in the dorsal rim area of the compound eye [J]. Microscopy Research and Technique, 1999, 47 (6): 368-379.

[28] LABHART T. How polarization-sensitive interneurones of crickets see the polarization pattern of the sky: a field study with an opto-electronic model neurone [J]. Journal of Experimental Biology, 1999, 202 (7): 757-770.

[29] LABHART T. Polarization-sensitive interneurons in the optic lobe of the desert ant Cataglyphis bicolor [J]. Die Naturwissenschaften, 2000, 87 (3): 133-136.

[30] SAKURA M, LAMBRINOS D, LABHART T. Polarized skylight navigation in insects: model and electrophysiology of e-vector coding by neurons in the central complex [J]. Journal of Neurophysiology, 2008, 99 (2): 667-682.

[31] HEINZE S, HOMBERG U. Maplike representation of celestial E-vector orientations in the brain of an insect [J]. Science, 2007, 315 (5814): 995-997.

[32] LABHART T. How polarization-sensitive interneurones of crickets perform at low degrees of polarization [J]. The Journal of Experimental Biology, 1996, 199 (7): 1467-1475.

[33] LAMBRINOS D, KOBAYASHI H, PFEIFER R, et al. An autonomous agent navigating with a polarized light compass [J]. Adaptive Behavior, 1997, 6 (1): 131-161.

[34] CHU J K, ZHAO K C, ZHANG Q, et al. Construction and performance test of a novel polarization sensor for navigation [J]. Sensors and Actuators A (Physical), 2008, 148 (1): 75-82.

[35] CHAHL J, MIZUTANI A. Biomimetic attitude and orientation sensors [J]. IEEE Sensors Journal, 2010, 12 (2): 289-297.

[36] REPPERT S M, GEGEAR R J, MERLIN C. Navigational mechanisms of migrating monarch butterflies [J]. Trends in Neurosciences, 2010, 33 (9): 399-406.

[37] ETHEREDGE J A, PEREZ S M, TAYLOR O R, et al. Monarch butterflies (Danaus plexippus L.) use a magnetic compass for navigation [J]. Proceedings of the National Academy of Sciences of the United States of America, 1999, 96 (24): 13845-13846.

[38] GUERRA P A, GEGEAR R J, REPPERT S M. A magnetic compass aids monarch butterfly migration [J]. Nature Communications, 2014, 5 (1): 1-8.

[39] WILTSCHKO W, WILTSCHKO R. Magnetic orientation and magnetoreception in birds and other animals [J]. Journal of Comparative Physiology A (Neuroethology, Sensory, Neural, and Behavioral Physiology), 2005, 191 (8): 675-693.

[40] LOHMANN K J. Magnetic-field perception [J]. Nature, 2010, 464 (7292): 1140-1142.

[41] PHILLIPS J B, JORGE P E, MUHEIM R. Light-dependent magnetic compass orientation in amphibians and insects: candidate receptors and candidate molecular mechanisms [J]. Journal of the Royal Society Interface, 2010, 7 (2): S241-S256.

[42] QUINN T P. Evidence for celestial and magnetic compass orientation in lake migrating sockeye salmon fry [J]. Journal of Comparative Physiology, 1980, 137 (3): 243-248.

[43] MARHOLD S, WILTSCHKO W, BURDA H. A magnetic polarity compass for direction finding in a subterranean mammal [J]. Die Naturwissenschaften, 1997, 84 (9): 421-423.

[44] RITZ T, ADEM S, SCHULTEN K. A model for photoreceptor-based magnetoreception in birds [J]. Biophysical Journal, 2000, 78 (2): 707-718.

[45] MOREAU R E. The paleartic-african bird migration system [M]. London: Academic, 1972.

[46] ALERSTAM T, HEDENSTRÖM A. The development of bird migration theory [J]. Journal of Avian Biology, 1998, 29 (4): 343-369.

[47] ALERSTAM T, LINDSTRÖM Å. Optimal bird migration: the relative importance of time, energy, and safety [M] //Bird migration. Berlin: Springer, 1990.

[48] GRIFFIN D R. The physiology and geophysics of bird navigation [J]. The Quarterly Review of Biology, 1969, 44 (3): 255-276.

[49] ABLE K P. The concepts and terminology of bird navigation [J]. Journal of Avian Biology, 2001, 32 (2): 174-183.

[50] BAKER R. Bird navigation: the solution of a mystery? [M]. [S. l.]: CUP Archive, 1984.

[51] SCHMIDT-KOENIG K. Bird navigation: has olfactory orientation solved the problem? [J]. The Quarterly Review of Biology, 1987, 62 (1): 31-47.

[52] KRAMER G. Experiments on bird orientation* [J]. IBIS, 1952, 94 (2): 265-285.

[53] KRAMER G. Recent experiments in bird orientation [J]. IBIS, 1959, 101: 196-227.

[54] OSSENKOPP K P, BARBEITO R. Bird orientation and the geomagnetic field: a review [J]. Neuroscience & Biobehavioral Reviews, 1978, 2 (4): 255-270.

[55] SCHULTEN K, STAERK H, WELLER A, et al. Magnetic field dependence of the geminate recombination of radical ion pairs in polar solvents [J]. Zeitschrift für Physikalische Chemie, 1976, 101 (1-6): 371-390.

[56] LEASK M J M. A physicochemical mechanism for magnetic field detection by migratory birds and homing pigeons [J]. Nature, 1977, 267 (5607): 144-145.

[57] WILTSCHKO W, MUNRO U, FORD H, et al. Red light disrupts magnetic orientation of migratory birds [J]. Nature, 1993, 364 (6437): 525-527.

[58] GEGEAR R J, FOLEY L E, CASSELMAN A, et al. Animal cryptochromes mediate magnetoreception by an unconventional photochemical mechanism [J]. Nature, 2010, 463 (7282): 804-807.

[59] JAVITT J C, STREET D A, TIELSCH J M, et al. National outcomes of cataract extraction: retinal detachment and endophthalmids after outpatient cataract Surgery [J]. Ophthalmology, 1994, 101 (1): 100-106.

[60] LAQUA H, MACHEMER R. Glial cell proliferation in retinal detachment (massive periretinal proliferation) [J]. American Journal of Ophthalmology, 1975, 80 (4): 602-618.

[61] LEASK M J M. A physicochemical mechanism for magnetic field detection by migratory birds and homing pigeons [J]. Nature, 1977, 267 (5607): 144-145.

[62] SCHULTEN K, SWENBERG C E, WELLER A. A biomagnetic sensory mechanism based on magnetic field modulated coherent electron spin motion [J]. Zeitschrift für Physikalische Chemie, 1978, 111 (1): 1-5.

[63] RITZ T, ADEM S, SCHULTEN K. A model for photoreceptor-based magnetoreception in birds [J]. Biophysical Journal, 2000, 78 (2): 707-718.

[64] WANG J, DU X L, PAN W S, et al. Photoactivation of the cryptochrome/photolyase superfamily [J]. Journal of Photochemistry and Photobiology C (Photochemistry Reviews), 2015, 22: 84-102.

[65] MAEDA K, HENBEST K B, CINTOLESI F, et al. Chemical compass model of avian magnetoreception [J]. Nature, 2008, 453 (7193): 387-390.

[66] 杜现礼. 鸽子隐花色素磁敏感机理研究 [D]. 长沙: 国防科技大学, 2014.

[67] LIEDVOGEL M, MAEDA K, HENBEST K, et al. Chemical magnetoreception: bird cryptochrome 1a is excited by blue light and forms long-lived radical-pairs [J]. PloS One, 2007, 2 (10): e1106.

[68] HARRIS S R, HENBEST K B, MAEDA K, et al. Effect of magnetic fields on cryptochrome-dependent responses in Arabidopsis thaliana [J]. Journal of the Royal Society Interface, 2009, 6 (41): 1193-1205.

[69] DU X L, WANG J, PAN W S, et al. Observation of magnetic field effects on transient fluorescence spectra of cryptochrome 1 from homing pigeons [J]. Photochemistry and Photobiology, 2014, 90 (5): 989-996.

[70] QIN S Y, YIN H, YANG C, et al. A magnetic protein biocompass [J]. Nature Materials, 2015, 15 (2): 217-226.

[71] STRÖCKENS F, GÜNTÜRKÜN O. Cryptochrome 1b: a possible inducer of visual lateralization in pigeons? [J]. European Journal of Neuroscience, 2016, 43 (2): 162-168.

[72] NIEβNER C, GROSS J C, DENZAU S, et al. Seasonally changing cryptochrome 1b expression in the retinal ganglion cells of a migrating passerine bird [J]. PLoS One, 2016, 11 (3): e0150377.

[73] MEYLAN A B, BOWEN B W, AVISE J C. A genetic test of the natal homing versus social facilitation models for green turtle migration [J]. Science, 1990, 248 (4956): 724-727.

[74] LOHMANN K J, PUTMAN N F, LOHMANN C M F. Geomagnetic imprinting: a unifying hypothesis of long-distance natal homing in salmon and sea turtles [J]. Proceedings of the National Academy of Sciences of the United States of America, 2008, 105 (49): 19096-19101.

[75] ROOKER J R, SECOR D H, DE METRIO G, et al. Natal homing and connectivity in Atlantic bluefin tuna populations [J]. Science, 2008, 322 (5902): 742-744.

[76] BOWEN B W, BASS A L, CHOW S M E I, et al. Natal homing in juvenile loggerhead turtles (Caretta caretta) [J]. Molecular Ecology, 2004, 13 (12): 3797-3808.

[77] LOHMANN K J, LOHMANN C M F, BROTHERS J R, et al. Natal homing and imprinting in sea turtles [J]. The Biology of Sea Turtles, 2013, 3: 59-78.

[78] WHEELWRIGHT N T, MAUCK R A. Philopatry, natal dispersal, and inbreeding avoidance in an island population of Savannah Sparrows [J]. Ecology, 1998, 79 (3): 755-767.

[79] WELCH A J, FLEISCHER R C, JAMES H F, et al. Population divergence and gene flow in an endangered and highly mobile seabird [J]. Heredity, 2012, 109 (1): 19-28.

[80] BAKER C S, STEEL D, CALAMBOKIDIS J, et al. Strong maternal fidelity and natal philopatry shape genetic structure in North Pacific humpback whales [J]. Marine Ecology Progress Series, 2013, 494: 291-306.

[81] LOHMANN K J. Magnetic orientation by hatchling loggerhead sea turtles (Caretta caretta) [J]. The Journal of Experimental Biology, 1991, 155 (1): 37-49.

[82] LOHMANN K, LOHMANN C. Orientation and open-sea navigation in sea turtles [J]. The Journal of Experimental Biology, 1996, 199 (1): 73-81.

[83] LUSCHI P, BENHAMOU S, GIRARD C, et al. Marine turtles use geomagnetic cues during open-sea homing [J]. Current Biology, 2007, 17 (2): 126-133.

[84] LOHMANN K J, LOHMANN C M F. A light-independent magnetic compass in the leatherback sea turtle [J]. The Biological Bulletin, 1993, 185 (1): 149-151.

[85] LOHMANN K J, CAIN S D, DODGE S A, et al. Regional magnetic fields as navigational markers for sea turtles [J]. Science, 2001, 294 (5541): 364-366.

[86] LOHMANN K J, LOHMANN C M F, EHRHART L M, et al. Geomagnetic map used in sea-turtle navigation [J]. Nature, 2004, 428 (6986): 909-910.

[87] LOHMANN K J, PUTMAN N F, LOHMANN C M F. The magnetic map of hatchling loggerhead sea turtles [J]. Current Opinion in Neurobiology, 2012, 22 (2): 336-342.

[88] PUTMAN N F, ENDRES C S, LOHMANN C M F, et al. Longitude perception and bicoordinate magnetic maps in sea turtles [J]. Current Biology, 2011, 21 (6): 463-466.

[89] LOHMANN K J, HESTER J T, LOHMANN C M F. Long-distance navigation in sea turtles [J]. Ethology Ecology & Evolution, 1999, 11 (1): 1-23.

[90] LOHMANN K J, LOHMANN C M F, ENDRES C S. The sensory ecology of ocean navigation [J]. The Journal of Experimental Biology, 2008, 211 (11): 1719-1728.

[91] LOHMANN K J, LOHMANN C M F, PUTMAN N F. Magnetic maps in animals: nature's GPS [J]. The Journal of Experimental Biology, 2007, 210 (21): 3697-3705.

[92] PUTMAN N F, LOHMANN K J, PUTMAN E M, et al. Evidence for geomagnetic imprinting as a homing mechanism in Pacific salmon [J]. Current Biology, 2013, 23 (4): 312-316.

[93] PUTMAN N F, SCANLAN M M, BILLMAN E J, et al. An inherited magnetic map guides ocean navigation in juvenile Pacific salmon [J]. Current Biology, 2014, 24 (4): 446-450.

[94] PUTMAN N F, JENKINS E S, MICHIELSENS C G J, et al. Geomagnetic imprinting predicts spatio-temporal variation in homing migration of pink and sockeye salmon [J]. Journal of the Royal Society Interface, 2014, 11 (99): 20140542.

[95] THÉBAULT E, FINLAY C C, BEGGAN C D, et al. International geomagnetic reference field: the 12th generation [J]. Earth, Planets and Space, 2015, 67 (1): 1-19.

[96] LOHMANN K J, LOHMANN C M F. Detection of magnetic inclination angle by sea turtles: a possible mechanism for determining latitude [J]. The Journal of Experimental Biology, 1994, 194 (1): 23-32.

[97] IRELAND L C. Homing behavior of juvenile green turtles, Chelonia mydas [M] //A handbook on biotelemetry and radio tracking. [S. l.]: Pergamon, 1980.

[98] AVENS L, LOHMANN K J. Use of multiple orientation cues by juvenile loggerhead sea turtles Caretta caretta [J]. The Journal of Experimental Biology, 2003, 206 (23): 4317-4325.

[99] AVENS L, LOHMANN K J. Navigation and seasonal migratory orientation in juvenile sea turtles [J]. The Journal of Experimental Biology, 2004, 207 (11): 1771-1778.

[100] KEETON W T. Magnets interfere with pigeon homing [J]. Proceedings of the National Academy of Sciences of the United Sates of America, 1971, 68 (1): 102-106.

[101] MOTT C R, SALMON M. Sun compass orientation by juvenile green sea turtles (Chelonia mydas) [J]. Chelonian Conservation and Biology, 2011, 10 (1): 73-81.

[102] BROTHERS J R, LOHMANN K J. Evidence for geomagnetic imprinting and magnetic navigation in the natal homing of sea turtles [J]. Current Biology, 2015, 25 (3): 392-396.

[103] FINLAY C C, MAUS S, BEGGAN C D, et al. International geomagnetic reference field: the eleventh generation [J]. Geophysical Journal International, 2010, 183 (3): 1216-1230.

[104] SHAMBLIN B M, DODD M G, BAGLEY D A, et al. Genetic structure of the southeastern United States loggerhead turtle nesting aggregation: evidence of additional structure within the peninsular Florida recovery unit [J]. Marine Biology, 2011, 158 (3): 571-587.

[105] BROTHERS J R, LOHMANN K J. Evidence that magnetic navigation and geomagnetic imprinting shape spatial genetic variation in sea turtles [J]. Current Biology, 2018, 28 (8): 1325-1329. e2.

[106] PUTMAN N F, LOHMANN K J. Compatibility of magnetic imprinting and secular variation [J]. Current Biology, 2008, 18 (14): R596-R597.

[107] ENDRES C S, PUTMAN N F, ERNST D A, et al. Multi-modal homing in sea turtles: modeling dual use of geomagnetic and chemical cues in island-finding [J]. Frontiers in Behavioral Neuroscience, 2016, 10: 19.

[108] KIM Y, LEE K, LEE J, et al. Bird-inspired self-navigating artificial synaptic compass [J]. ACS Nano, 2021, 15 (12): 20116-20126.

[109] SALMANOGLI A, GOKCEN D. Design of quantum sensor to duplicate European robins navigational system [J]. Sensors and Actuators A (Physical), 2021, 322: 112636.

[110] BYRNE M, DACKE M, NORDSTRÖM P, et al. Visual cues used by ball-rolling dung beetles for orientation [J]. Journal of Comparative Physiology A (Neuroethology, Sensory, Neural, and Behavioral Physiology), 2003, 189 (6): 411-418.

[111] DACKE M, BYRNE M J, SCHOLTZ C H, et al. Lunar orientation in a beetle [J]. Proceedings of the Royal Society B (Biological Sciences), 2004, 271 (1537): 361-365.

[112] DACKE M, BYRNE M J, BAIRD E, et al. How dim is dim? Precision of the celestial compass in moonlight and sunlight [J]. Philosophical Transactions of the Royal Society B (Biological Sciences), 2011, 366 (1565): 697-702.

[113] DACKE M, EL JUNDI B. The dung beetle compass [J]. Current Biology, 2018, 28 (17): R993-R997.

[114] DACKE M, BAIRD E, BYRNE M, et al. Dung beetles use the Milky Way for orientation [J]. Current Biology, 2013, 23 (4): 298-300.

[115] MARTIN J P, GUO P, MU L, et al. Central-complex control of movement in the freely walking cockroach [J]. Current Biology, 2015, 25 (21): 2795-2803.

[116] FOSTER J J, EL JUNDI B, SMOLKA J, et al. Stellar performance: mechanisms underlying Milky Way orientation in dung beetles [J]. Philosophical Transactions of the Royal Society B (Biological Sciences), 2017, 372 (1717): 20160079.

[117] STONE T, WEBB B, ADDEN A, et al. An anatomically constrained model for path integration in the bee brain [J]. Current Biology, 2017, 27 (20): 3069-3085.

[118] YUETING Y, YAN W, LEI G U O, et al. Bioinspired polarized light compass in moonlit sky for heading determination based on probability density estimation [J]. Chinese Journal of Aeronautics, 2022, 35 (3): 1-9.

[119] MÜLLER M, WEHNER R. Path integration in Desert ants, Cataglyphis fortis [J]. Proceedings of the National Academy of Sciences of the United States of America, 1988, 85 (14): 5287-5290.

[120] WITTLINGER M, WEHNER R, WOLF H. The ant odometer: stepping on stilts and stumps [J]. Science, 2006, 312 (5782): 1965-1967.

[121] WITTLINGER M, WEHNER R, WOLF H. The desert ant odometer: a stride integrator that accounts for

stride length and walking speed [J]. The Journal of Experimental Biology, 2007, 210 (2): 198-207.

[122] ESCH H E, BURNS J E. Honeybees use optic flow to measure the distance of a food source [J]. Die Naturwissenschaften, 1995, 82 (1): 38-40.

[123] SRINIVASAN M B, ZHANG S W, ALTWEIN M, et al. Honeybee navigation: nature and calibration of the "odometer" [J]. Science, 2000, 287 (5454): 851-853.

[124] UGOLINI A. Visual information acquired during displacement and initial orientation in Polistes gallicus (L.) (Hymenoptera, Vespidae) [J]. Animal Behaviour, 1987, 35 (2): 590-595.

[125] RONACHER B, WEHNER R. Desert ants Cataglyphis fortis use self-induced optic flow to measure distances travelled [J]. Journal of Comparative Physiology A (Neuroethology, Sensory, Neural, and Behavioral Physiology), 1995, 177 (1): 21-27.

[126] WITTLINGER M, WOLF H. Homing distance in desert ants, Cataglyphis fortis, remains unaffected by disturbance of walking behaviour and visual input [J]. Journal of Physiology-paris, 2013, 107 (1-2): 130-136.

[127] PFEFFER S E, WITTLINGER M. Optic flow odometry operates independently of stride integration in carried ants [J]. Science, 2016, 353 (6304): 1155-1157.

[128] BENITEZ-BALEATO S, WEIDMANN N B, GIGIS P, et al. Transparent estimation of internet penetration from network observations [C] //International Conference on Passive and Active Network Measurement. Berlin: Springer, 2015: 220-231.

[129] DAINOTTI A, BENSON K, KING A, et al. Estimating internet address space usage through passive measurements [J]. ACM SIGCOMM Computer Communication Review, 2013, 44 (1): 42-49.

[130] NORDHAUS W D. Geography and macroeconomics: new data and new findings [J]. Proceedings of the National Academy of Sciences of the United States of America, 2006, 103 (10): 3510-3517.

[131] HENDERSON J V, STOREYGARD A, DEICHMANN U. Has climate change driven urbanization in Africa? [J]. Journal of Development Economics, 2017, 124: 60-82.

[132] AXENIE C, CONRADT J. Cortically inspired sensor fusion network for mobile robot egomotion estimation [J]. Robotics and Autonomous Systems, 2015, 71: 69-82.

[133] PARSONS M M, KRAPP H G, LAUGHLIN S B. Sensor fusion in identified visual interneurons [J]. Current Biology, 2010, 20 (7): 624-628.

[134] WYSTRACH A, MANGAN M, WEBB B. Optimal cue integration in ants [J]. Proceedings of the Royal Society B (Biological Sciences), 2015, 282 (1816): 20151484.

[135] WOLF H, WITTLINGER M, PFEFFER S E. Two distance memories in desert ants: modes of interaction [J]. PLoS One, 2018, 13 (10): e0204664.

[136] DUPEYROUX J, VIOLLET S, SERRES J R. An ant-inspired celestial compass applied to autonomous outdoor robot navigation [J]. Robotics and Autonomous Systems, 2019, 117: 40-56.

第8章

智能仿生算法

在当今数字化时代，智能算法正以其独特的方式深刻影响着科学研究和工程应用的诸多领域。它们不仅模拟了自然界中生物的进化智慧，还吸收了生态学、群体行为学等领域的理论精华，发展出一系列高效、创新的问题解决方案。

作为人工智能领域的一个重要分支，智能仿生算法通过模拟生物进化和群体行为，为解决复杂的优化问题提供了全新的视角。本章首先回顾了计算机科学和人工智能的发展历程，从图灵的计算理论到Linux操作系统的开源运动，再到遗传算法、进化策略和进化规划等一系列智能仿生算法的诞生，展示了算法发展的脉络和科学进步的足迹。

本章内容全面覆盖了基于进化形式、生态学原理和群体行为的多种仿生算法。其中，遗传算法以其模拟自然选择和遗传机制的优势，广泛应用于函数优化、机器学习等领域；基于生态学的仿生算法，如入侵杂草优化算法和生物地理特征优化算法，通过模拟自然规律和生物分布，为环境适应性和优化问题提供了创新思路；而粒子群算法、蚁群算法等基于群体行为的智能算法，则通过模拟动物社会行为，展现了强大的并行搜索能力和鲁棒性。

进一步的，本章探讨了智能仿生算法在司法、医疗、安全、人脸情绪识别、图像超分辨率重建、唇语解读以及路径规划等多个领域的实际应用，这些应用案例不仅彰显了智能算法的实用性和有效性，也体现了人工智能技术与社会需求紧密结合的巨大潜力。

随着数字经济的蓬勃发展和大数据技术的日益成熟，智能仿生算法作为解决复杂系统优化问题的新方法，其研究和应用正成为计算智能领域的热点。本章的深入探讨和案例分析，不仅为读者提供了智能仿生算法的全面认识，也为相关领域的研究者和实践者提供了宝贵的参考和启示。

8.1 智能仿生算法概述

1936年，年仅24岁的图灵在其著名的论文《论可计算数在判定问题中的应用》一文中，以布尔代数为基础，将逻辑中的任意命题用一种通用的机器来表示和完成，并能按照一定的规则推导出结论。1946年，冯·诺依曼和戈尔德斯廷、勃克斯为普林斯顿大学高级研究所研制了IAS计算机，首次在全世界掀起了一股“计算机热”，这便是著名的“冯·诺依曼机”，标志着电子计算机时代的真正开始，指导着以后的计算机设计。1991 年 9 月 17 日，芬兰人利努斯·托瓦尔兹公布了计算机操作系统内核 Linux，这成为软件开源运动的里程碑。当今，人工智能是计算机科学的一个分支，它企图了解智能的实质，并生产出一种新的能以人类智能相似的方式做出反应的智能机器，该领域的研究包括机器人、语言识别、图像识别、自然语言处理和专家系统等。近 30 年来人工智能获得了迅速的发展，并在很多学科领域都获得了广泛应用，取得了丰硕的成果，已逐步成为一个独立的分支。

算法是计算机科学领域最重要的基石之一，对于计算机科学领域，每一类算法都是很重要的。算法是指解题方案的准确而完整的描述，是一系列解决问题的清晰指令，算法代表着用系统的方法描述解决问题的策略机制。近几十年来，人们不断对智能仿生算法进行研究，它是一种模拟生物进化和仿生自然界动物昆虫觅食筑巢行为的新兴智能化方法，作为一类新型进化算法，在求解复杂优化问题中表现出高效率、强鲁棒性、简单易实现、灵活易推广的特点。

在各种生物启发的基础上，研究人员发展了许多生物启发算法，最被广泛应用的几类算法分别是：基于进化形式的仿生算法，基于生态学的仿生算法，基于群体行为的仿生算法。随着人工智能理论的不断深入发展，近年的仿生算法已扩展到多目标优化、聚类分析、模式识别、信号处理、机器人控制、决策支持，以及军事领域等方面。

8.2 基于进化形式的仿生算法

8.2.1 遗传算法

遗传算法是基于达尔文生物进化论的自然选择和遗传学机理的生物进化过程，由 John holland 于 20 世纪 70 年代根据大自然中生物体进化规律所提出，是一种通过模拟自然进化过程搜索最优解的方法。该算法是一种随机全局搜索优化方法，它模拟了自然选择和遗传中发生的复制、交叉和变异等现象，从任意初始种群出发，通过随机选择、交叉和变异操作，产生一群更适合环境的个体，使群体进化到搜索空间中越来越好的区域，不断繁衍进化，最后收敛到一群最适应环境的个体，从而求得问题的优质解。这一理论的基础是具有有用特征的生物体要么会取代现有生物体，要么会与现有生物体共存。这些有用的元素最初是由现有元素的突变产生的，然后由父代传递给子代。该算法适合于非线性、非凸、多模态和离散问题，是目前最受欢迎的优化算法之一。

标准遗传算法流程如下：

1）初始化遗传算法群体，包括初始种群的产生、对个体的编码。

2）计算每个个体的适应度，用来反映其优劣程度。

3）选择操作个体，即为母代个体，用来繁殖子代。

4）母代个体配对，按一定概率来进行交叉，产生子代个体。

5）按照变异概率，对产生的子代个体进行变异操作。

6）将操作后的子代个体，替代种群中某些个体，更新种群。

7）再次计算种群的适应度，找出最优个体。

8）判断是否满足终止条件，不满足则返回第3）步继续迭代，满足则退出迭代过程，将第7）步中得到的最优个体解码后为本次算法的近似最优解。

通过上述执行流程，在算法初始阶段，它会随机生成一组可行解，也就是第一代数据。然后采用适应度函数分别计算每一代的适应程度，并根据适应程度计算在下一次进化中被选中的概率。每一次进化都会更优，因此理论上进化的次数越多越好，但在实际应用中往往会在结果精确度和执行效率之间寻找一个平衡点，一般有两种方式，首先是限定进化次数。在一些实际应用中，可以事先统计出进化的次数。例如，你通过大量实验发现，不管输入的数据如何变化，算法在进化 N 次之后就能够得到最优解，那么你就可以将进化的次数设成 N。然而，实际情况往往没有那么理想，往往不同的输入会导致得到最优解时的迭代次数相差甚远，这就需要第二种方式，限定允许范围。如果算法要达到全局最优解，需要进行多次进化，这会极大地影响系统的性能，解决此类问题可以通过提前设定一个可以接收的结果范围，当算法进行 X 次进化后，一旦发现当前的结果已经在误差范围之内了，那么就终止算法。但这也有不可避免的缺点，有些情况下可能稍微进化少次就进入了误差允许范围，但有些情况下需要多次才能进入误差允许范围，这将会导致算法的执行具有不可控性。

8.2.2 进化策略

进化策略和遗传算法统称为进化算法，二者的思想很类似，但步骤和应用方向有所差别。进化策略是一种数值优化方法，它采用的是一个具有自适应步长和倾角的特定方法，常被应用于离散型优化问题。而遗传算法从广义上讲是一种自适应搜索技术，能够决定如何分配在高于平均规划的情况下产生的实验数据。

进化策略可描述如下：

1）问题被定义为寻求与函数的极值相关联的实数。

2）从每个可能的范围内随机选择父矢量的初始群体，初始试探的分布具有典型的一致性。

3）父矢量通过加入一个零均方差的高斯随机变量，以及预先选择 $\boldsymbol{x}$ 的标准偏差来产生子代矢量 $\boldsymbol{x}_i$。

4）通过对误差排序以选择和决定保持哪些矢量。拥有最小误差的 $\boldsymbol{p}$ 矢量成为下一代的新的父代。

5）产生新的实验数据及选择最小误差矢量的过程将继续直至找到符合条件的答案或者所有的计算已经全部完成为止。

进化策略算法是自然启发优化算法的一种，以迭代的方式进化越来越好的解，最优质的解将会被保留，其他的情况个体将被舍去。近年来，仿生进化策略算法已被广泛开发，生成新一代个体时能够利用本体属性之间的关系来获取它们之间的相关性，显著增加向最优解的收敛性能。

8.2.3 进化规划

进化规划（Evolutionary Programming，EP）是一种基于自然选择和遗传学原理的优化技术，它模拟自然界的进化过程来寻找问题的最优解。进化规划是一种随机搜索算法，通过迭代的方式逐步改进解的质量，直到达到满意的解或满足终止条件。

进化规划的基本思想是将问题的解表示为一个种群（Population），种群中的每个个体（Individual）代表问题的一个候选解。种群中的个体通过适应度函数（Fitness Function）来评估其优劣，适应度函数通常与问题的目标函数相关。在每一代（Generation）中，根据适应度值选择优秀的个体进行遗传操作（Genetic Operators），如交叉（Crossover）和变异（Mutation），以产生新一代的种群。通过多代的进化，种群中的个体逐渐适应环境，最终找到问题的最优解。

进化规划的基本原理包括种群初始化、适应度评估、选择、交叉和变异等步骤。

1）种群初始化：随机生成一组初始解作为初始种群。这些初始解可以是实数、二进制串或其他形式的数据结构，具体取决于问题的特性。

2）适应度评估：每个个体通过适应度函数进行评估，该函数通常与问题的目标函数相关联。适应度值越高，个体在进化过程中的生存机会就越大。

3）选择：根据适应度值，选择优秀的个体进入下一代种群。选择过程通常基于轮盘赌、锦标赛等方法，确保适应度高的个体有更多的机会被保留。

4）交叉：交叉操作是模拟生物进化中的基因重组过程。在进化规划中，通常选择两个父代个体，通过某种交叉策略（如均匀交叉、算术交叉等）生成新的子代个体。

5）变异：变异操作是模拟生物进化中的基因突变过程。在进化规划中，以一定的概率对个体进行变异，以引入新的基因信息，增加种群的多样性。

通过不断重复上述步骤，种群中的个体逐渐适应环境，最终找到问题的最优解。

进化规划的主要特点包括：

1）随机性：进化规划采用随机搜索策略，通过随机变异和交叉操作产生新的个体，增加了搜索空间的多样性。

2）并行性：进化规划可以同时处理多个个体，利用并行计算的优势，提高算法的运行效率。

3）全局搜索能力：进化规划通过交叉和变异操作，可以在整个搜索空间中进行全局搜索，避免陷入局部最优解。

4）不需要梯度信息：进化规划不依赖于问题的梯度信息，因此适用于处理非凸、非连续或不可微的优化问题。

进化规划在多个领域得到了广泛应用，如函数优化、机器学习、数据挖掘、人工智能等。它可以通过调整算法参数和策略来适应不同的问题和场景，具有很强的灵活性和通用性。然而，进化规划也存在一些缺点，如收敛速度较慢、计算复杂度较高等，需要在实际应用中根据具体情况进行权衡和优化。

8.3　基于生态学的仿生算法

从达尔文的进化论到孟德尔的“植物杂交实验”，通过大量的科学事实证明进化过程表现为：由低级到高级，由简单到复杂，由不完善到完善。生物的进化动力和机制在于自然选择。凡是适应环境的有利变异个体，在生存斗争中有更多的机会生存与繁殖后代，而适应性差的个体将被淘汰，即适者生存。基于生态学的仿生算法是模拟自然规律或社会行为而设计的优化算法，本节主要介绍两类典型的生态仿生算法：入侵杂草优化算法和生物地理特征优化算法。

8.3.1 入侵杂草优化算法

在21世纪初，Mehrabian与Lucas共同提出了入侵性杂草优化算法。算法的主要内容是通过研究杂草的入侵机制，从而模拟杂草的生成和进化过程，进而用来求解优化实际问题。杂草类植物的繁衍增长并非人类活动产物，具有多样的传播形式，超强的繁殖能力和优良的抗逆性质，并且生长周期比其他周边植物短。杂草在生长过程中，常与周边其他植物争夺土壤中的养分、水分，以及生存空间资源。即使人类刻意地进行相关除草工作，但杂草仍占据了主要竞争资源。进一步，随着人类除草方式的不断改进，杂草也不断迭代出了更强的环境适应能力。

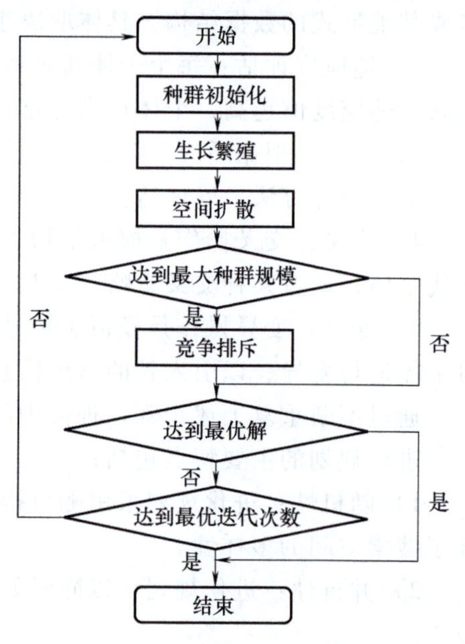

图 8-1 入侵杂草优化算法流程图

杂草入侵需要经历以下过程：杂草种子通过自然扩散到入侵领域，并适应所处的周围环境，借助其他植物的生长空隙，争取属于自己的生存资源。随后，在杂草的生长过程中，开始产生与周围农作物及其他杂草的竞争态势，为自身的生长繁衍争取必要的养分。顺利生长之后，具有优势行为能力的杂草生产出更多的籽粒，而较弱的植物无法拥有足够的资源用来结出足够的籽粒，即随之淘汰。较强植物成熟后，其籽粒自然脱落，散布在父代杂草周围成为新一代杂草种子。新一代种子中，适应性差的个体在自然选择过程中被淘汰，留下适应性强的种子继续生长繁殖。经历过几代更迭，具有优异适应能力的杂草彻底侵占周围领地，并成为新的统治者。在杂草的整个生长周期中，杂草生存的主要环节包括：种子繁殖、种子扩散、环境竞争，整体算法流程图如图8-1所示。显然，适应性强的个体具备较强的竞争能力，争取到更多的养分资源以产生更多的后代。

8.3.2 生物地理特征优化算法

生物地理的本质是一个物种和生态系统在其地理空间和时间上的变化和分布的一门科学，即生物群落及其个体所组成的成分，它们在整个生态系统的分布变化情况及它们形成的原因。它不仅与居住环境模式的变化有关，还与导致其分布变化的自然环境因素有关，主要目的是分析物种在岛屿上生存的环境和栖息地及其物种的数量。其中，最受人们关注的领域是岛屿栖息地，可以观察新入侵物种在岛上的分散和变化，然后将其用在更为复杂的环境领域。受自然规律的影响，自然界中的生物群体分布在不同的区域，图8-2展示了物种生活的栖息地，栖息地即生物物种生活的环境，每一个栖息地包含很多特征变量，如温度、降水、地貌特征等，不同栖息地之间的物种也会相互迁移，这些特征变量共同决定着此栖息地能容纳多少种群。

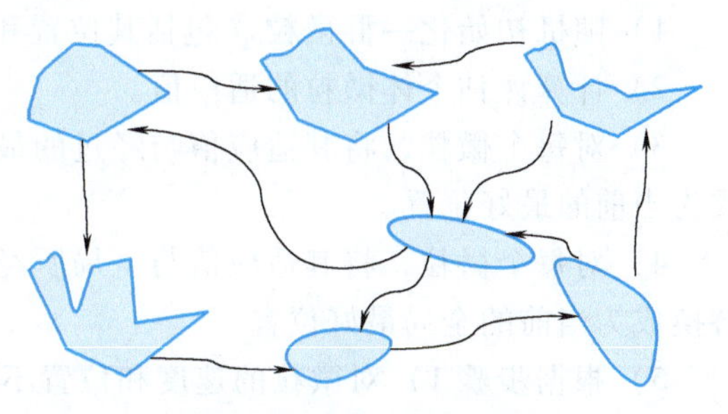
图 8-2　物种生活栖息地

生物地理特征优化算法的基本流程为：

1）初始化参数：最大物种数，最大迁入率，最大迁出率，最大突变率。

2）初始化栖息地的适宜度向量，每个向量对应给定问题的潜在解。

3）判断是否满足停止条件，若满足，停止并输出最优解；否则，进行步骤4)。

4）进行迁移操作，计算迁入率和迁出率。

5）对栖息地执行突变操作，根据变异算子更新物种。

6）跳转到步骤3）进行下一次的迭代。

由于每个栖息地受自然条件限制，这就限制了所容纳的生物物种的上限，高适应环境的栖息地物种数量较多，竞争激烈，导致一些物种迁移到其他相邻的栖息地，迁入的物种较少；而低适应环境的栖息地物种数量较少，迁入的物种较多，有少量物种迁出。这种自然与生物的相互促进，栖息地在饱和之前，物种的迁入可以提高物种的多样性，从而促进栖息地适宜生物生存。但当某一栖息地长期维持较低水平时，生存在该栖息地的生物会逐渐消亡。该算法是一种模拟生态系统中物种地理分布和迁移的新型启发式算法，具有实现简单、鲁棒性强、搜索机制独特等特点，在电力及热交换器优化等领域已取得不错的成果。

8.4 基于群体行为的仿生算法

复杂性研究是21世纪具有前沿性的研究，也是最具备革命性的研究。传统优化方法难以解决NP问题等复杂难题，因此人们将目光放在了仿生类智能算法的途径上，这一类的计算方法能够更快地发现最优解，更具有时效性和准确性，更加具有工程应用意义。与各种自适应性随机搜索算法相比，智能仿生算法通过种群或者个体间的相互合作与竞争来实现最终目标，其具备了并行性、随机性、自适应性等优异特点。

智能仿生群体算法是受生物群体智能行为的启发而发展出来的算法，社会性动物如蚂蚁、蜜蜂、鱼等，个体的简单、非直接目标指向的行为常常能在群体层面上涌现出惊人的目标模式。本节内容结合现有智能化背景对典型算法的基本原理进行了介绍和总结。

8.4.1　粒子群算法

粒子群算法是一种进化计算技术，由 Eberhart 和 Kennedy 提出，算法最开始起源于对鸟群捕食的行为研究。粒子群算法是一种通过迭代的优化算法，在系统初始化为一组随机解后，通过迭代的方法搜寻最优解。其具有简单容易实现的特点，不需要太多参数调整，已广泛应用于函数优化、神经网络训练、模糊系统控制，以及其他遗传算法等领域中。

标准粒子群算法的流程如下：

1）随机初始化一群微粒（包括其位置和速度）。

2）计算评估个体微粒的适应值。

3）对每个微粒，将其适应值与经过的最好位置进行比较，如果较好，则将此位置替换成为当前的最好位置。

4）对每个微粒，将其适应值与全局所经过的最好位置进行比较，若较好，则将此位置替换成为当前的全局最好位置。

5）根据步骤 1）对微粒的速度和位置不断进行进化。

6）如未达到结束条件（通常为足够好的适应值或达到一个预设的最大代数），则返回步骤 2)。

粒子群算法作为一种新的进化算法，经过几十年的发展已获得很大的进展。不同领域的专业人员都结合本专业的知识从不同侧面对基本粒子群算法进行改进，并通过仿真实验进行验证，取得不错的效果，为粒子群算法的理论提供了佐证，很大程度上推动了粒子群算法的发展。

对于算法参数，其参数包括群体规模 m，惯性权重 w，加速常数 c_1 和 c_2，最大速度 $v_{\max}$，最大代数 $G_{\max}$。最大速度 $v_{\max}$ 决定当前位置与最好位置之间的区域的精度，最大速度如果太高，则微粒可能会错过优解；最大速度如果太小，微粒不能进行大区间的探索，最终结果可能仅为局部的优值。设置最大速度 $v_{\max}$ 的目的主要有防止计算溢出、实现人工学习和态度转变、决定问题空间搜索的粒度。

对于权重因子，其参数包括惯性权重 w，加速常数 c_1 和 c_2。惯性权重 w 的作用主要是使微粒保持运动惯性，使其具有扩展搜索空间的趋势，能够探索新的区域。加速常数 c_1 和 c_2 代表将每个微粒推向本身最好位置和全局最好位置的加权中心的统计加速项的权重。低的值允许微粒在被拉回之前可以在目标区域外徘徊，而高的值则导致微粒突然地冲向或越过目标区域。

粒子群算法的研究，无论在理论方面还是在实践方面都在不断地发展中，但已有的成果还很分散，同时作为一种新的随机搜索算法，全局最优性问题在理论上并未得到证明，与相对鲜明的生物社会特性基础相比，粒子群算法的数学基础相对薄弱。目前，粒子群算法已经广泛应用于各个领域，具有较大的应用潜力。在通过学习策略改进的微粒群优化算法研究中，由于原始的微粒群优化算法通常早熟收敛从而仅使得局部最优，为了缓解这种现象，尝试改进粒子的学习策略或借鉴其他优化方法的思想进行改进，用来提高算法的寻优能力和收敛速度。

8.4.2 蚁群算法

蚁群算法是一种用来寻找优化路径的概率型技术。它是指由一群无智能或有轻微智能的个体通过相互协作从而求解复杂问题。蚁群算法最早是由意大利学者 Marco Dorigo 于 1991 年提出。经过几十年的发展，该算法在理论、应用研究上取得了巨大的进步。蚁群算法是一种仿生学算法，其灵感来源于蚂蚁在寻找食物过程中发现路径的行为。事实上，每只蚂蚁并不是像我们想象的需要知道全部实物获取的路径信息，它们其实只关心小区域内的食物、天敌信息。由于蚂蚁是低智能生物，它们仅仅根据这些小区域的有限信息利用几条简单的规则进行判断，然后将个体组合成集体，便会展现出复杂性的觅食行为。

蚁群算法具备较强的鲁棒性、可并行计算和与其他算法易结合等优点，最早应用于解决旅行商问题，现阶段，在其他领域中各类优化问题上也逐渐得到了应用，并取得了显著的应用效果。

蚂蚁观察到的范围是一个有限的方格世界，真实的蚂蚁个体是一类具有随机行为特点的低智能个体，但其组成的群体具有较强的组织性，能够使蚂蚁在觅食过程中寻找与食物源的最短路线。蚂蚁在随机搜索自身周围环境时，当遇到一个未了解过的交叉路口时，会随机选择一条路口进行进一步的探寻，同时自身留下易挥发的化学信号。在搜寻最短路径的过程中蚂蚁走过的路径长度越短，在此路径上的化学信号也就越多，进而其他蚂蚁选择该路径的概率就越大。反之，选择该路径的概率就越小，这是一种正反馈机制。在最短路径上积累的化学信息越来越多，与此同时其余路径上的化学信息逐渐挥发，从而指导蚁群搜寻蚁巢和食物源之间最优或是接近最优的路径，如图 8-3 所示。在漫长的进化过程中，多样性和正反馈起到了重要的作用，多样性保证了物种的创新能力，而正反馈保证选择方向的最优化，两者的结合保证物种能够正常生存下来。但两者的结合程度或协同度也是决定能否正常生存的决定性因素。多样性过剩，此时蚂蚁的随机运动增加，整个群体会陷入混沌状态；反之，多样性不够，正反馈机制过强，那么便会导致蚂蚁的行为过于僵硬，不能实时调整行为适应环境。

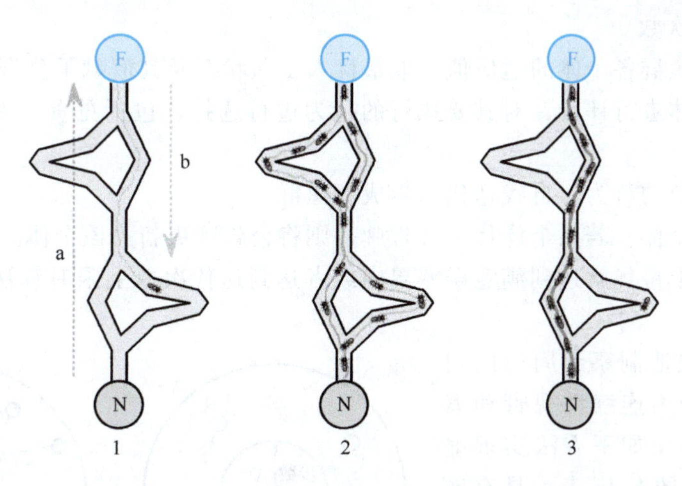

图 8-3　蚁群算法示意图

蚁群算法受到国内外研究者的关注与应用，同时也逐渐被优化进步，在离散型组合优化问题、连续型优化问题上都取得了显著的效果。其通过改进方法也解决了不同边界、不同学科、不同领域的众多问题。为加快蚁群算法收敛速度、提高运行性能、提高全局搜索能力等，主要的改进策略主要有三方面：蚁群算法的信息素更新策略、路径的选择策略、蚁群算法与其他算法的融合。

8.4.3　人工鱼群算法

人工鱼群算法为山东大学李晓磊从鱼找寻食物的现象中表现的种种移动寻觅特点中得到启发而阐述的仿生学优化方案。在一片水域中，鱼往往能自行或尾随其他鱼找到营养物质多的地方，因而鱼生存数目最多的地方一般就是本水域中营养物质最多的地方，人工鱼群算法就是根据这一特点，通过构造人工鱼来模仿鱼群的觅食、聚群及追尾行为，从而实现寻优。

人工鱼拥有以下几种典型行为：

1）觅食行为：鱼在水中为随机地自由游动，发现食物的时候，会向食物增多的方向游去。

2）聚群行为：为了保证自身的生存和躲避危害会自然地聚集成群，鱼在游动过程中所遵守的规则有三条：

分隔规则：避免与邻近伙伴过于拥挤。

对准规则：与邻近伙伴的平均方向一致。

内聚规则：朝邻近伙伴的中心移动。

3）追尾行为：当鱼群中的一条或多条鱼发现食物时，其临近的伙伴会尾随其快速到达食物点。

4）随机行为：单独的鱼在水中通常都是随机游动的，这是为了更大范围地寻找食物点或身边的伙伴。

人工鱼群算法实现的步骤：

1）初始化设置，包括种群规模 N、每条人工鱼的初始位置、人工鱼的视野、步长、拥挤度因子 δ、重复次数。

2）计算初始鱼群各个体的适应值，取最优人工鱼状态及其值赋予公告牌。

3）对每个个体进行评价，对其要执行的行为进行选择，包括觅食、聚群、追尾和评价行为。

4）执行人工鱼的行为，自我迭代，生成新鱼群。

5）评价所有个体。若某个体优于公告牌，则将公告牌更新为该个体。

6）当公告牌上最优解达到满意误差界内或者达到迭代次数上限时算法结束，否则转步骤 3）。

动物可以很快地洞察到周边的物体，鱼类的视野分为连续型视野和离散型视野两类。应用如下方法实现虚拟人工鱼的视觉：图 8-4a 表示具有连续型视野的一条假设的人工鱼个体，它能看到以现在位置 X_i 为圆心，一定距离为半径的圆形区域，地点 X_j 为它在一个时候巡视到的视点中另一地方，如果这个地点的食物量比之前地方的多，人工鱼就决定向该地点前进，并生成一个随机的步长，最终到达下一个目标点 X_{next}；人工鱼的离散型视野为与节点位置 X_i 相邻且相通的所有节点，如图 8-4b 所示，根据判断边的权重来选择下一步位置 X_{next}。

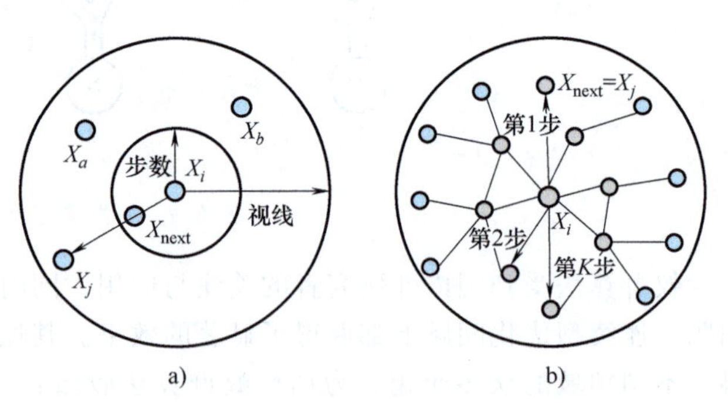

图 8-4　人工鱼个体的连续视野和离散视野

人工鱼群算法的特点：

1）只需比较目标函数值，对目标函数的性质要求不高。

2）对初值的要求不高，随机产生或设置为固定值均可，鲁棒性强。

3）对参数设定的要求不高，容许范围大。

4）收敛速度较慢，但是具备并行处理能力。

5）具备较好的全局寻优能力，能快速跳出局部最优点。

6）对于一些精度要求不高的场合，可以快速得到一个可行解。

7）不需要问题的严格机理模型，甚至不需要问题的精确描述，这使得它的应用范围得以延伸。

人工鱼群算法的改进仍是目前研究的一大重要方向。根据目前的研究可知，对人工鱼群算法在初始化、参数、与其他方法的结合和群体多样化方面的改进仍需积极探索与完善。特别是研究人工鱼群算法与其他智能算法和的融合技术，能够提高算法优化性能，因此研究人工鱼群算法与模拟退火算法、遗传算法、粒子群算法、蚁群算法等智能优化算法的融合技术，对智能算法的研究具有重要意义。

8.4.4 其他算法

1. 人工蜂群算法

蜜蜂能在自然环境下以高效率的工作方式找到目标蜜源，并根据外界环境的改变而改变，其采蜜系统分为：蜜源、雇佣蜂、非雇佣蜂。对于蜜源，其优劣性受蜜量大小、距离远近、提取难易等因素影响；雇佣蜂和目标蜜源关联并将蜜源信息以一定概率形式告诉其他同类；非雇佣蜂的任务是寻找新蜜源，分为跟随蜂和侦查蜂两类。采蜜过程中，群体中的一部分蜜蜂作为侦查蜂，不断地在蜂巢附近寻找蜜源，如果发现了合适的蜜源，则此侦查蜂变为雇佣蜂开始采蜜，采蜜完成后飞回蜂巢以舞动的形式告知跟随蜂，此过程是蜜蜂之间交流信息的一种基本形式，它传达了有关蜂巢周围蜜源的重要信息（如蜜源方向及离巢距离等），跟随蜂利用这些信息准确评价蜂巢周围的蜜源质量。传递完信息后，侦查蜂与蜂巢中的一些跟随蜂一起返回原蜜源采蜜，跟随蜂数量取决于蜜源质量。以这种方式，蜂群能快速且有效地找到花蜜量最高的蜜源。

2. 仿生细菌觅食算法

仿生细菌觅食算法由 K. M. Passino 基于大肠杆菌在人体肠道内吞噬食物过程而提出的一种新型仿生群体算法。该算法具有并行搜索、易跳出局部极小值的优点。在细菌觅食环境中，其运动靠表面拉伸的鞭毛来实现。鞭毛使大肠杆菌实现各种运动，充当动力源。当大肠杆菌进行顺时针方向翻转时，鞭毛都会拉动细胞，使得鞭毛具有独立的运动，并且以最小的能耗进行翻转。逆时针方向移动鞭毛有助于细菌以非常快的速度游泳。在算法的映射中，细菌经历了趋化，朝着它们喜欢的营养梯度地方移动并且避免进入有害的环境。通常情况下，细菌在友好的环境中会移动较长的一段距离。

3. 仿生萤火虫算法

天然萤火虫在寻找猎物、吸引配偶和保护领地时表现出惊人的闪光行为，萤火虫大多生活在热带环境中。一般来说，它们产生冷光，如绿色、黄色或淡红色。萤火虫的吸引力取决于它的光照强度，对于任何一对萤火虫来说，较亮的萤火虫会吸引另一只萤火虫。所以，亮度较低的个体移向较亮的个体，同时光的亮度随着距离的增加而降低。萤火虫的闪光模式可能因物种而异，在一些萤火虫物种中，雌性会利用这种现象猎食其他物种；有些萤火虫在一大群萤火虫中表现出同步闪光的行为来吸引猎物，雌性萤火虫从静止的位置观察雄性萤火虫发出的闪光，在发现一个感兴趣的闪光后，雌性萤火虫会做出反应，发出闪光，求偶仪式就这样开始了。一些雌性萤火虫会产生其他种类萤火虫的闪光模式，来诱捕雄性萤火虫并吃掉它们。仿生萤火虫算法灵感来自于萤火虫闪烁的行为。萤火虫闪光，其主要目的是作为一个信号系统，以吸引其他的萤火虫。剑桥大学的 Xin she Yang 提出了萤火虫算法，一个萤火虫会吸引其他的萤火虫，吸引力与它们的亮度成正比，对于任何两个萤火虫，不那么明亮的萤火虫被吸引，从而移动到更亮的一个附近，然而，亮度又随着其距离的增加而降低；如果没有比一个给定的萤火虫更亮的萤火虫，它会随机移动，使得亮度应与目标函数联系起来。

4. 仿生麻雀搜索算法

2020 年，研究者受麻雀的觅食行为和反捕食行为的启发而提出仿生麻雀搜索算法。麻雀发现者拥有较高的能源储备和搜索食物的能力，为其他加入者提供觅食的区域和方向。在模型建立中能源储备的高低取决于麻雀个体所对应的适应度值的好坏。一旦麻雀发现了捕食者，个体开始发出鸣叫作为报警信号。当报警值大于安全值时，发现者会将加入者带到其他安全区域进行觅食。发现者和加入者的身份是动态变化的。只要能够寻找到更好的食物来源，每只麻雀都可以成为发现者，但是发现者和加入者所占整个种群数量的比例是不变的。也就是说，有一只麻雀变成发现者必然有另一只麻雀变成加入者。加入者的能量越低，它们在整个种群中所处的觅食位置就越差。在觅食过程中，加入者总是能够搜索到提供最好食物的发现者，然后从最好的食物中获取食物或者在该发现者周围觅食。当意识到危险时，群体边缘的麻雀会迅速向安全区域移动，以获得更好的位置，位于种群中间的麻雀则会随机走动，以靠近其他麻雀。该算法比较新颖，具有寻优能力强、收敛速度快的优点。

5. 仿生蝙蝠算法

仿生蝙蝠算法是模拟自然界中蝙蝠通过超声波搜索、捕食猎物的生物学特性发展而来的一种新颖的群智能优化算法。该算法具有模型简单、收敛速度快、潜在并行性和分布式等特点。其仿生原理是：将蝙蝠个体映射为搜索空间中的点，将搜索和优化过程模拟成蝙蝠个体搜寻猎物和移动过程，将求解问题的目标函数度量成蝙蝠所处位置的优劣，将个体的优胜劣汰过程类比为搜索和优化过程中用好的可行解取代较差可行解的迭代过程。每个个体通过频率脉冲和脉冲强度调整自身速度。

8.5 智能仿生算法的工程应用

8.5.1 司法、医疗安全应用

德国马克斯·普朗克分子遗传学研究所开发了一种名为“EMOGI”的新算法，成功识别了 165 个先前未知的癌基因，这些基因并不一定要发生突变才致癌，有些是通过表达失调致癌。所有这些新发现的癌基因都与已知的著名癌基因紧密相互作用。该算法集成了从患者样本中生成的数以万计的数据集，这些数据集包括突变的 DNA 序列数据、DNA 甲基化、单个基因活性，以及细胞通路中蛋白质相互作用的信息。在这些数据中，深度学习算法可检测导致癌症发展的模式和分子原理。研究团队借助人工智能算法，分析了16种不同癌症类型的成千上万种不同的相互作用网络图，如图8-5所示。

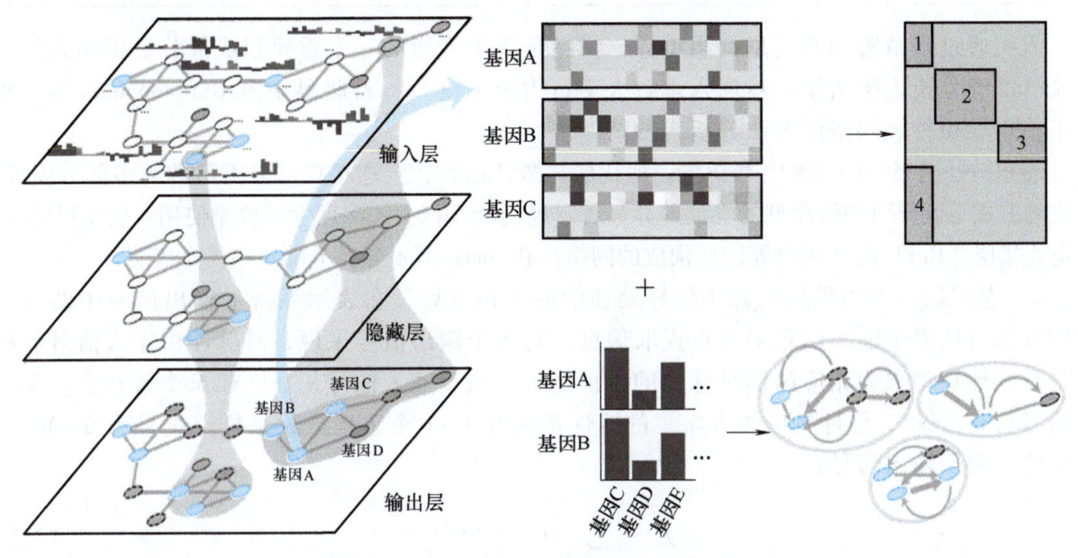

图 8-5 人工智能算法分析癌基因类型

该算法与传统的癌症治疗方法（如化疗、放疗）不同，可根据癌症类型精确调整治疗方法和药物，目的是为每位患者提供最佳疗法，即副作用最少的最有效疗法。此外，还能根据患者的分子特征在早期阶段识别出癌症。只有知道了导致疾病的原因，才能够有效地消灭或纠正它们。这也是为什么我们要尽可能多地确定诱发癌症的机制。

此外，洛杉矶警局与加州大学洛杉矶分校合作，通过人工智能算法成功预测的犯罪信息，并将相关区域的犯罪率降低了36个百分点。通过智能算法可以预测犯罪热点地区，以及这些地区可能发生哪些类型的犯罪行为，对城市的警力部署具有非常重要的参考价值。此外，天云大数据公司利用人工智能算法成功预测美国城市犯罪记录，在芝加哥开放的大数据库及外部数据源中导入天气、社区人口信息建立模型，成功预测了犯罪案件成功侦破的概率与发生的地区，与真实发生案件的数据相差无几；同时借助模型预测的结果，将警力优先集中于侦破概率高的案件，把握黄金时间快速抓捕犯罪嫌疑人归案，提高效率。这种人工智能算法可以理解为人工神经网络的延展，透过模拟人类神经网络结构，使用包含复杂结构和由多重非线性变换构成的多个处理层对数据进行高层抽象等一系列算法，建立具有数个隐藏层的多层感知网络，实现各种模式的识别和认知，对图像识别、语音识别、自然语言处理、药物研发等领域的发展皆有突出贡献。

随着数字经济时代的到来，以人工智能、大数据等为代表的数字化技术正在席卷各行各业。智能仿生算法作为一类新型进化算法，在求解复杂优化问题中表现出良好的效果，其潜在的并行性和分布式特点为处理大量的以数据库形式存在的数据提供了技术保证，效率比其他算法高，鲁棒性强，并且从模型的建立过程可以看出，智能仿生算法简单易于实现，对硬件要求低，易于推广。智能仿生算法为复杂系统的优化提供了一种新的方法，在许多学科领域具有广泛的应用价值。综观智能仿生算法在算法改进及应用方面的研究现状，它已经成为目前计算智能领域的热点之一。

8.5.2 人脸情绪识别应用

人类通过眼睛感知光信息洞悉世界，情绪是人类沟通的一个重要组成部分，影响人类的交流。准确分析人脸情绪，对深入理解人类行为至关重要。希腊科学家 Giannopoulos 等人提出了使用卷积神经网络的方法分析人脸情绪。

卷积神经网络系统主要由卷积层、池化层、激活函数、全连接层、分类函数等多部分组成，组成的方式不同导致网络模型的性能差异显著。经典的 Alex Net 深度学习模型使用 5 层卷积层、3 层全连接层、ReLU 激活函数等连接构成的网络，在 Image Net 分类上准确率提高显著。

1）卷积层：卷积模块来源于信号处理中的卷积运算，它表示系统的输出信号中的多个采样点如何从多个输入信号采样点提取信息。对每个输出信号来说，其脉冲由输入信号加权而来，其计算结果为相应的信号脉冲的线性加权。假设输入信号 $x[n]$ 有 N 个采样点，采样点编号为 $0\sim N-1$，脉冲响应为 $h[n]$ 的线性系统有 $M-1$ 个采样点，采样点编号为 $0\sim M-1$。可用公式表示输出信号：

$$y_i = \sum_{j=0}^{M-1} x[i-j]h[j] \tag{8-1}$$

由公式得，输出信号 y_i 的每个分量都被认为是受到输入信号影响的权重线性组合，其权重恰好是脉冲响应的镜像翻转对应的权重值。这一思想被借鉴至图像处理中，进行图像特征提取。

信号处理中卷积使用线性系统进行脉冲响应提取一维的信号特征。而图像中的信号通常是二维或者三维的，为图像信号 I 设计一个二维或者高维的线性系统 K，二者做线性加权，输入信号采样点信息构成每一个输出信号。用公式表示为

$$I = \sum_{-\infty}^{\infty} \sum_{-\infty}^{\infty} I(u-i, v-j)K(i-j) \tag{8-2}$$

假设图像 I 为图 8-6 中 7×7 大小的二值图像，有转换函数 K，通常称为卷积核函数，图中的卷积核大小为 3×3，将图像中的值与卷积核函数中的对应权值相乘，求和便得到输出信号中的一个特定位置的特征值。每一个输出信号分量内包含输入信号的多个采样点信息，能有效提取局部信号特征。卷积核函数采用滑窗的方式遍历整个图像，从而得到一个完整的处理输出数据，适用于图像离散信号处理。具体如图 8-6 所示。

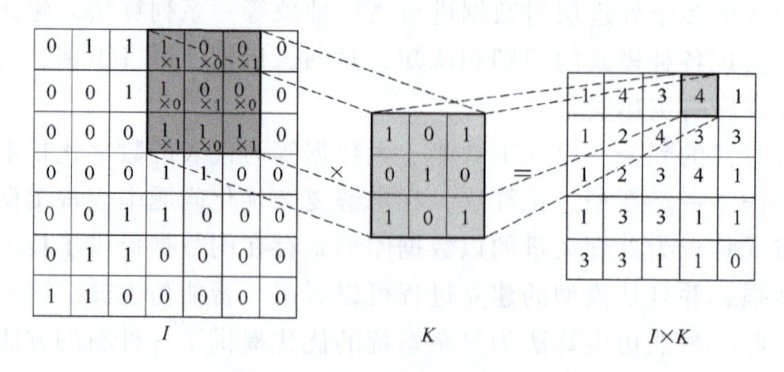

图 8-6 卷积核操作可视化

2）池化层：卷积层后通常连接着池化层，池化是一种特殊的卷积层。池化函数可调整前面模块传递来的输出数据，最常见的池化操作有平均池化、最大池化。通常不同的池化算法有着不同的卷积核，用公式表示：

$$S = \sum_{i=1,j=1}^{c} P_{ij}x_{ij} \tag{8-3}$$

式中　P_{ij}——卷积核参数；

x_{ij}——池化的输入；

S——输出。

当 $P_{ij}=\frac{1}{c^2}$时，为平均池化，如下所示：

$$S_{ij} = \frac{1}{c^2}(\sum_{i=1}^{c}\sum_{j=1}^{c} x_{ij}) + b \tag{8-4}$$

平均池化（图 8-7）前一层的输入分为若干个指定大小的区域，它们由多个最小单位输入组成。为了简化计算，网络使用此区域内所有的小单位输入取平均，作为这块区域向后计算的代替值，这样的操作减少了参数，加快了计算速度。

当 $S_{ij}=\max\frac{1}{c^2}(\sum_{i=1}^{c}\sum_{j=1}^{c} x_{ij})+b$ 时，可视为指定大小区域里的多个数值中取最大值作为该区域的代表值，这样的池化操作称为最大池化，如图 8-8 所示。

深度卷积神经网络中包含三个级别的典型的转换关系，第一级为由卷积操作带来的一系列的线性变换关系；第二级为第一级中的线性转换关系被非线性的激活函数转换成非线性映射；最后一级为使用池化函数对第二级的输出做进一步线性处理。

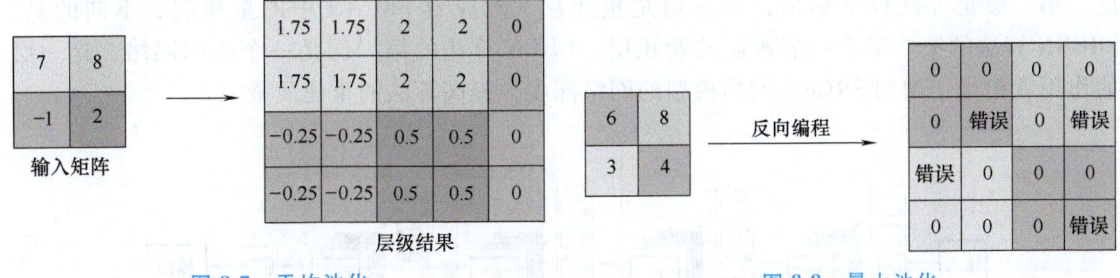

图 8-7　平均池化　　　　图 8-8　最大池化

3）激活函数：激活函数可以出现在卷积层、池化层，以及全连接层的后层，随着网络结构的设计不同，激活函数的作用位置也不一样。所以，激活函数对于模型性能起着至关重要的作用，函数的性质直接影响到深度模型性能，研究人员对激活函数的研究从未停止。最经典的激活函数由 0 和 1 组成，称为阶跃函数。在卷积神经网络中常见的激活函数有 sigmoid 激活函数、tanh 激活函数、ReLU 激活函数等。它们的函数图像各不相同，导致函数在卷积神经网络中表现出的性能各不相同。

研究人员分别对“Angry”“Disgust”“Fear”“Happy”“Sad”“Surprise”“Neutral”进行识别，如图 8-9 所示。以上的情绪的识别，皆通过卷积提取特征，在卷积神经网络中底层的特征通常为点、线、菱角。通过卷积层数的叠加，网络能叠加出识别物体的特征，这一系列的特征提取，网络能自动完成，省去了复杂的特征提取工作。

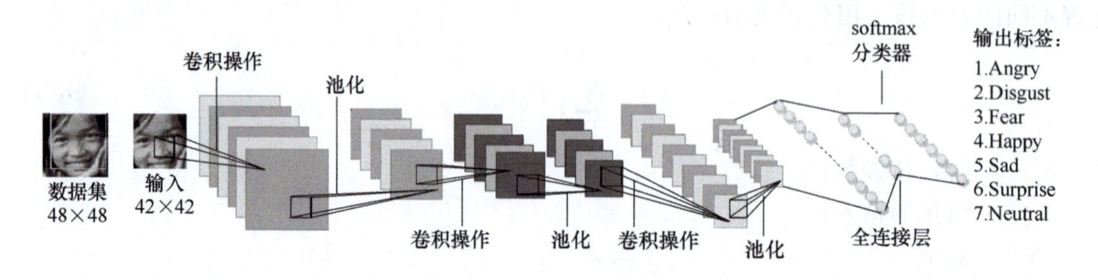

图 8-9　情绪识别模型原理图

8.5.3　图像超分辨率重建应用

超分辨率重建通过神经网络学习高低分辨率图像间的映射关系，从而实现对图像的重建。由于卷积神经网络结构简单，所以在图像重建方面能取得很好的效果。

SRCNN 是最先将卷积神经网络使用到重建技术上的算法。该算法开创了神经网络在重建技术上使用的先河，是一个传统网络模型结构，在它以后许多学者对超分辨率重建上的改进创新都是基于 SRCNN 网络模型的。以下是基于 SRCNN 的 3 个改进算法的介绍。

1. 基于深度递归卷积网络的图像超分辨率算法（DRCN）

DRCN 在使用了递归神经网络的同时也增加卷积层，这样既增加了网络的感受视野，又避免了过多的网络参数。DRCN 算法是在 SRCNN 算法基础上进行改进的，它们的网络结构相似。DRCN 算法的网络结构也是三层（图 8-10），DERCN 算法模型的第一层是特征提取层，第二层是非线性映射层，第三层是重建层，对应着 SRCNN 中的重建层。不同的是，SRCNN 算法的第二层是一个普通的卷积层，DRCN 算法的第二层是一个递归网络，这一层的作用就相当于增加 SRCNN 网络模型的网络深度，提高算法的重建质量。

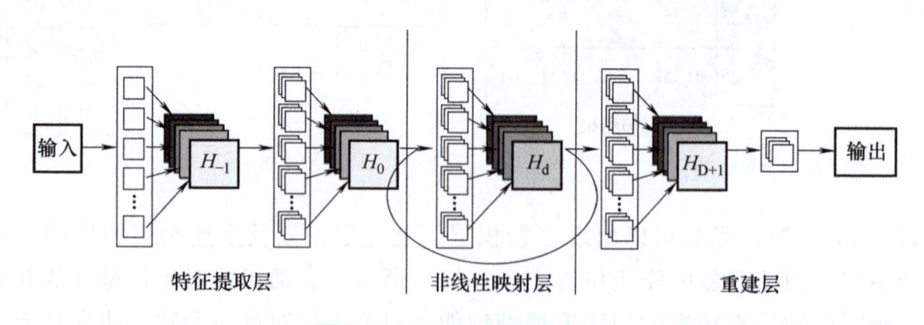

图 8-10　DRCN 网络结构图

2. 基于高效子像素卷积神经网络的实时单图像和视频超分辨率算法（ESPCN）

ESPCN 是利用低分辨图像直接卷积重建图像的方法。ESPCN 的核心概念是亚像素卷积层。如图 8-11 所示，网络输入低分辨图像，经过隐藏层中卷积核卷积后，得到与输入图像大小相同的特征图像，特征通道为 r^2（r 是图像目标的放大倍数）。每个像素的 r^2 个通道重新排列成与高分辨率图像子块 $r \times r$ 相对应的 $r \times r$ 大小的区域，使得大小为 $r^2 \times H \times W$ 的特征图被重新排列成大小为 $1 \times rH \times rW$ 的高分辨率图像。这个变换虽然被称为亚像素卷积，但实际上没有卷积操作。该算法通过使用亚像素卷积层来实现图像分辨率从低到高的放大，插值函数被隐含于前面的卷积层并且可以自动学习。图像大小的变换是在最后一层进行的。因为网络是直接输入低分辨率图像，所以不用对输入图像做其他的处理，该方法提高了重建效率，同时减小了图像重建的时间。

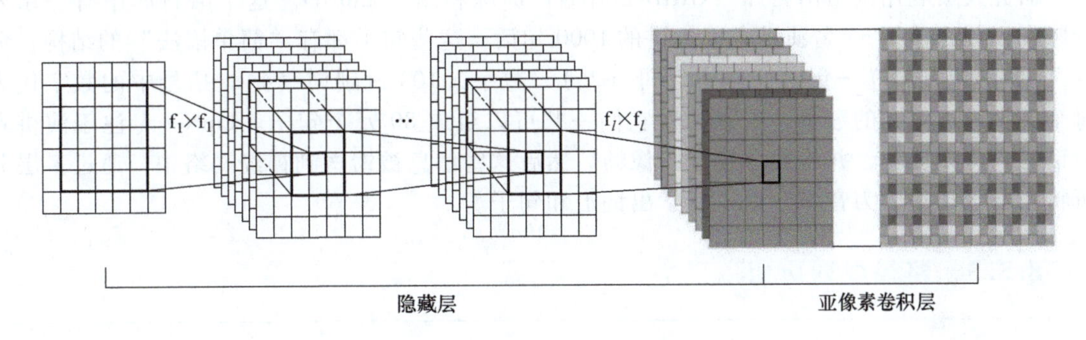

图 8-11　ESPCN 网络结构图

3. 使用生成对抗网络的图像超分辨率重建算法（SRGAN）

Goodfellow 提出了生成对抗网络（GAN）的概念，GAN 由生成器和判别器组成。判别器则是一个二分类器，来判断一个输入的数据是来自生成器的伪造还是真实数据。从 GAN 中获得灵感，Ledig 等人把生成对抗网络应用到图像重建算法（SRGAN）。由于传统的重建方法，对于图像的放大率存在一定的限制，并且通常仅放大固定倍数，当放大率过高时，重建的图像太过光滑、细节信息不足。在 SRGAN 算法中图像细节信息使用 GAN 来生成。超分辨率转换实例如图 8-12 所示。

图 8-12　超分辨率转换实例

a）原始图像　b）输出图像

8.5.4　唇语解读应用

很多武侠小说或者电视里的武侠高手总会一个特殊的技能——读唇语。其实在现实世界中，读唇语这项技能也是真实存在的。读唇语即是从说话者的嘴巴动作中解码文本的任务。

不过读唇语的难度是很高的，不仅因为人的嘴唇、舌头和牙齿的运动较为轻微，而且大多数唇语信号十分隐晦，难以在没有上下文辅助的情况下分辨。

来自牛津大学、谷歌 DeepMind 及加拿大高级研究所的研究员，在 ICLR 机器学习学术会议上提交的论文宣布，他们开发的神经网络 LipNet 可以进行句子级的预测，其精确度达到 95.2%。LipNet 是用于唇读的神经网络体系结构，可映射可变长度的视频序列帧到文本序列，并经过端到端训练。

研究人员利用网格语料库（GRID Corpus）训练和测试 LipNet。这个语料库中有一系列音频和视频，包括 34 名演讲者每人讲的 1000 句话。这些句子都有“简单语法”的结构：命令（4）+颜色（4）+介词（4）+字母（25）+数字（10）+副词（4）。括号中的数字代表每个类别可选单词的数量，这意味着它们一共可以组成 80 万个句子。LipNet 专注于演讲者说话时的口型变化，并将其分解成图像帧。然后这些信息被馈送到神经网络中，通过多层分析将嘴部运动映射为音素，以语音学出词汇和句子。

8.5.5 路径规划应用

现阶段，移动机器人可替代人工进行繁重的巡逻和监控任务，提高了工作效率，而在室外环境中保证规划出正确稳定的行进路线是移动机器人的核心纲领。由于室外复杂的环境因素，机器人无法对整体环境进行预判和规划，这就需要稳定可靠的算法对其行走路径进行整体规划。

类车机器人路径规划不平稳的问题通过基于杜宾（Dubins）曲线的改进快速探索随机数算法得以改善，代表以匀速前进且只能左右两方向转弯的简单汽车模型。该算法能够满足汽车行驶过程中的运动学约束，避免了拐点曲率不连贯的问题，算法实施后的最优路径取决于机器人的转弯半径参数取值，取值过大会导致路径混乱、陷入局部最优等问题，取值过小则会出现收敛速度慢、无法避开大型障碍物等问题。除了陆上机器人的路径规划问题，水下机器人全局路径规划也需考虑规划路径最短问题和能耗问题，研究工作者引入洋流因素，将优化后的 RRT 算法应用于水下机器人全局路径规划，通过几何特征图进行算法模拟，实验则采用拓扑图表示，在复杂的水下环境中，相比传统 RRT 算法，该算法的路径最短且能耗有了明显的改进。

对于多目标路径，研究人员提出了一种优化的多目标路径规划算法，该算法由三步组成：第一步，利用灰狼算法与粒子群算法的混合优化路径，使路径距离最小，路径平滑；第二步，将粒子群灰狼融合算法生成的所有最优可行点与局部搜索技术相结合，将任何不可行点转化为可行点；第三步，移动机器人使用避障算法来避开检测到的障碍物。该方法通过引入变异算子，在基于栅格图的实验中较好地解决了移动机器人的路径安全性、路径长度和平滑度问题。

路径规划仿生算法是未来移动机器人至关重要的技术堡垒，对于室外复杂多变的环境因素，这不仅对机器人传感器硬件指标的要求不断提高，也对算法本身具有极高的要求。随着仿生优化算法的不断发展，移动机器人领域的路径规划问题将不断得以解决和完善。

思 考 题

1. 遗传算法利用了什么原理？有什么优势？

2. 进化策略算法和遗传算法两者之间的区别在哪里？
3. 基于生态学的仿生算法包括哪几类？
4. 入侵杂草优化算法和生物地理特征优化算法各自模仿了生物的哪一个过程？
5. 基于群体行为的仿生算法优势在哪里？请举例说明。

参考文献

[1] ZANG H N, ZHANG S J, HAPESHI K A. Review of nature-inspired algorithms [J]. Journal of Bionic Engineering, 2010, 7, S232-S237.

[2] YANG X S. Nature-inspired metaheuristic algorithms [M]. Somerset: Luniver Press, 2010.

[3] LINDFIELD G, PENNY J. Introduction to nature-inspired optimization [M]. London: Academic Press, 2017.

[4] 彭业飞，冯智鑫，张维继. 仿生智能算法研究现状及军事应用综述 [J]. 自动化技术与应用，2017，36 (2)：5-8.

[5] FAN X M, SAYERS W, ZHANG S J, et al. Review and classification of bio-inspired algorithms and their applications [J]. Journal of Bionic Engineering, 2020, 17 (3), 611-631.

[6] 封全喜. 生物地理学优化算法研究及其应用 [D]. 西安：西安电子科技大学，2014.

[7] 刘亚运. 入侵性杂草优化算法的改进及应用 [D]. 西安：西北大学，2018.

[8] 王宁. 新型生物地理学优化算法及其应用研究 [D]. 芜湖：安徽工程大学，2020.

[9] 杨蒙蒙，王水花，陈燚，等. 生物地理学优化算法与应用综述 [J]. 南京师范大学学报（工程技术版)，2018，18 (2)，50-55.

[10] 孔璐蓉，鞠彦兵. 智能仿生算法研究综述 [C] //韩伯棠，左秀峰，第 12 届全国信息管理与工业工程学术会议论文汇编. 北京：北京理工大学出版社，2008.

[11] EBERHART R, KENNEDY J. A new optimizer using particle swarm theory [C] //Proceeding of the 6th International Symposium on Micro machine and Human Science New York: IEEE, 1995.

[12] 张露，焦长义. 微粒群算法综述 [J]. 河南广播电视大学学报，2007，20 (4)：108-109.

[13] 谢晓锋，张文俊，杨之廉. 微粒群算法综述 [J]. 控制与决策，2003 (2)：129-134.

[14] 肖艳秋，焦建强，乔东平，等. 蚁群算法的基本原理及应用综述 [J]. 轻工科技，2018，34 (3)，69-72.

[15] 李晓磊，钱积新. 人工鱼群算法：自下而上的寻优模式 [C] //中国系统工程学会过程系统工程专业委员会. 过程系统工程 2001 年会论文集. [S. l.: s. n.]，2001.

[16] KARABOGA D, BASTURK B. On the performance of artificial bee colony (ABC) algorithm [J]. Applied Soft Computing, 2008, 8, 687-697.

[17] GUPTA K K, BEG R, NIRANJAN J K. An enhanced approach of face detection using bacteria foraging technique [J]. International Journal of Computer Vision and Image Processing, 2016, 6, 1-11.

[18] YANG X S. Metaheuristic algorithms for inverse problems [J]. Int. J. of Innovative Computing and Applications, 2013, 5 (2): 76-84.

[19] XUE J K, SHEN B. A novel swarm intelligence optimization approach: sparrow search algorithm [J]. Systems Ence & Control Engineering, 2020, 8 (1): 22-34.

[20] YANG X S , GANDOMI A H. Bat Algorithm: a novel approach for global engineering optimization [J]. Engineering Computations, 2012, 29 (5): 464-483.

[21] SCHULTE S R, BUDACH S, HNISZ D, et al. Integration of multiomics data with graph convolutional networks to identify new cancer genes and their associated molecular mechanisms [J]. Nature Machine Intelligence, 2021, 3 (6): 513-526.

[22] KEYS R. Cubic convolution interpolation for digital image processing [J]. IEEE Transactions on Acous-

tics, Speech, and Signal Processing, 1981, 29 (6): 1153-1160.

[23] AHMED N, RAO K R. Orthogonal transforms for digital signal processing [M]. Berlin: Springer Science & Business Media, 2012.

[24] HE K, ZHANG X, REN S, et al. Spatial pyramid pooling in deep convolutional networks for visual recognition [J]. IEEE Transactions on Pattern Analysis and Machine Intelligence, 2015, 37 (9): 1904-1916.

[25] SOCHER R, HUANG E H, PENNIN J, et al. Dynamic pooling and unfolding recursive autoencoders for paraphrase detection [C] //Proceeding of the 24th International Conforence on Neural Information Processing Systems. [S.l. : s.n.], 2011: 801-809.

[26] LESHNO M, LIN V Y, PINKUS A, et al. Multilayer feedforward networks with a nonpolynomial activation function can approximate any function [J]. Neural Networks, 1993, 6 (6): 861-867.

[27] SPECHT D F. A general regression neural network [J]. IEEE Transactions on Neural Networks, 1991, 2 (6): 568-576.

[28] 郑宗生，刘兆荣，黄冬梅，等. 基于改进激活函数的用于台风等级分类的深度学习模型 [J]. 计算机科学，2018，45 (12)：177-181.

[29] 周景超，戴汝为，肖柏华. 图像质量评价研究综述 [J]. 计算机科学，2008 (7)：1-4.

[30] 李刚，王蒙军，林凌. 面向残疾人的汉语可视语音数据库 [J]. 中国生物医学工程学报，2007，26 (3)：355-360.

[31] 姚鸿勋，高文，王瑞，等. 视觉语言：唇读综述 [J]. 电子学报，2001，29 (2)：239-242.

[32] 王梓强，胡晓光，李晓筱，等. 移动机器人全局路径规划算法综述 [J]. 计算机科学，2021，48 (10)：19-29.